Hochschultext

Konrad Jörgens   Franz Rellich

Eigenwerttheorie gewöhnlicher Differentialgleichungen

Bearbeitet von J. Weidmann

Springer-Verlag
Berlin Heidelberg New York 1976

Professor Dr. Joachim Weidmann

Mathematisches Seminar der Johann Wolfgang Goethe-Universität, Institut für
Angewandte Mathematik, 6000 Frankfurt a. M. 1

ISBN-13:978-3-540-07251-5   e-ISBN-13:978-3-642-66132-7
DOI: 10.1007/978-3-642-66132-7

Library of Congress Cataloging in Publication Data. Rellich, Franz. Eigenwerttheorie gewöhnlicher
Differentialgleichungen. (Sammlung Hochschultext). Bibliography: p. Includes index. 1. Differential
equations-Numerical solutions. 2. Eigenvalues. 3. Linear operators. I. Jörgens, Konrad, 1926–1974,
joint author. II. Title.   QA372.R49.   515'.35.   75-9930.

Vorwort

Der vorliegende Band ist eine überarbeitete und ergänzte Fassung der Vorlesungs-
ausarbeitung "Eigenwerttheorie partieller Differentialgleichungen, Teil 1" von
Franz Rellich; diese Vorlesung hat Rellich im Wintersemester 1952/53 im Mathematischen Institut der Universität Göttingen gehalten. Ziel und Höhepunkt dieses
Bandes ist die vollständige Darstellung der Weylschen Theorie der singulären
gewöhnlichen Differentialgleichungen zweiter Ordnung.

Rellich's Ausarbeitung hat sich stets einer großen Nachfrage bei Mathematikern
und Physikern erfreut. Es entstand deshalb schon bald der Plan, dieses Manuskript
als Buch zu veröffentlichen. Ich konnte diesen Plan bis Januar 1964 zurückver-
folgen, wo Professor G.Höhler (Karlsruhe) dem Springerverlag vorschlug, dieses
Manuskript zu veröffentlichen. Bereits 1965 erklärte sich Herr Jörgens bereit, die
zur Herausgabe in den Heidelberger Taschenbüchern (wo dieser Band ursprünglich
erscheinen sollte) erforderliche Überarbeitung vorzunehmen. Diese Arbeit hat sich
aus den verschiedensten Gründen immer wieder verzögert.

Die Überarbeitung selbst brachte neue Schwierigkeiten, von denen mir Herr
Jörgens in zahlreichen Gesprächen immer wieder berichtete. Einerseits wollte er
möglichst wenig am Rellichschen Text verändern, andererseits sah er die Notwendig-
keit, moderne Begriffsbildungen und neuere Resultate aufzunehmen. Das Ergebnis
besteht (soweit es die ersten beiden Kapitel betrifft) darin, daß der ursprüng-
liche Text bis auf Korrekturen und geringfügige stilistische Veränderungen fast
unverändert übernommen wurde. In den letzten Paragraphen der Kapitel I und II
wurden Zusätze und Aufgaben angebracht, die die wichtigsten Punkte aus moderner
Sicht nochmals aufgreifen und ergänzen. In Kapitel III weicht die Darstellung
stärker vom ursprünglichen Manuskript ab. Das Kapitel II der Ausarbeitung, das
sich mit der Theorie der Kugelfunktionen beschäftigt, wurde weggelassen, da es
thematisch zu Teil 2 gehört.

Als ich nach dem Tode von Herrn Jörgens die Fertigstellung des Manuskriptes
übernahm, war dieses bis § 10 von Kapitel III im wesentlichen fertiggestellt. Ich
habe daraufhin den gesamten Text überarbeitet und die restlichen sieben Paragraphen
geschrieben, wobei ich mich neben dem Rellichschen Manuskript auf Mitschriften

von Vorlesungen stützen konnte, die Jörgens über diesen Gegenstand gehalten hat, sowie auf handschriftliche Aufzeichnungen, die mir von Frau Jörgens zur Verfügung gestellt wurden. Ich hoffe deshalb, daß auch die von mir verfaßten Paragraphen den Vorstellungen von Rellich und Jörgens entsprechen.

Im Gegensatz zum ursprünglichen Manuskript werden im vorliegenden Text alle Beweise vollständig ausgeführt; Rellich selbst hat an vielen Stellen auf seine New Yorker Ausarbeitung [10] verwiesen. In § 8 von Kapitel II hat Jörgens die Rellichsche Theorie der Eigenpakete verallgemeinert und den Begriff der Eigenschar eingeführt. Der Vorteil liegt darin, daß man mit den Eigenscharen auch den unstetigen Teil der Spektralschar erfaßt. Dadurch ergeben sich einige Vereinfachungen in der Formulierung und im Beweis des Spektralsatzes für Sturm-Liouville-Operatoren.

Dieser Band kann und will kein vollwertiger Ersatz für ein modernes Lehrbuch der Hilbertraumtheorie sein. Neben einer vollständigen Darstellung der Spektraltheorie singulärer Sturm-Liouville-Operatoren aus der Sicht der Operatorentheorie (Kapitel III) gibt er eine Einführung in die wichtigsten Teile der Theorie der symmetrischen und selbstadjungierten Operatoren (Kapitel I und II). Der Text enthält zahlreiche Beispiele; insbesondere wird das Spektrum der Wellengleichung des Keplerproblems in allen Einzelheiten untersucht.

Eine Besonderheit der Rellichschen Darstellung besteht m.E. darin, daß mit neuen Begriffsbildungen zunächst ohne genaue Erklärung gearbeitet wird; die Definition ergibt sich dann fast zwangsläufig aus den Erfordernissen der Anwendungen. Wir haben versucht, diese Besonderheit so weit wie möglich zu erhalten. Ich glaube, daß die Lektüre eines solchen Textes für Mathematiker und Physiker, insbesondere auch für Studenten, anregend und lehrreich sein kann.

Ich danke all denen, die mich zur Fertigstellung des Manuskriptes ermutigt haben, aber auch denen, die meine Arbeit durch kritische Bemerkungen unterstützt haben. Mein besonderer Dank gilt Herrn J.Voigt (München), der mir unschätzbare Hilfe geleistet hat; mit ihm habe ich in tagelangen Diskussionen fast alle Teile des Manuskriptes durchgesprochen; viele Verbesserungen gehen auf seine Anregungen zurück. Ihm und Herrn W.Tafel (München) danke ich auch für die Unterstützung beim Korrekturlesen und bei der Erstellung des Sachverzeichnisses.

Frankfurt, Februar 1975   J. Weidmann

Hinweis für den Leser

Da in Rellichs Manuskript alle Hilberträume separabel sind, sind zahlreiche Beweise
und Definitionen nur für separable Räume gültig, obwohl die entsprechenden
Resultate allgemein gelten. Bei Sätzen, die nur für separable Räume gelten, wird
die Separabilität zusätzlich vorausgesetzt.

Literaturhinweise zu den einzelnen Kapiteln sind am Schluß jedes Kapitels zu
finden.

Alle Hilberträume (mit Ausnahme von l_2) und deren Teilmengen sind durch große
deutsche Buchstaben gekennzeichnet.

Inhaltsverzeichnis

Einleitung

Das Auftreten von Eigenwertproblemen in der Theorie der partiellen Differentialgleichungen sei an zwei Beispielen erläutert.

1. Schwingende elastische Kontinua

Eine homogen mit Masse belegte, vorgespannte Saite fülle in der Ruhelage das
Kontinuum $0 \leq x \leq b$ der x-Achse aus. Bezeichnet $u(x,t)$ die Verschiebung eines Punktes
der Saite an der Stelle x zur Zeit t, so wird $u(x,t)$ Lösung der hyperbolischen
Differentialgleichung

$$(1) \qquad u_{tt} - c^2 u_{xx} = 0 \; .$$

Die positive Konstante c ist durch das Material vorgegeben. Denkt man die Saite
für alle Zeiten an den Enden festgehalten, außerdem zur Zeit $t = 0$ die Werte
$u(x,0)$ und $u_t(x,0)$ gegeben, so gelangt man dazu, sich für diejenige Lösung (oder
diejenigen Lösungen) zu interessieren, für welche

$$(2) \qquad \begin{aligned} &u(0,t) = 0 \; , \quad u(b,t) = 0 \; , \quad 0 \leq t < \infty \; ; \\ &u(x,0) = \phi(x) \; , \quad u_t(x,0) = \psi(x) \; , \quad 0 \leq x \leq b \end{aligned}$$

ist. Hierin sind $\phi(x)$, $\psi(x)$ gegebene Funktionen von x. Gesucht sei $u(x,t)$ für
$t \geq 0$, $0 \leq x \leq b$.

Die Lösung $u(x,t)$ ist für gewisse Werte von x, t durch

$$(3) \qquad u(x,t) = \frac{1}{2} \left[\phi(x - ct) + \phi(x + ct) \right] + \frac{1}{2c} \int_{x-ct}^{x+ct} \psi(s) \, ds$$

gegeben, nämlich für alle x, t aus dem charakteristischen Dreieck mit den Ecken
$(0,0)$; $(b,0)$; $(b/2, b/2c)$ (siehe Figur 1). Für Werte x, t außerhalb versagt die
Formel (3), weil die Funktionen $\phi(x)$, $\psi(x)$ nur in $0 \leq x \leq b$ bekannt sind.

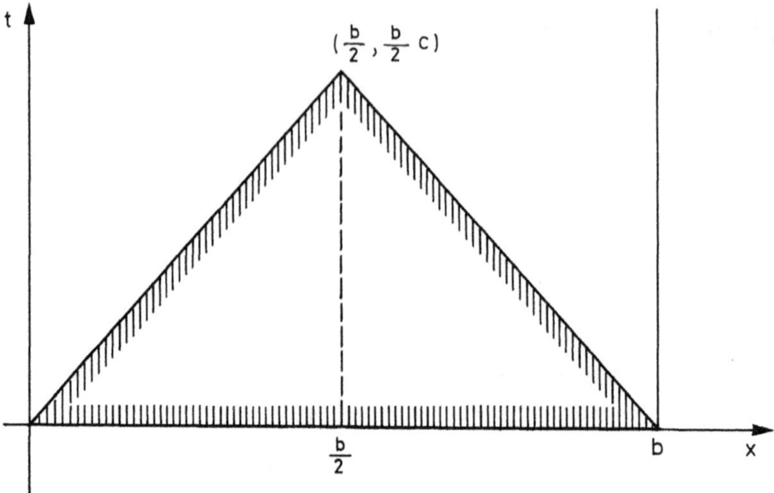

Figur 1

Zum Ziel führt die *Separation der Variablen*: Man sucht nach Lösungen der Differentialgleichung von der Form

$$u(x,t) = f(x)\, g(t) \ .$$

Wenn es solche Lösungen gibt, muß $f(x)g''(t) - c^2 f''(x)g(t) = 0$ sein, und folglich $g''(t)/g(t) = c^2 f''(x)/f(x)$ für alle x, t mit $f(x) \neq 0$ und $g(t) \neq 0$.

Die Variablen sind "separiert". Die linke Seite hängt nur von t ab, die rechte Seite nur von x, also gibt es eine Konstante, wir nennen sie λ, mit der Eigenschaft

$$-g'' = \lambda\, c^2 g \qquad \text{und} \qquad -f'' = \lambda\, f \ .$$

Wählt man umgekehrt eine beliebige Lösung $g(t)$ von $-g'' = \lambda\, c^2 g$ und eine beliebige Lösung $f(x)$ von $-f'' = \lambda\, f$, so ist $u(x,t) = f(x)g(t)$ eine Lösung von (1). Allerdings erfüllt diese Lösung im allgemeinen nicht die Bedingungen (2), sie ist also keine Lösung der gestellten Aufgabe.

Um $u(0,t) = u(b,t) = 0$ zu befriedigen, verlangen wir $f(0) = f(b) = 0$. Diese Forderung bedeutet eine wesentliche Einschränkung der Konstanten λ. Wegen $f(0) = 0$ ist nämlich $f(x) = a \sin \sqrt{\lambda}\, x$ mit konstantem a, und wegen $f(b) = 0$ folgt entweder $a = 0$, also $f(x) = 0$, oder

$$(4) \qquad \lambda = \lambda_n = \frac{n^2 \pi^2}{b^2} \ , \qquad n = 1, 2, 3, \ldots \ .$$

Zu jedem dieser *Eigenwerte* λ_n ist

$$(5) \qquad f_n(x) = \sqrt{\frac{2}{b}} \, \sin \sqrt{\lambda_n} \, x$$

eine *Eigenfunktion* zum *Eigenwertproblem*:

$$(6) \qquad - f''(x) = \lambda \, f(x) \quad \text{für} \quad 0 \le x \le b \, , \quad f(0) = f(b) = 0 \, .$$

Der *Normierungsfaktor* $\sqrt{\frac{2}{b}}$ ist so gewählt, daß

$$\int_0^b f_n^2(x) \, dx = 1$$

wird. Wir setzen $k_n = \frac{n\pi}{b}$, also $\lambda_n = k_n^2$, $k_n > 0$ und bestimmen $g(t)$ aus $-g'' = k_n^2 c^2 g$ zu

$$g(t) = a_n \cos \omega_n t + b_n \sin \omega_n t \; ; \quad \omega_n = c \, k_n = \frac{cn\pi}{b}$$

mit Konstanten a_n, b_n. Wir haben dann in

$$(7) \qquad u_n(x,t) = (a_n \cos \omega_n t + b_n \sin \omega_n t) \, f_n(x)$$

bei beliebigen Konstanten a_n, b_n Lösungen von (1), welche von (2) wenigstens $u(0,t) = u(b,t) = 0$ erfüllen. Sie stellen *Eigenschwingungen* der Saite dar.

Andere Schreibweisen sind

$$u_n(x,t) = A_n \cos (\omega_n t - \delta_n) \, f_n(x) \qquad \text{oder}$$
$$(8)$$
$$u_n(x,t) = \text{Re} \left[c_n e^{-i\omega_n t} f_n(x) \right]$$

mit $c_n = a_n + i \, b_n$, $A_n = |c_n|$ und $\delta_n = \arg c_n$.
Es heißen ω_n die *Kreisfrequenz* (Anzahl der Schwingungen in 2π Sekunden), $\nu_n = \omega_n/2\pi$ die *Frequenz* oder *Schwingungszahl* (Anzahl der Schwingungen in der Sekunde), δ_n die *Phasenkonstante*, A_n die *Amplitude* der Schwingung.

Der kleinste Eigenwert $\lambda_1 = \pi^2/b^2$ führt auf die *Grundschwingungszahl* $\nu_1 = \omega_1/2\pi = (\sqrt{\lambda_1} \, c)/2\pi = c/2b$. Jede Eigenschwingung $u_1(x,t)$ heißt eine *Grundschwingung*. Die $u_n(x,t)$ heißen für $n > 1$ *Oberschwingungen*. Es gilt das berühmte Resultat: Die Schwingungszahlen ν_n der Oberschwingungen sind ganzzahlige Vielfache der Grundschwingungszahl, $\nu_n = n\nu_1$. Diese Beziehung zu den natür- lichen Zahlen hat schon die Griechen beeindruckt. Wir sprechen heute von *harmonischen Schwingungen,* wenn die Schwingungszahlen der Oberschwingungen die ganzzahligen Vielfachen der Grundschwingungszahl sind.

4

Wir nutzen weiter die Tatsache aus, daß jede Summe von Eigenschwingungen wieder Lösung von (1) ist. Dieses Superpositionsprinzip gilt nur für lineare Differentialgleichungen. Aus diesem Grunde werden wir im folgenden ausschließlich lineare Probleme behandeln. Bei geeigneter Konvergenz wird auch eine unendliche Summe von Eigenschwingungen, also

$$(9) \qquad u(x,t) = \sum_{n=1}^{\infty} (a_n \cos \omega_n t + b_n \sin \omega_n t)\, f_n(x) ,$$

Lösung von (1) sein. Die Forderungen

$$u(x,0) = \phi(x) , \qquad u_t(x,0) = \psi(x)$$

führen auf

$$(10) \qquad \phi(x) = \sum_{n=1}^{\infty} a_n f_n(x) , \qquad \psi(x) = \sum_{n=1}^{\infty} b_n \omega_n f_n(x) .$$

Wenn es zu den vorgegebenen Funktionen $\phi(x)$, $\psi(x)$ Konstanten a_n, b_n gibt, mit denen (10) gilt im Sinne gleichmäßiger Konvergenz in $0 \leq x \leq b$, dann folgt aus den *Orthogonalitätsrelationen*

$$\int_0^b f_n(x)\, f_m(x)\, dx = 0 \qquad \text{für} \quad n \neq m$$

sogleich

$$a_n = \int_0^b f_n(x)\, \phi(x)\, dx , \qquad b_n = \frac{1}{\omega_n} \int_0^b f_n(x)\, \psi(x)\, dx .$$

Daß es bei geeigneten Voraussetzungen über ϕ und ψ tatsächlich Konstanten a_n, b_n gibt, mit denen die Entwicklung (10) gilt, ist ein wichtiges Resultat der Analysis. Es ist dies der Satz über die Entwickelbarkeit einer "willkürlichen" Funktion in eine *Fourierreihe*.

Betrachtet man an Stelle der schwingenden Saite ein *m-dimensionales schwingendes Kontinuum* (m = 2, Membran; m = 3, elastischer schwingender Körper), so ergibt sich die Aufgabe, eine Lösung $u(x_1,\ldots,x_m,t)$ der Differentialgleichung

$$(11) \qquad u_{tt} - c^2 \Delta u = 0$$

zu finden, für welche

$$u(x_1,\ldots,x_m,0) = \phi(x_1,\ldots,x_m)$$
$$u_t(x_1,\ldots,x_m,0) = \psi(x_1,\ldots,x_m)$$

(12)

in einem Bereich B des $(x_1,\ldots,x_m)$-Raumes ist, während

(13)
$$u(x_1,\ldots,x_m,t) = 0$$

auf dem Rand von B für alle t mit $0 \leq t < \infty$ gilt.
Der Ansatz

$$u(x_1,\ldots,x_m,t) = f(x_1,\ldots,x_m)g(t)$$

führt ähnlich wie bei der schwingenden Saite auf die beiden Gleichungen

$$- g'' = \lambda\, c^2 g \qquad \text{und} \qquad - \Delta\, f = \lambda\, f$$

mit konstantem λ. Außerdem muß f wegen (13) auf dem Rand von B verschwinden.
Also gilt

(14)
$$\begin{cases} - \Delta\, f = \lambda\, f & \text{in B ,} \\ \quad f = 0 & \text{auf dem Rand von B .} \end{cases}$$

Jede Zahl λ, zu der es eine nicht identisch verschwindende Funktion $f(x_1,\ldots,x_m)$ gibt, die (14) befriedigt, heißt *Eigenwert*, f heißt *Eigenfunktion*. Nur für wenige einfache Bereiche B werden wir Eigenwerte und Eigenfunktionen von (14) explizit angeben können. Man kann aber beweisen, daß zu jedem beschränkten Bereich (der gewisse Regularitätsforderungen erfüllt) abzählbar unendlich viele positive Eigenwerte λ_n und Eigenfunktionen f_n existieren. Dieser Existenzbeweis ist eine bedeutende Leistung der Analysis. Der erste Schritt dazu ist von Poincaré getan worden.

Setzt man wieder $\lambda_n = k_n^2$, $k_n \geq 0$, $\omega_n = k_n c$, so ergeben sich die Eigenschwingungen

$$u_n(x_1,\ldots,x_m,t) = (a_n \cos \omega_n t + b_n \sin \omega_n t)\, f_n(x_1,\ldots,x_m)\ .$$

Die gesuchte Lösung würde wieder

$$u(x_1,\ldots,x_m,t) = \sum_{n=1}^{\infty} u_n(x_1,\ldots,x_m,t)$$

$$= \sum_{n=1}^{\infty} (a_n \cos \omega_n t + b_n \sin \omega_n t)\, f_n(x_1,\ldots,x_m)$$

6

sein, wenn die Zahlen a_n, b_n so gewählt werden können, daß

$$\phi = \sum_{n=1}^{\infty} a_n f_n , \qquad \psi = \sum_{n=1}^{\infty} b_n \omega_n f_n$$

wird. Wieder erhebt sich die entscheidende Frage, unter welchen Voraussetzungen
eine Funktion in eine unendliche Reihe nach den Eigenfunktionen von (14) entwickelt werden kann.

2. Die Schrödingergleichung eines Teilchens in einem konservativen Kraftfeld

Ein Teilchen der Masse m mit den kartesischen Koordinaten x, y, z bewege sich nach
den Gesetzen der klassischen Mechanik in einem Kraftfeld, das sich aus einem zeitunabhängigen Potential $V(x,y,z)$ herleitet. Bei jeder Bewegung $x = x(t)$, $y = y(t)$,
$z = z(t)$ ist dann

$$\frac{m}{2} (\dot{x}^2 + \dot{y}^2 + \dot{z}^2) + V(x,y,z) = E$$

von der Zeit unabhängig; E heißt die *Energie* der betreffenden Bewegung. Mit den
Impulsen $m\dot{x} = p_1$, $m\dot{y} = p_2$, $m\dot{z} = p_3$ wird

$$\frac{1}{2m} (p_1^2 + p_2^2 + p_3^2) + V(x,y,z) = E .$$

Zu diesen Problemen gehört in der Quantenmechanik die *Schrödingergleichung*

(15) $\qquad Hu - i\hbar u_t = 0$

mit

(16) $\qquad H = - \frac{\hbar^2}{2m} \left(\frac{\partial^2}{\partial x^2} + \frac{\partial^2}{\partial y^2} + \frac{\partial^2}{\partial z^2} \right) + V ,$

also

(17) $\qquad - \frac{\hbar^2}{2m} \Delta u + Vu - i\hbar u_t = 0 .$

Dabei ist h die Plancksche Konstante und $\hbar = \frac{h}{2\pi}$.

Die Funktion $|u(x,y,z,t)|^2$ hat die Bedeutung einer Wahrscheinlichkeitsdichte, so
daß für jeden Wert von t die Gleichung

(18) $\qquad \iiint |u(x,y,z,t)|^2 \, dx \, dy \, dz = 1$

gelten muß. Gesucht wird diejenige Lösung der Schrödingergleichung, welche für t = 0 in eine vorgegebene Funktion ϕ übergeht,

$$(19) \qquad u(x,y,z,0) = \phi(x,y,z) \; .$$

Es kann nicht wie oben auch $u_t(x,y,z,0)$ vorgegeben werden, weil (15) eine *parabolische Differentialgleichung* ist. Da (18) für alle $t \geq 0$ gelten sollte, muß

$$(20) \qquad \iiint |\phi(x,y,z)|^2 \, dx \, dy \, dz = 1$$

verlangt werden.

Der Ansatz $u(x,y,z,t) = f(x,y,z) \, g(t)$ für eine Lösung von (15) führt auf die Gleichungen

$$(21) \qquad Hf = Ef \qquad \text{und} \qquad i\,\hbar\,g' = Eg$$

mit einer Konstanten E. Mit (16) wird aus der ersten Gleichung

$$(21a) \qquad - \Delta f + q(x,y,z) \, f = \lambda \, f \, , \qquad -\infty < x,y,z < +\infty \; ,$$

wenn

$$\frac{2m}{\hbar^2} E = \lambda \; , \qquad \frac{2m}{\hbar^2} V(x,y,z) = q(x,y,z)$$

gesetzt wird.

Die Gleichung $Hf = Ef$ heißt die *zeitunabhängige Schrödingergleichung* des Problems.

Randbedingungen sind jetzt zu (21) nicht gestellt. Aber es muß

$$(22) \qquad \iiint |f|^2 \, dx \, dy \, dz < \infty$$

verlangt werden (damit $\iiint |u|^2 \, dx \, dy \, dz = 1$ erreicht werden kann) und diese Forderung bewirkt, daß (21) nicht für jedes λ eine nichttriviale Lösung f besitzt. Wenn es eine solche Lösung zu einem $\lambda = \lambda_n$ gibt, dann heißt λ_n wieder Eigenwert, f_n Eigenfunktion von (21), (22). Wir dürfen dann offenbar

$$\iiint |f_n|^2 \, dx \, dy \, dz = 1$$

verlangen. Es wird

$$g = c_n \, e^{-i\omega_n t}$$

mit

$$\omega_n = \frac{\hbar}{2m} \lambda_n \; ,$$

8

und

$$u_n(x,y,z,t) = c_n\, e^{-i\omega_n t}\, f_n(x,y,z)$$

wird Lösung von (15), wobei die Normierung (18) zutrifft, wenn $|c_n| = 1$ ist.
Die Lösung von (15), (19) könnte wieder in der Form

$$u(x,y,z,t) = \sum_n c_n\, e^{-i\omega_n t}\, f_n(x,y,z)$$

gesucht werden. Es müßte dann eine Entwicklung

$$\phi(x,y,z) = \sum_n c_n\, f_n(x,y,z)$$

der Funktion $\phi(x,y,z)$ nach den Eigenfunktionen $f_n(x,y,z)$ existieren. Tatsächlich
lautet der Entwicklungssatz erheblich komplizierter.

Wie die angeführten Beispiele zeigen, interessieren nicht die einzelnen
Eigenfunktionen und Eigenwerte; man braucht die *Gesamtheit* der Eigenfunktionen
und Eigenwerte, um die Entwicklungssätze zu erhalten. Auch dann, wenn man sich
vorübergehend für einen einzelnen Eigenwert, z.B. den kleinsten Eigenwert,
interessiert, darf man nicht aus den Augen verlieren, daß dieser Eigenwert Element
einer Gesamtmenge von Zahlen ist, nämlich der Menge aller Eigenwerte des Problems.

Kapitel I

Lineare Operatoren in Hilbertschen Räumen

§ 1. Linearer Operator, Hilbertscher Raum

Die in der Einleitung genannten Eigenwertprobleme haben die Form

$$Au = \lambda u \ ,$$

wo A ein Differentialoperator ist. (Wir schreiben jetzt u für die zeitunabhängige
Eigenfunktion, in der Einleitung wurde dafür f geschrieben.) Um verschiedene
Operatoren voneinander zu unterscheiden, verwenden wir an Stelle von A auch andere
große lateinische Buchstaben wie B, H, S und schreiben für die entsprechenden
Eigenwertprobleme $Bu = \lambda u$, $Hu = \lambda u$, $Su = \lambda u$.

Beim Beispiel der schwingenden Saite fanden wir

$$A = -\frac{d^2}{dx^2} \ ,$$

im Falle der (zeitunabhängigen) Schrödingergleichung setzen wir

$$B = -\left(\frac{\partial^2}{\partial x^2} + \frac{\partial^2}{\partial y^2} + \frac{\partial^2}{\partial z^2}\right) + q(x,y,z) \ .$$

Zur Definition eines Operators A gehört die Angabe seines Definitionsbereiches
$\mathcal{D}(A)$: das ist die Gesamtheit der Funktionen u, für welche Au definiert gedacht
ist. Beim Beispiel der schwingenden Saite kann man unter $\mathcal{D}(A)$ die Gesamtheit der
in $0 \leq x \leq b$ zweimal stetig differenzierbaren, komplexwertigen Funktionen mit
$u(0) = u(b) = 0$ verstehen; es ist dann $Au = -u''$ für u aus $\mathcal{D}(A)$.

Als Definitionsbereich $\mathcal{D}(B)$ von B wählen wir die Gesamtheit der für
$-\infty < x,y,z < \infty$ erklärten komplexwertigen Funktionen $u(x,y,z)$, für die gilt:

1) u ist zweimal stetig differenzierbar,

2) $\iiint |u|^2 \, dx \, dy \, dz < \infty$,

3) $\iiint |-\Delta u + qu|^2 \, dx \, dy \, dz < \infty$.

Die Forderung 1) ergibt sich aus der Gestalt des Operators B. Forderung 2) wird
gestellt, weil $|u(x,y,z)|^2$ in der physikalischen Anwendung den Charakter einer
Wahrscheinlichkeitsdichte hat. Forderung 3) ergibt sich aus 2), wenn u Eigenfunktion
ist, d.h. Bu = λu mit einer geeigneten Konstanten λ. Es scheint daher vernünftig,
sie zusätzlich für alle Funktionen des Definitionsbereiches von B zu fordern.

Es ist auffallend, daß aus einer Funktion des Definitionsbereiches eines
Differentialoperators durch Anwendung des Operators im allgemeinen eine Funktion
entsteht, die nicht mehr zum Definitionsbereich gehört. Wählen wir beim Beispiel
Au = -u" für u aus $\mathcal{Y}$(A) eine zweimal aber nicht dreimal stetig differenzierbare
Funktion, dann ist -u" nicht stetig differenzierbar, gehört also nicht zu $\mathcal{Y}$(A).
Diese Schwierigkeit könnte man beim vorliegenden Beispiel dadurch überwinden, daß
man als Definitionsbereich $\mathcal{Y}$(A) die Menge aller in $0 \le x \le b$ beliebig oft differenzierbaren komplexwertigen Funktionen wählt, die mitsamt ihren Ableitungen
gerader Ordnung an den Intervallenden verschwinden. Im Falle des Operators B führt
die Einschränkung auf beliebig oft differenzierbare Funktionen jedoch nur dann zum
Ziel, wenn die Funktion q beliebig oft differenzierbar ist, was wir nicht voraussetzen dürfen. Man muß sich damit abfinden, daß der Operator seinen Definitionsbereich $\mathcal{Y}$(A) in einen $\mathcal{Y}$(A) enthaltenden Raum $\mathcal{H}$(A) abbildet. Bei unserem
Beispiel A = -u" könnte für $\mathcal{H}$(A) die Gesamtheit der in $0 \le x \le b$ stetigen
Funktionen gewählt werden. Bei dem Operator B könnte man für $\mathcal{H}$(B) die Gesamtheit
der in $-\infty < x,y,z < \infty$ stetigen Funktionen mit

$$\iiint |u|^2 \, dx \, dy \, dz < \infty$$

nehmen. Diese Wahl wäre unpraktisch. Wenn z.B. in B = $- \Delta + q$ die Funktion
$q = - \frac{b}{r}$, $r = (x^2 + y^2 + z^2)^{1/2}$, $b > 0$ ist, dann ist Bu nicht stetig für ein u aus
$\mathcal{Y}$(B), für das $u(0,0,0) \neq 0$ ist, aber offenbar ist

$$\iiint |Bu|^2 \, dx \, dy \, dz < \infty$$

im Sinne eines auch bei x = y = z = 0 uneigentlichen Integrals. Wir verlangen daher
nur, daß Bu im Sinne von Lebesgue meßbar und über den ganzen Raum quadratisch
integrierbar sei und schreiben dafür kurz

$$\iiint |Bu|^2 \, dx \, dy \, dz < \infty \quad .$$

Es wird sogleich deutlich werden, warum der Integralbegriff von Lebesgue (anstelle
des Riemannschen Integrals) herangezogen wird.

Für den Operator A erklären wir entsprechend $\mathcal{H}$(A) als Gesamtheit der im
Sinne von Lebesgue meßbaren Funktionen u(x), für die

$$\int_0^b |u|^2 \, dx < \infty$$

gilt.

Allgemeiner betrachten wir die Gesamtheit $\mathfrak{H} = \mathcal{L}_2(G)$ aller komplexwertigen Funktionen $u(x_1, \ldots, x_m)$, die auf einer offenen Menge G des m-dimensionalen Raumes erklärt und im Sinne von Lebesgue meßbar sind (häufig wird für G der Gesamtraum oder eine Kugel $x_1^2 + \ldots + x_m^2 < a^2$ gewählt werden) und für die

$$\int_G |u|^2 \, dx_1 \ldots dx_m < \infty$$

ist. Zwei Funktionen u und v sollen dabei nicht als verschieden betrachtet werden, wenn sie sich nur auf einer Lebesgueschen Nullmenge unterscheiden.

Die Menge $\mathfrak{H}$ hat dann vier wichtige Eigenschaften:

I. *Mit u, v liegt auch $au + bv$ in* $\mathfrak{H}$ *, wobei a, b beliebige komplexe Konstanten sind.*

Das folgt unmittelbar aus der Ungleichung

$$|au + bv|^2 \le 2|a|^2 \, |u|^2 + 2|b|^2 \, |v|^2 \, .$$

Man nennt deshalb $\mathfrak{H}$ einen *linearen Raum* oder auch einen *Vektorraum*. Physiker sagen: In $\mathfrak{H}$ gilt das Superpositionsprinzip. In einem linearen Raum kann man den Begriff der linearen Abhängigkeit einführen. Die Elemente $u_1, \ldots, u_n$ aus $\mathfrak{H}$ heißen *linear abhängig*, wenn es komplexe Zahlen $c_1, \ldots, c_n$ gibt, die nicht alle verschwinden, so daß $c_1 u_1 + \ldots + c_n u_n = 0$ gilt. Sie heißen *linear unabhängig*, wenn sie nicht linear abhängig sind.

Bezeichnet man mit u^* die zu u konjugiert komplexe Funktion, so folgt aus $2|u^* v| \le |u|^2 + |v|^2$ die Existenz des Integrals

$$\int_G u^* v \, dx_1 \ldots dx_m \, .$$

Wir setzen zur Abkürzung

$$\int_G u^* v \, dx_1 \ldots dx_m = \langle u|v \rangle$$

und nennen $\langle u|v \rangle$ das *innere Produkt* von u und v.

Man bestätigt:

II. *Zu je zwei Elementen u, v aus* $\mathfrak{H}$ *ist eine komplexe Zahl* $\langle u|v \rangle$ *, genannt das innere Produkt von u und v, erklärt; es gilt*

$$\langle u|v \rangle = \langle v|u \rangle^* \, ,$$
$$\langle u|a_1 v_1 + a_2 v_2 \rangle = a_1 \langle u|v_1 \rangle + a_2 \langle u|v_2 \rangle \, ,$$
$$\langle u|u \rangle \ge 0$$

und $\qquad \langle u|u \rangle = 0$ *genau dann, wenn $u = 0$ ist.*

Man beachte, daß aus diesen Regeln

$$\langle b_1 u_1 + b_2 u_2 | v \rangle = b_1^* \langle u_1 | v \rangle + b_2^* \langle u_2 | v \rangle$$

folgt. Zwei Elemente u, v mit $\langle u | v \rangle = 0$ heißen *orthogonal*. Die nichtnegative Zahl

$$||u|| = \langle u | u \rangle^{1/2}$$

heißt die *Norm* von u. Es gelten (vgl. § 5.1) die *Schwarzsche Ungleichung*

$$|\langle u | v \rangle| \leq ||u|| \; ||v||$$

und die *Dreiecksungleichung*

$$||u \pm v|| \leq ||u|| + ||v|| \; .$$

III. $\mathcal{H}$ *ist vollständig*: *Wenn für eine Folge von Elementen* u_1, u_2, ... *aus* $\mathcal{H}$ *die Beziehung*

$$\lim_{j,k \to \infty} ||u_j - u_k|| = 0$$

gilt, dann existiert in $\mathcal{H}$ *genau ein Element u, so daß*

$$\lim_{j \to \infty} ||u_j - u|| = 0$$

ist.

Dieser Satz ist 1907 zuerst von F. Riesz (Comptes Rendus Acad. Sc. Paris, Bd. 144, S. 615 - 619) und unmittelbar darauf von E. Fischer (ebenda Bd. 144, S. 1022 - 1024) veröffentlicht worden. Die hier gegebene Fassung stammt von E. Fischer. Die äquivalente Fassung von Riesz werden wir später besprechen. Die Eigenschaft III würde nicht gelten, wenn wir bei der Definition von $\mathcal{H}$ anstelle des Lebesgueschen das Riemannsche Integral zugrunde gelegt hätten.

IV. $\mathcal{H}$ *ist separabel*: *Es gibt in* $\mathcal{H}$ *eine abzählbare Menge von Elementen* ϕ_1, ϕ_2, ... *so, daß zu jedem u aus* $\mathcal{H}$ *und jedem* $\varepsilon > 0$ *ein* ϕ_n *gefunden werden kann mit* $||u - \phi_n|| < \varepsilon$.

<u>Beweis.</u> Man betrachte alle achsenparalellen, m-dimensionalen Intervalle

$$J \; : \; a_j \leq x_j \leq b_j \; , \qquad b_j > a_j , \qquad (j = 1,\ldots,m) \; ,$$

die ganz in G liegen, und die Funktionen

$$\phi_J = \begin{cases} 1 & \text{in } J \; , \\ 0 & \text{in } G \, J \; . \end{cases}$$

Sind $J_1, \ldots, J_k$ endlich viele solcher Intervalle, die paarweise keine Punkte gemeinsam haben, dann ist

$$\phi = \sum_{k=1}^{K} c_k \, \phi_{J_k}$$

eine Funktion aus $\mathcal{H}$ für beliebige Wahl der komplexen Zahlen c_k. Aus der Definition des Lebesgueschen Integrals folgt, daß man zu jedem u aus $\mathcal{H}$ und $\varepsilon > 0$ ein solches ϕ finden kann, für das $||u - \phi|| < \varepsilon$ ist.

Betrachtet man nicht alle Intervalle, sondern nur solche mit rationalen a_ν, b_ν ($\nu = 1, \ldots, m$), und nicht alle komplexen Zahlen, sondern nur solche, deren Real- und Imaginärteil rational ist, so erhält man eine abzählbare Menge ϕ_1, ϕ_2, $\ldots$, für welche diese Behauptung auch noch zutrifft.

Jede Menge von Elementen mit den Eigenschaften I - IV heißt ein *Hilbertscher Raum* (*Hilbertraum*, vgl. § 5.1). Unsere Funktionenmenge $\mathcal{H} = \mathcal{L}_2(G)$ ist also ein Hilbertscher Raum.

Der zu Beginn des Paragraphen erklärte Differentialoperator

$$A = - \frac{d^2}{dx^2}$$

war in einer Teilmenge $\mathcal{D}(A)$ des Hilbertschen Raumes $\mathcal{H}(A)$ definiert. In dieser Teilmenge gilt das Superpositionsprinzip, denn mit u, v gehört auch au + bv zu $\mathcal{D}(A)$, unter a, b beliebige komplexe Zahlen verstanden; wir sagen: $\mathcal{D}(A)$ ist ein *Teilraum* von $\mathcal{H}(A)$.

Allgemein heißt $\mathfrak{M}$ ein *Teilraum* eines Hilbertschen Raumes $\mathcal{H}$, wenn $\mathfrak{M}$ Teilmenge von $\mathcal{H}$ ist, und wenn mit u, v auch au + bv zu $\mathfrak{M}$ gehört.

Offenbar ist auch der oben erklärte Definitionsbereich $\mathcal{D}(B)$ von B ein Teilraum von $\mathcal{H}(B)$.

Unter einem *linearen Operator* T versteht man eine Zuordnung, die jedem u eines Teilraumes $\mathcal{D}(T)$ von $\mathcal{H}$ ein Element Tu aus $\mathcal{H}$ so zuordnet, daß

$$T(au + bv) = aTu + bTv$$

gilt für beliebige komplexe Zahlen a, b. $\mathcal{D}(T)$ heißt der *Definitionsbereich* von T.

Statt "linearer Operator" werden wir meist "Operator" sagen, weil nichtlineare Operatoren nicht vorkommen werden.

Reelle Hilberträume erhält man, wenn man in I und II die Worte "komplexe Zahlen" überall durch "reelle Zahlen" ersetzt; entsprechend bei der Definition des Teilraumes und des linearen Operators.

§ 2. Grundtatsachen in der Theorie des Hilbertschen Raumes

1. Totale Funktionensysteme

Der *Weierstraßsche Approximationssatz* lautet:

Jede in $0 \leq x \leq a < \infty$ stetige Funktion läßt sich durch Polynome beliebig gut gleichmäßig approximieren.

D.h. zu jeder in $0 \leq x \leq a$ stetigen (komplexwertigen) Funktion $u(x)$ und zu jedem $\varepsilon > 0$ gibt es (komplexe) Zahlen $c_0, c_1, \ldots, c_N$, so daß

$$\left| u(x) - \sum_{k=0}^{N} c_k \, x^k \right| < \varepsilon$$

gilt für alle x aus $0 \leq x \leq a$; wenn $u(x)$ reell ist, kommt mit reellen c_k aus.

Wenn die Funktion in einem einzigen Punkt des Intervalls unstetig ist, gilt die Behauptung des Satzes nicht mehr. Z.B. ist die Funktion $f(x) = 1$ in $0 \leq x \leq \frac{a}{2}$, $f(x) = 0$ in $\frac{a}{2} < x \leq a$ nicht mehr gleichmäßig in $0 \leq x \leq a$ durch Polynome beliebig gut approximierbar $(a > 0)$.

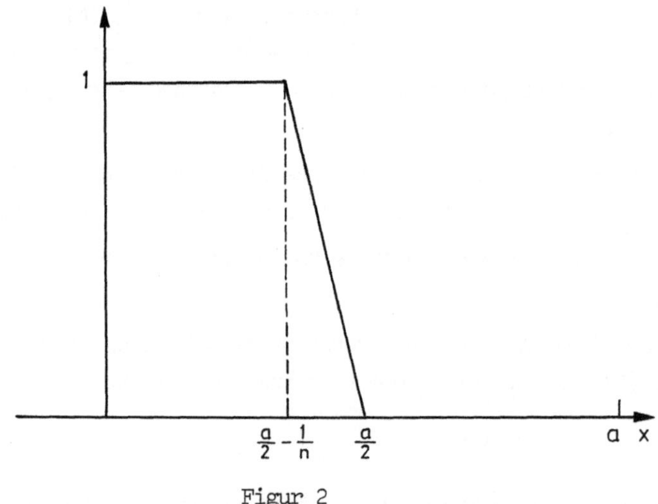

Figur 2

Es gilt aber für die in Figur 2 dargestellten Funktionen

$$u_n(x) = \begin{cases} n(\frac{a}{2} - x) & \text{für} \quad \frac{a}{2} - \frac{1}{n} \leq x \leq \frac{a}{2} \;, \\ f(x) & \text{sonst in} \quad 0 \leq x \leq a \end{cases}$$

offenbar

$$\lim_{n \to \infty} \int_0^a |f(x) - u_n(x)|^2 \, dx = 0 \ .$$

Also gibt es zu jedem $\varepsilon > 0$ eine stetige Funktion u_{n_0} mit

$$||f - u_{n_0}|| = \left\{ \int_0^a |f(x) - u_{n_0}(x)|^2 \, dx \right\}^{1/2} < \frac{\varepsilon}{2} \ .$$

Wählt man nun ein Polynom p so, daß $|u_{n_0}(x) - p(x)| < \varepsilon/(2\sqrt{a})$ gilt für $0 \le x \le a$, dann ergibt sich

$$||u_{n_0} - p|| = \left\{ \int_0^a |u_{n_0}(x) - p(x)|^2 \, dx \right\}^{1/2} < \frac{\varepsilon}{2}$$

und folglich

$$||f - p|| = ||f - u_{n_0} + u_{n_0} - p|| \le ||f - u_{n_0}|| + ||u_{n_0} - p|| < \varepsilon \ .$$

Bedeutet nun f(x) irgend eine Funktion aus der Gesamtheit $\mathcal{H}_a$ der im Intervall $0 \le x \le a$ im Sinne von Lebesgue meßbaren und absolut quadratisch integrierbaren Funktionen, so lehrt die Theorie der reellen Funktionen, daß zu jedem f aus $\mathcal{H}_a$ und zu jedem $\varepsilon > 0$ eine in $0 \le x \le a$ stetige Funktion u(x) gefunden werden kann, mit der $||f - u|| < \varepsilon/2$ ausfällt. Die eben verwendete Schlußweise ergibt dann die Existenz eines Polynoms p so, daß $||f - p|| < \varepsilon$ wird. Jede Funktion f(x) aus $\mathcal{H}_a$ läßt sich also im Sinne der Metrik $d(u,v) = ||u - v||$ des Hilbertschen Raumes oder, wie man auch sagt, im Sinne *mittlerer Konvergenz* (oder im *Quadratmittel*) beliebig gut durch Polynome approximieren.

$\underline{\text{Definition.}}$ Eine Teilmenge $\mathcal{M}$ von Elementen eines Hilbertschen Raumes $\mathcal{H}$ heißt *total*, wenn es zu jedem f aus $\mathcal{H}$ und jedem $\varepsilon > 0$ Elemente $u_1, u_2, \ldots, u_N$ aus $\mathcal{M}$ und Zahlen $c_1, \ldots, c_N$ gibt derart, daß

$$||f - \sum_{k=1}^{N} c_k u_k|| < \varepsilon$$

wird.

Wir können also sagen: Das System der Funktionen $\phi_k(x) = x^k$, $k = 0,1,2,\ldots$, ist total im Hilbertschen Raum $\mathcal{H}_a$ der meßbaren Funktionen f(x) mit

$$\int_0^a |f(x)|^2 \, dx < \infty \ , \qquad a < \infty \ .$$

Ein anderes totales Funktionensystem in $\mathcal{H}_a$ ist die Menge der trigonometrischen Funktionen $\omega_k(x) = \exp(2\pi i k x/a)$, $k = 0, \pm1, \pm2, \ldots$. Es gilt nämlich
die z.B. im *Fejérschen Summationssatz* enthaltene Tatsache, daß jede in
$0 \le x \le a < \infty$ stetige Funktion $u(x)$ mit $u(0) = u(a)$ beliebig gut durch eine Summe

$$\sum_{k=-N}^{+N} c_k\, \omega_k(x)$$

gleichmäßig approximiert werden kann, woraus die Totalität der trigonometrischen
Funktionen im Hilbertschen Raum $\mathcal{H}_a$ folgt.

2. Orthogonale Funktionensysteme

Zwischen den Funktionensystemen $\phi_k(x) = x^k$ und $\omega_k(x) = \exp(2\pi i k x/a)$ besteht ein
wichtiger Unterschied. Das zweite System ist ein *Orthogonalsystem*, d.h. es ist

$$\langle \omega_k | \omega_j \rangle = 0 \quad \text{für} \quad k \ne j \ ; \quad k,\, j = 0,\, \pm1,\, \pm2,\, \ldots \ .$$

Das erste ist kein Orthogonalsystem. Bei Orthogonalsystemen erleichtert sich die
numerische Arbeit der Approximation vorgegebener Funktionen. Das beruht auf dem
folgenden Satz über die *beste Approximation im Quadratmittel*, bei dem u_1, u_2, $\ldots$
eine beliebige Folge paarweise orthogonaler Elemente eines beliebigen Hilbertschen
Raumes $\mathcal{H}$ sei. Das System der u_1, u_2, $\ldots$ braucht nicht total zu sein, wir nehmen
es aber als *normiertes Orthogonalsystem* an:

$$\langle u_k | u_j \rangle = \delta_{kj} = \begin{cases} 0 & \text{für} \quad k \ne j\ , \\ 1 & \text{für} \quad k = j\ . \end{cases}$$

<u>Minimumsatz</u>. *Sei* f *ein beliebiges Element aus* $\mathcal{H}$ *und* $\langle u_k | f \rangle = f_k$.
Dann nimmt der Ausdruck

$$\left\| f - \sum_{k=1}^{n} z_k\, u_k \right\|$$

als Funktion der n *komplexen Veränderlichen* $z_1, \ldots, z_n$ *sein Minimum an der Stelle*
$z_k = f_k$, $k = 1, \ldots, n$ *und nur dort an.*

Der Beweis ergibt sich aus

$$||f - \sum_{k=1}^{n} z_k u_k||^2 = \langle f - \sum_{k=1}^{n} z_k u_k | f - \sum_{k=1}^{n} z_k u_k \rangle =$$

$$= \langle f|f \rangle - \sum_{k=1}^{n} z_k \langle f|u_k \rangle - \sum_{k=1}^{n} z_k^* \langle u_k|f \rangle + \sum_{k=1}^{n} |z_k|^2 =$$

$$= ||f||^2 - \sum_{k=1}^{n} |f_k|^2 + \sum_{k=1}^{n} |z_k - f_k|^2 \; .$$

Will man also ein vorgegebenes Element f durch eine Linearkombination der ersten n Elemente u_1, u_2, ... , u_n "am besten" approximieren (gemeint im Sinne der Metrik des Hilbertschen Raumes), so muß man die Kombination

$$\sum_{k=1}^{n} f_k \, u_k$$

wählen mit den "Entwicklungskoeffizienten" $f_k = \langle u_k|f \rangle$ von f als Koeffizienten. Für $z_k = f_k$ erhält man

$$||f - \sum_{k=1}^{n} f_k u_k||^2 = ||f||^2 - \sum_{k=1}^{n} |f_k|^2 \geq 0 \; ,$$

folglich

$$\sum_{k=1}^{n} |f_k|^2 \leq ||f||^2 \quad \text{für} \quad n = 1, 2, \ldots \; .$$

Hatte also das normierte Orthogonalsystem u_1, u_2, ... unendlich viele Elemente, dann konvergiert

$$\sum_{k=1}^{n} |f_k|^2 \; .$$

Es gilt die *Besselsche Ungleichung*

18

$$\sum_{k=1}^{\infty} |f_k|^2 \le ||f||^2 \ .$$

Dann und nur dann gilt für jedes f aus $\mathcal{H}$ die Parsevalsche Gleichung

$$\sum_{k=1}^{\infty} |f_k|^2 = ||f||^2$$

(auch Vollständigkeitsrelation genannt), wenn das System u_1, u_2 , ... *total ist.*

<u>Beweis</u>. I. Wenn u_1, u_2, ... total ist, dann gibt es zu jedem f aus $\mathcal{H}$ und $\varepsilon > 0$ ein n und Zahlen c_1, ... , c_n , so daß gilt

$$||f - \sum_{k=1}^{n} c_k u_k||^2 < \varepsilon \ ,$$

daher folgt auf Grund der Minimumeigenschaft:

$$0 \le ||f||^2 - \sum_{k=1}^{n} |f_k|^2 \le ||f||^2 - \sum_{k=1}^{n} |f_k|^2 =$$

$$= ||f - \sum_{k=1}^{n} f_k u_k||^2 \le ||f - \sum_{k=1}^{n} c_k u_k||^2 < \varepsilon \ ,$$

d.h. die Parsevalsche Gleichung gilt.

II. Gilt für ein f aus $\mathcal{H}$ die Parsevalsche Gleichung, so folgt

$$||f - \sum_{k=1}^{n} f_k u_k||^2 = ||f||^2 - \sum_{k=1}^{n} |f_k|^2 \to 0$$

für $n \to \infty$.

Zu jedem $\varepsilon > 0$ kann man also ein n finden so, daß

$$||f - \sum_{k=1}^{n} f_k u_k|| < \varepsilon$$

ist. Da dies für jedes f aus $\mathcal{H}$ gilt, ist das System u_1, u_2, ... total.

Statt

$$\lim_{n \to \infty} \left\| f - \sum_{k=1}^{n} c_k u_k \right\| = 0$$

schreiben wir künftig auch

$$f = \sum_{k=1}^{\infty} c_k u_k \, ,$$

verstehen also die unendliche Reihe rechts im Sinne der Metrik des Hilbertschen Raumes, wenn nicht ausdrücklich ein anderer Konvergenzbegriff genannt wird. Offenbar sind die beiden Aussagen

$$f = \sum_{k=1}^{\infty} f_k u_k$$

und

$$\|f\|^2 = \sum_{k=1}^{\infty} |f_k|^2$$

äquivalent.

Aus $f = \sum_{k=1}^{\infty} c_k u_k$ folgt $\langle g|f \rangle = \sum_{k=1}^{\infty} c_k \langle g|u_k \rangle$ für jedes g aus $\mathcal{H}$.

Das ergibt sich aus einer Tatsache, die man als *Stetigkeit des inneren Produktes* bezeichnen kann: *Es seien* v_1, v_2, ... *und* w_1, w_2, ... *zwei konvergente Folgen aus* $\mathcal{H}$, *d.h. es gebe Elemente* v *und* w *aus* $\mathcal{H}$ *mit* $\lim_{n \to \infty} \|v_n - v\| = 0$ *und* $\lim_{n \to \infty} \|w_n - w\| = 0$; *dann gilt* $\lim_{n \to \infty} \langle v_n|w_n \rangle = \langle v|w \rangle$.

<u>Beweis</u>. Mit Hilfe der Schwarzschen Ungleichung und der Dreiecksungleichung erhält man

$$|\langle v_n|w_n \rangle - \langle v|w \rangle| = |\langle v_n - v|w_n \rangle + \langle v|w_n - w \rangle|$$

$$\leq \|v_n - v\| \, \|w_n\| + \|v\| \, \|w_n - w\|$$

$$\leq \|v_n - v\| \, (\|w_n - w\| + \|w\|) + \|v\| \, \|w_n - w\| ,$$

und dieser Ausdruck strebt gegen Null nach Voraussetzung.

Setzen wir nun $v_n = \sum\limits_{k=1}^{n} c_k u_k$, $v = f$, $w_n = w = g$, so ergibt sich aus

$f = \sum\limits_{k=1}^{\infty} c_k u_k$ die behauptete Gleichung $\langle g | f \rangle = \sum\limits_{k=1}^{\infty} c_k \langle g | u_k \rangle$.

Man mache sich klar, wie viel (oder wie wenig) eine Reihenentwicklung im Sinne mittlerer Konvergenz besagt.

Sei f aus $\mathcal{H}_a$ (also f meßbar und $\int\limits_{0}^{a} |f(x)|^2 \, dx < \infty$) und $\omega_k(x) = \exp(2\pi i k x / a)$;

aus $f = \sum\limits_{k=-\infty}^{+\infty} c_k \omega_k$ darf man dann nicht auf $f(x_0) = \sum\limits_{k=-\infty}^{+\infty} c_k \exp(2\pi i k x_0 / a)$ für ein

x_0 mit $0 \leq x_0 \leq a$ schließen (unter $\sum\limits_{k=-\infty}^{+\infty}$ wollen wir $\lim\limits_{n \to \infty} \sum\limits_{k=-n}^{+n}$ verstehen).

Die rechte Seite braucht nicht für jedes x_0 im Sinne gewöhnlicher Konvergenz zu existieren. Andererseits darf man für jedes g aus $\mathcal{H}_a$ behaupten:

$$\langle g | f \rangle = \sum\limits_{k=-\infty}^{+\infty} c_k \int\limits_{0}^{a} g(x)^* \exp(2\pi i k x / a) \, dx \; ;$$

man darf also mit $g(x)$ multiplizieren und gliedweise integrieren.

Betrachtet man anstelle des endlichen Intervalles $0 \leq x \leq a$ das unendliche Intervall $0 \leq x < \infty$ und den Hilbertschen Raum $\mathcal{H}_\infty$ aller meßbaren Funktionen $f(x)$ mit

$$\int\limits_{0}^{\infty} |f(x)|^2 \, dx < \infty \; ,$$

dann bedeutet Konvergenz im Mittel in gewisser Hinsicht sogar mehr als gleichmäßige Konvergenz in $0 \leq x < \infty$. Z.B. ist für das orthogonale, normierte Funktionensystem

$$\phi_n(x) = \begin{cases} 2^{-n/2} & \text{in } 2^n < x < 2^{n+1} \, , \\ 0 & \text{sonst in } 0 \leq x < \infty \end{cases}$$

die Reihe $\sum\limits_{n=1}^{\infty} n^{-1/2} \phi_n(x)$ gleichmäßig konvergent in $0 \leq x < \infty$, weil

$|n^{-1/2}\phi_n(x)| \leq n^{-1/2} \cdot 2^{-n/2}$ für $0 \leq x < \infty$ gilt. Die Reihe $\sum\limits_{n=1}^{\infty} n^{-1/2}\phi_n$ kann aber

nicht im Mittel konvergieren; das würde nämlich die Konvergenz der Reihe

$\sum\limits_{n=1}^{\infty} n^{-1}$ implizieren.

Sei nochmals $\mathcal{H}$ ein beliebiger Hilbertscher Raum, darin u_1, u_2, ... ein normiertes, unendliches Orthogonalsystem, nicht notwendig total. Sei c_1, c_2, ... eine Folge komplexer Zahlen mit $\sum\limits_{k=1}^{\infty} |c_k|^2 < \infty$. Dann konvergiert die unendliche

Reihe $\sum\limits_{k=1}^{\infty} c_k u_k$ in dem Sinne, daß für die Partialsummen $v_n = \sum\limits_{k=1}^{n} c_k u_k$ gilt:

$\lim\limits_{n,m \to \infty} ||v_n - v_m|| = 0$ (wofür wir auch $\lim\limits_{n,m \to \infty} (v_n - v_m) = 0$ schreiben), denn es ist

$||v_n - v_m||^2 = \sum\limits_{k=m+1}^{n} |c_k|^2$, wenn $m < n$ angenommen wird. Frage: Gibt es ein

Element v des Hilbertschen Raumes $\mathcal{H}$, so daß $v = \sum\limits_{k=1}^{\infty} c_k u_k$ gilt (was

$\lim\limits_{n \to \infty} ||v - v_n|| = 0$ bedeutet)? Nach Eigenschaft III des Hilbertschen Raumes heißt

die Antwort: Ja. Für meßbare Funktionen $f(x)$ in $0 \leq x \leq a$ mit

$$\int_0^a |f(x)|^2 \, dx < \infty$$

ist diese Behauptung die Rieszsche Formulierung des Riesz-Fischerschen Satzes.

3. Orthogonalisierung nach Erhard Schmidt

Das Funktionensystem $\phi_k(x) = x^k$, $k = 0, 1, 2, \ldots$ ist in keinem (endlichen) Intervall orthogonal. Um für numerische Berechnungen den Vorteil eines Orthogonalsystemes zu haben, sind die Potenzen x^k im Intervall $-1 \leq x \leq 1$ orthogonalisiert worden. Das kann so gemacht werden: Man wähle $u_0 = \phi_0 = 1$. Da ϕ_1 zufällig schon orthogonal zu ϕ_0 ist, weil

$$\int\limits_{-1}^{+1} x\, dx = \langle \phi_1 | \phi_0 \rangle$$

verschwindet, wählen wir $u_1 = \phi_1$. Sodann bestimmen wir c_{20}, c_{21} so, daß $u_2 = c_{20}u_0 + c_{21}u_1 + \phi_2$ orthogonal zu u_0 und u_1 wird. Das gibt zwei Gleichungen für c_{20} und c_{21}, nämlich

$$0 = c_{20}\langle u_0 | u_0 \rangle + c_{21}\langle u_0 | u_1 \rangle + \langle u_0 | \phi_2 \rangle \ ,$$

$$0 = c_{20}\langle u_1 | u_0 \rangle + c_{21}\langle u_1 | u_1 \rangle + \langle u_1 | \phi_2 \rangle \ .$$

Also folgt $c_{20} = -1/3$, $c_{21} = 0$, $u_2(x) = x^2 - 1/3$. Damit haben wir die ersten drei Glieder der Folge $1, x, x^2, \ldots$ orthogonalisiert und sind auf $1, x, x^2 - 1/3$ gestoßen. Dieser Prozeß läßt sich beliebig fortführen und liefert ein Orthogonalsystem $u_0, u_1, u_2, \ldots$ von der Art, daß u_n in dem von $\phi_0, \phi_1, \ldots, \phi_n$ aufgespannten Teilraum liegt, d.h. daß $u_n = c_{n0}\phi_0 + \cdots + c_{nn}\phi_n$ gilt, während umgekehrt ϕ_n Element des von $u_0, u_1, \ldots, u_n$ aufgespannten Teilraumes ist: $\phi_n = d_{n0}u_0 + d_{n1}u_1 + \cdots + d_{nn}u_n$. Das Orthogonalsystem $u_0, u_1, u_2, \ldots$ ist sogar bis auf nicht verschwindende Proportionalitätsfaktoren eindeutig bestimmt. Allgemein gilt nämlich der

Orthogonalisierungssatz. Es sei $\phi_0, \phi_1, \phi_2, \ldots$ eine endliche oder unendliche Folge von Elementen eines Hilbertschen Raumes $\mathcal{H}$, und für jedes $n \geq 0$ (welches nicht größer als die Anzahl der Elemente der Folge ist) seien $\phi_0, \phi_1, \ldots, \phi_n$ linear unabhängig. Dann gibt es Elemente $u_0, u_1, u_2, \ldots$ aus $\mathcal{H}$ mit den Eigenschaften:

1. *$\langle u_n | u_m \rangle = 0$ für $n \neq m$.*
2. *Das Element u_n liegt in dem von $\phi_0, \phi_1, \phi_2, \ldots, \phi_n$ aufgespannten Raum.*
3. *Das Element ϕ_n liegt in dem von $u_0, u_1, \ldots, u_n$ aufgespannten Raum.*

Wenn $v_0, v_1, \ldots$ eine andere Folge aus H mit diesen drei Eigenschaften ist, dann gibt es Zahlen $c_n \neq 0$, mit denen $v_n = c_n u_n$, $n = 0, 1, 2, \ldots$ gilt.

Beweis. Die Existenz einer Folge $u_0, u_1, \ldots$ mit den verlangten Eigenschaften ergibt sich unmittelbar durch vollständige Induktion. Die Eindeutigkeit bis auf Proportionalitätsfaktoren kann man so zeigen: Jedenfalls ist

$$u_n = \sum_{j=0}^{n-1} a_{jn}\,\phi_j + a_{nn}\,\phi_n \ , \qquad v_n = \sum_{j=0}^{n-1} b_{jn}\,\phi_j + b_{nn}\,\phi_n \ .$$

Es kann nicht $a_{nn} = 0$ sein, weil daraus wegen

$$\phi_n = \sum_{j=0}^{n} d_{jn}u_j = \sum_{j=0}^{n-1} e_{jn}\phi_j + d_{nn}u_n$$

folgen würde

$$\phi_n = \sum_{j=0}^{n-1} f_{jn}\phi_j \ .$$

Aus der Orthogonalität von u_n zu u_0, u_1, $\ldots$, u_{n-1} folgt die Orthogonalität von u_n zu ϕ_0, ϕ_1, $\ldots$, ϕ_{n-1} , also

$$0 = \sum_{j=0}^{n-1} a_{jn} \langle\phi_k|\phi_j\rangle + a_{nn}\langle\phi_k|\phi_n\rangle \quad (k = 0, \ldots , n-1) \ .$$

Ebenso ist $b_{nn} \neq 0$ und

$$0 = \sum_{j=0}^{n-1} b_{jn}\langle\phi_k|\phi_j\rangle + b_{nn} \langle\phi_k|\phi_n\rangle \quad (k = 0, \ldots, n-1) \ .$$

Wegen der linearen Unabhängigkeit der ϕ_0, $\ldots$, ϕ_{n-1} ist $\det(\langle\phi_k|\phi_j\rangle) \neq 0$ (Gram'sche Determinante). Also hat man $a_{jn} = a_{nn}p_{jn}$, $b_{jn} = b_{nn}p_{jn}$, $j = 0, \ldots, n-1$. Daraus ergibt sich

$$v_n = \sum_{j=0}^{n} b_{jn}\phi_j = b_{nn}\left(\sum_{j=0}^{n-1} p_{jn}\phi_j + \phi_n\right) = \frac{b_{nn}}{a_{nn}} u_n \ .$$

Das ist der behauptete Eindeutigkeitssatz.

Nach diesem Satz müssen die Funktionen $u_0(x)$, $u_1(x)$, $\ldots$, die durch Orthogonalisieren aus der Folge $\phi_n(x) = x^n$ gewonnen werden, bis auf einen Proportionalitätsfaktor mit den *Legendreschen Polynomen* $P_n(x)$ übereinstimmen, die erklärt sind durch

$$P_0(x) = 1, \quad P_n(x) = \frac{1}{2^n \, n!} \frac{d^n}{dx^n} (x^2 - 1)^n \ , \quad n = 1, 2, \ldots \ .$$

Für $n > m$ folgt nämlich durch partielle Integration

$$\int\limits_{-1}^{+1} \left[\frac{d^n}{dx^n}(x^2-1)^n\right]\left[\frac{d^m}{dx^m}(x^2-1)^m\right]dx$$

$$= (-1)^m \int\limits_{-1}^{+1}\left[\frac{d^{n-m}}{dx^{n-m}}(x^2-1)^n\right]\left[\frac{d^{2m}}{dx^{2m}}(x^2-1)^m\right]dx$$

$$= (-1)^m (2m)! \int\limits_{-1}^{+1}\left[\frac{d^{n-m}}{dx^{n-m}}(x^2-1)^n\right]dx = 0 .$$

Also ist P_0, P_1, P_2, ... ein Orthogonalsystem; da P_n ein Polynom genau n-ten Grades ist, läßt sich P_n linear aus ϕ_0, ϕ_1, ... , ϕ_n aufbauen und ebenso ϕ_n aus P_0, P_1, ... , P_n. Wir werden den verfügbaren Proportionalitätsfaktor a_n so wählen, daß $Q_n = a_n P_n$ ein normiertes Orthogonalsystem, d.h. daß

$$\int\limits_{-1}^{+1} |Q_n(x)|^2 \, dx = 1$$

wird. Das ergibt

$$Q_n(x) = \sqrt{n+1/2}\,P_n(x) = \sqrt{n+1/2}\,\frac{1}{2^n\,n!}\frac{d^n}{dx^n}(x^2-1)^n \, , \quad n = 0, 1, 2, \dots \quad .$$

4. Dichte Teilräume

Zu Beginn des §1 haben wir zwei Differentialoperatoren A und B mit den Definitions-bereichen $\mathcal{D}(A)$ bzw. $\mathcal{D}(B)$ aus den Hilbertschen Räumen $\mathcal{H}(A)$ bzw. $\mathcal{H}(B)$ erklärt durch:

$$Au = -\frac{d^2u}{dx^2} \, , \quad \mathcal{D}(A): \; 1)\; u, u', u'' \text{ stetig in } 0 \le x \le b ,$$

$$2)\; u(0) = u(b) = 0 ,$$

$$\mathcal{H}(A): \quad f \text{ meßbar}, \; \int\limits_0^b |f|^2 \, dx < \infty \, ;$$

$$Bu = -\Delta u + qu, \quad \mathcal{D}(B): \; 1)\; u \text{ zweimal stetig differenzierbar in } -\infty < x, y, z < \infty ,$$

$$2)\; \iiint |u|^2 \, dx\, dy\, dz < \infty ,$$

$$3) \quad \iiint |-\Delta u + qu|^2 \, dx \, dy \, dz < \infty \, ,$$

$$\mathcal{H}(B): \qquad f \text{ meßbar}, \quad \iiint |f|^2 \, dx \, dy \, dz < \infty \, .$$

Wir haben schon auf die erste gemeinsame Grundeigenschaft dieser beiden Definitionsbereiche $\mathcal{V}(A)$ und $\mathcal{V}(B)$ hingewiesen, nämlich die *Linearität*; beide sind *Teilräume* der Hilbertschen Räume $\mathcal{H}(A)$ bzw. $\mathcal{H}(B)$.

Eine weitere gemeinsame Grundeigenschaft ist, daß beide *dichte* Teilräume sind.

Definition. Ein Teilraum $\mathcal{V}$ eines Hilbertschen Raumes $\mathcal{H}$ ist ein *dichter* Teilraum (oder $\mathcal{V}$ liegt *dicht* in $\mathcal{H}$), wenn zu jedem f aus $\mathcal{H}$ eine Folge $u_1, u_2, \ldots$ aus $\mathcal{V}$ angegeben werden kann, für die $\lim_{n \to \infty} ||u_n - f|| = 0$ gilt.

Um zu zeigen, daß $\mathcal{V}(A)$ dicht in $\mathcal{H}(A)$ liegt, muß also bewiesen werden: Zu jeder meßbaren Funktion $f(x)$ mit

$$\int_0^b |f(x)|^2 \, dx < \infty$$

gibt es eine Folge in $0 \le x \le b$ zweimal stetig differenzierbarer Funktionen $u_n(x)$ mit $u_n(0) = u_n(b) = 0$, $n = 1, 2, \ldots$, so daß

$$\lim_{n \to \infty} \int_0^b |f(x) - u_n(x)|^2 \, dx = 0$$

gilt.

Entsprechend ist für den Nachweis, daß $\mathcal{V}(B)$ dicht in $\mathcal{H}$ liegt, zu beweisen: Zu jeder meßbaren Funktion $f(x,y,z)$ mit

$$\iiint |f|^2 \, dx \, dy \, dz < \infty$$

gibt es eine Folge $u_n(x,y,z)$ aus $\mathcal{V}(B)$ mit

$$\lim_{n \to \infty} \iiint |f(x,y,z) - u_n(x,y,z)|^2 \, dx \, dy \, dz = 0 \, .$$

Verstehen wir unter $\mathcal{V}_0(A)$ denjenigen Teilraum von $\mathcal{V}(A)$, der aus allen in $0 \le x \le b$ zweimal stetig differenzierbaren Funktionen $u(x)$ besteht, die außerhalb eines abgeschlossenen (von u abhängenden) Intervalles $a_1 \le x \le a_2$

mit $0 < a_1 < a_2 < b$ identisch verschwinden, so wäre ausreichend zu zeigen, daß $\overset{\smile}{\mathscr{V}}_0(A)$ in $\overset{.}{\mathscr{H}}(A)$ dicht liegt.

Entsprechend sei $\overset{\smile}{\mathscr{V}}_0(B)$ die Gesamtheit aller in $-\infty < x,y,z < +\infty$ zweimal stetig differenzierbaren Funktionen $u(x,y,z)$, die außerhalb einer Kugel um den Nullpunkt (deren Radius von u abhängen darf) identisch verschwinden. Wenn $q(x,y,z)$ überall stetig ist außer im Nullpunkt, und wenn $|q(x,y,z)| < \frac{c}{r}$ gilt in $0 < r \leq 1$ $(r = (x^2 + y^2 + z^2)^{1/2})$, dann ist $\overset{\smile}{\mathscr{V}}_0(B)$ ein Teilraum von $\overset{\smile}{\mathscr{V}}(B)$. Es ist daher $\overset{\smile}{\mathscr{V}}(B)$ dicht in $\overset{.}{\mathscr{H}}(B)$, wenn $\overset{\smile}{\mathscr{V}}_0(B)$ dicht in $\overset{.}{\mathscr{H}}(B)$ liegt.

Daß aber $\overset{\smile}{\mathscr{V}}_0(A)$ und $\overset{\smile}{\mathscr{V}}_0(B)$ dichte Teilräume von $\overset{.}{\mathscr{H}}(A)$ bzw. $\overset{.}{\mathscr{H}}(B)$ sind, ist im folgenden Hilfssatz enthalten:

Es sei $\mathscr{H}$ der Hilbertsche Raum aller meßbaren Funktionen $u(x_1,\ldots,x_m)$ mit $\int_G |u|^2\, dx < \infty$, wobei G eine offene Punktmenge im $(x_1,\ldots,x_m)$-Raum bedeute. Es sei $\mathscr{L}_0^\infty(G)$ die Gesamtheit aller Funktionen, die in G unendlich oft differenzierbar sind, und die außerhalb einer abgeschlossenen, beschränkten, ganz in G enthaltenen Punktmenge M (die von u abhängen darf) identisch verschwinden. Dann ist $\mathscr{L}_0^\infty(G)$ ein dichter Teilraum von $\mathscr{H}$.

Beweis. Entsprechend den Ausführungen in § 1 beim Nachweis der Separabilität von $\mathscr{H}$ genügt es zu beweisen: Bedeutet J ein Intervall $a_j \leq x_j \leq b_j$, $a_j < b_j$, $j = 1,2,\ldots,m$, dann gibt es eine Folge $u_n(x_1,\ldots,x_m)$ von Funktionen mit den Eigenschaften:

1) u_n ist unendlich oft differenzierbar.

2) Zu jedem u_n gibt es a'_{jn}, b'_{jn} mit $a_j < a'_{jn} < b'_{jn} < b_j$ derart, daß u_n identisch verschwindet außerhalb $a'_{jn} \leq x_j \leq b'_{jn}$, $j = 1,2,\ldots,m$.

3)
$$\lim_{n \to \infty} \int_J |1 - u_n(x)|^2\, dx = 0 \; .$$

Eine solche Folge u_n ist definiert durch

$$u_n(x_1,\ldots,x_m) = \prod_{j=1}^{m} v_{jn}(x_j) \; .$$

Dabei ist $v_{jn}(x_j)$ als eine unendlich oft differenzierbare Funktion zu wählen, für die gilt (vgl. Figur 3):

1) $v_{jn}(x_j) = 0$ für $x_j \leq a_j + 1/n$ und für $x_j \geq b_j - 1/n$,

2) $v_{jn}(x_j) = 1$ für $a_j + 2/n \leq x_j \leq b_j - 2/n$,

3) $0 \leq v_{jn}(x_j) \leq 1$ für alle x_j .

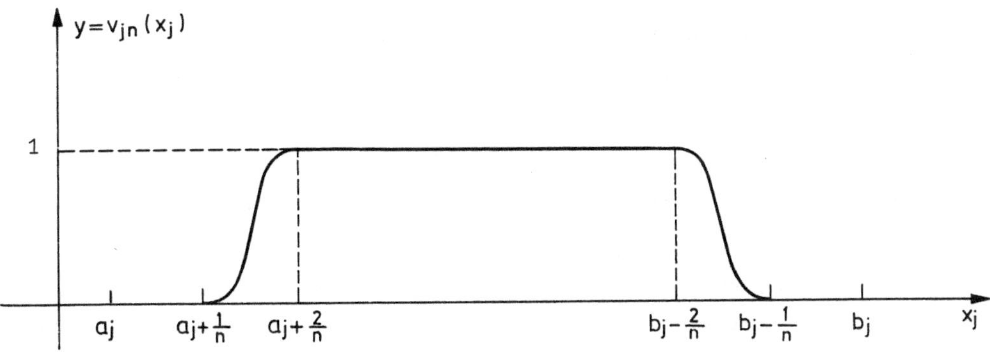

Figur 3

Bekanntlich lassen sich solche Funktionen v_{jn} konstruieren (vgl. § 5.4, Aufgabe 5).

Wir werden Differentialoperatoren fast nur in dichten Teilräumen untersuchen.

Wenn u_1, u_2, ... ein totales Orthogonalsystem eines beliebigen Hilbertschen Raumes $\mathcal{H}$ ist, dann ist die Menge von Elementen, bestehend aus allen endlichen Linearkombinationen der u_1, u_2, ... , also die Gesamtheit aller Elemente der Form

$$u = \sum_{k=1}^{n} c_k u_k$$

(wobei n sich mit u ändern kann), ein dichter Teilraum.

Ein Beispiel eines *nicht dichten* Teilraumes wäre die Menge $\mathcal{M}$ aller u aus $\mathcal{H}$, die zu einem festen Element $v \neq 0$ aus $\mathcal{H}$ orthogonal sind. Wäre nämlich $\mathcal{M}$ dicht in $\mathcal{H}$, dann gäbe es eine Folge von Elementen z_1, z_2, ... aus $\mathcal{M}$ mit $\lim_{n \to \infty} ||z_n - v|| = 0$. Aus $\langle z_n|v\rangle = 0$ folgt aber $\lim_{n \to \infty} \langle z_n|v\rangle = \langle v|v\rangle = 0$, was einen Widerspruch zu $v \neq 0$ ergibt.

5. Operatoren und Matrizen

Wir zeigen: *In jedem Hilbertschen Raum $\mathcal{H}$ gibt es ein totales normiertes Orthogonalsystem u_1, u_2 , ...*

Da $\mathcal{H}$ separabel ist, gibt es ϕ_1, ϕ_2 , ... so, daß zu jedem u aus $\mathcal{H}$ und jedem $\varepsilon > 0$ ein n existiert mit $||u - \phi_n|| < \varepsilon$. Indem wir aus dieser Folge jedes ϕ_n weglassen, welches von den vorhergehenden ϕ_j, $j = 1$, ..., n-1 linear abhängt,

bilden wir aus ihr eine neue Folge $\psi_1, \psi_2, \ldots$, welche ein totales System dar-
stellt. Durch den Orthogonalisierungsprozeß erzeugen wir aus den $\psi_1, \psi_2, \ldots$ ein
normiertes Orthogonalsystem $u_1, u_2, \ldots$. Da die $\psi_1, \psi_2, \ldots$ total sind, sind
auch die $u_1, u_2, \ldots$ total.

Ein totales normiertes Orthogonalsystem in $\mathcal{H}$ nennt man auch eine
Orthonormalbasis in $\mathcal{H}$ (oder von $\mathcal{H}$).

Wenn es in $\mathcal{H}$ eine endliche Orthonormalbasis $u_1, \ldots, u_n$ gibt, dann heißt
$\mathcal{H}$ *n-dimensional*, sonst *unendlichdimensional*. (Die Dimension soll immer größer
als Null vorausgesetzt werden, d.h. $\mathcal{H}$ soll mindestens ein Element $u \neq 0$ enthalten.)

Im folgenden denken wir uns eine Orthonormalbasis (endlich oder unendlich)
$u_1, u_2, \ldots$ festgehalten. Jedes f aus $\mathcal{H}$ läßt sich dann (im Sinne der Metrik
des Hilbertraumes) entwickeln in der Form

$$f = \sum_k f_k u_k , \qquad f_k = \langle u_k | f \rangle$$

mit $\sum_k |f_k|^2 < \infty$. Umgekehrt gibt es zu jeder Folge von komplexen Zahlen
$f_1, f_2, \ldots$ (deren Gliederzahl gleich der Dimension des Hilbertraumes ist) mit
$\sum_k |f_k|^2 < \infty$ genau ein f aus $\mathcal{H}$ mit $f = \sum_k f_k u_k$. Man erhält so eine ein-
eindeutige Beziehung

$$f \cong (f_1, f_2, \ldots) \ .$$

Diese Beziehung ist ein "Isomorphismus" in dem Sinne, daß aus $f \cong (f_1, f_2, \ldots)$,
$g \cong (g_1, g_2, \ldots)$ folgt:

1) $af + bg \cong (af_1 + bg_1, af_2 + bg_2, \ldots)$ für alle komplexen Zahlen a, b,

2) $\langle g | f \rangle = \sum_k g_k^* f_k$.

Es ist also gleichgültig, ob man vom Hilbertschen Raum der Elemente f, g, $\ldots$
oder vom *speziellen Hilbertschen Raum* $\mathcal{H}$ der "Vektoren" $(f_1, f_2, \ldots)$ mit
komplexen Zahlen f_k als Komponenten und $\sum_k |f_k|^2 < \infty$ spricht, in dem Vektor-
addition und inneres Produkt im obigen Sinne definiert sind.

Wir betrachten weiter lineare Operatoren im Hilbertschen Raum, legen aber zunächst einen n-dimensionalen Hilbertschen Raum $\mathcal{H}$ zugrunde. Diesem entspricht der Vektorraum $\mathcal{H}^{(n)}$ der n-komponentigen Vektoren, wobei die Komponenten komplexe Zahlen sind.

Es sei A ein linearer Operator in $\mathcal{H}$, und es sei

$$Au_k = \sum_{j=1}^{n} a_{jk} u_j \qquad \text{für } k = 1, 2, \dots, n \ .$$

Wenn dann $f = \sum_{k=1}^{n} f_k u_k$ ist, so wird $g = Af = \sum_{k=1}^{n} f_k Au_k = \sum_{j,k=1}^{n} f_k a_{jk} u_j =$

$= \sum_{j=1}^{n} g_j u_j$ mit $g_j = \sum_{k=1}^{n} a_{jk} f_k$. Während der Operator A, auf f aus $\mathcal{H}$ angewandt, das Element $g = Af$ erzeugt, transformiert die Matrix $((a_{jk}))$ $(j, k = 1, \dots, n)$ den Vektor mit den Komponenten f_k in den Vektor mit den Komponenten

$g_k = \sum_{k=1}^{n} a_{jk} f_k$. Offenbar ist $a_{jk} = \langle u_j | Au_k \rangle$. Umgekehrt erzeugt jede solche

Matrix $((a_{jk}))$ einen linearen Operator in $\mathcal{H}^{(n)}$, der als Abbildung des Vektors

mit den Komponenten f_j auf den Vektor mit den Komponenten $g_j = \sum_{k=1}^{n} a_{jk} f_k$

erklärt ist. Diesem Operator in $\mathcal{H}^{(n)}$ entspricht durch Vermittlung der Orthonormalbasis $u_1, \dots, u_n$ ein Operator A in $\mathcal{H}$. Er ist erklärt durch

$A(\sum_{j=1}^{n} f_j u_j) = \sum_{j=1}^{n} g_j u_j$, woraus wieder $a_{jk} = \langle u_j | Au_k \rangle$ folgt. Der Begriff

"Operator A in $\mathcal{H}$" ist also gleichbedeutend mit dem Begriff "Matrix $((a_{jk}))$ in $\mathcal{H}^{(n)}$". Es gilt aber nicht die Äquivalenz Operator $\cong$ Matrix, sondern die Äquivalenz { Operator, Orthonormalbasis} $\cong$ Matrix.

Die Matrix $((a_{jk}))$ heißt hermitesch, wenn $a_{jk} = a_{kj}^{*}$ ist; $j, k = 1, \dots, n$. Für den zugehörigen Operator bedeutet das $\langle u_j | Au_k \rangle = \langle Au_j | u_k \rangle$, woraus $\langle f | Ag \rangle = \langle Af | g \rangle$ für zwei beliebige Elemente f, g aus $\mathcal{H}$ folgt. Das legt nahe, in einem beliebigen (auch unendlichdimensionalen) Hilbertschen Raum $\mathcal{H}$ einen Operator A mit dem Definitionsbereich $\mathcal{D}(A)$ hermitesch zu nennen, wenn $\langle v | Au \rangle = \langle Av | u \rangle$ für alle u, v aus $\mathcal{D}(A)$ gilt. Tatsächlich ist es bequemer, außerdem zu verlangen, daß $\mathcal{D}(A)$ dicht in $\mathcal{H}$ liege; solche Operatoren nennt man symmetrisch.

<u>Definition.</u> Der lineare Operator A mit dem Definitionsbereich $\mathcal{D}(A)$ aus dem Hilbertschen Raum $\mathcal{H}$ heißt *symmetrisch,* wenn

    1) $\mathcal{D}(A)$ dicht in $\mathcal{H}$ liegt und

    2)   für alle u, v aus $\mathcal{D}(A)$ gilt $\langle v | Au \rangle = \langle Av | u \rangle$.

Wir werden keineswegs auch in unendlich-dimensionalen Hilberträumen einem *beliebigen* Operator eine Matrix zuordnen. Für *symmetrische* Operatoren A kann man so vorgehen:

Man wählt in $\mathcal{V}(A)$ eine Orthonormalbasis u_1, u_2, ... Zufolge der Dichtheit von $\mathcal{V}(A)$ ist das möglich. Jedes f aus $\mathcal{V}(A)$ entwickeln wir in die Reihe

$f = \sum\limits_{k=1}^{\infty} f_k\, u_k$. Dasselbe geschieht mit g = Af, also Af $= \sum\limits_{j=1}^{\infty} g_j\, u_j$, woraus

$g_k = \langle u_k | Af \rangle$ folgt. Da u_k und f in $\mathcal{V}(A)$ liegen, ergibt sich $g_k = \langle Au_k | f \rangle$. Setzt

man $Au_k = \sum\limits_{j=1}^{\infty} a_{jk} u_j$, so wird $g_k = \sum\limits_{j=1}^{\infty} a_{jk}^{*} f_j = \sum\limits_{j=1}^{\infty} a_{kj} f_j$, weil $a_{jk} = \langle u_j | Au_k \rangle$,

$a_{jk}^{*} = \langle Au_k | u_j \rangle = \langle u_k | Au_j \rangle = a_{kj}$ ist.

Damit ist jedem f aus $\mathcal{V}(A)$ mit den Komponenten $(f_1, f_2, \ldots)$ das Element g mit den Komponenten $(g_1, g_2, \ldots)$ zugeordnet, und diese Zuordnung wird bewerkstelligt durch die unendliche Matrix $((a_{jk}))$ gemäß

$$g_j = \sum\limits_{k=1}^{\infty} a_{jk}\, f_k\ , \qquad j = 1, 2, \ldots\ .$$

Die vorausgesetzte Symmetrie von A drückt sich bei der Matrix durch $a_{jk} = a_{kj}^{*}$ aus.

Die Vektoren $(f_1, f_2, \ldots)$ mit $\sum\limits_{k=1}^{\infty} |f_k|^2 < \infty$ sind von D.Hilbert in seiner

Theorie der Funktionen von unendlich vielen Veränderlichen eingeführt, die Axiome des (abstrakten) Hilbertschen Raumes von J.v.Neumann aufgestellt worden.

§ 3. Symmetrische Operatoren

1. Der Laplace-Operator im Gesamtraum

Wir werden die Eigenwerttheorie nur für symmetrische Differentialoperatoren entwickeln. Der Nachweis der Symmetrie macht Schwierigkeiten, wenn die unabhängigen Veränderlichen in einem unendlich ausgedehnten Gebiet variieren, oder wenn die Koeffizienten des Differentialoperators singulär werden. Wir betrachten als Beispiel den Hilbertschen Raum $\mathcal{H}$ der meßbaren Funktionen $f(x) = f(x_1,\ldots,x_m)$ mit $\int |f|^2\, dx < \infty$. (Das Volumenelement im $(x_1,\ldots,x_m)$-Raum bezeichnen wir mit dx, das m-dimensionale Integral über den Gesamtraum mit $\int \ldots dx$). Der Operator T sei erklärt durch

$$Tu = - \Delta u = - u_{x_1 x_1} - \ldots - u_{x_m x_m}$$

für u aus dem Definitionsbereich

$\mathcal{D}(T)$: 1) u zweimal stetig differenzierbar,

  2) $\int |u|^2 \, dx < \infty$, $\int |\Delta u|^2 \, dx < \infty$.

Wir behaupten: T ist symmetrisch.
Nach Definition in § 2.5 ist einmal zu zeigen, daß $\mathcal{D}(T)$ dicht in H liegt.
Das ist aber schon in dem Hilfssatz von § 2.4 enthalten. Es bleibt zu beweisen:
$\langle v | Tu \rangle = \langle Tv | u \rangle$ für alle u, v aus $\mathcal{D}(T)$ oder $\int v^* \Delta u \, dx = \int \Delta v^* u \, dx$. Es genügt
offensichtlich, diese Relation für reelle u, v aus $\mathcal{D}(T)$ zu zeigen, da Real-
und Imaginärteil einer Funktion aus $\mathcal{D}(T)$ wieder in $\mathcal{D}(T)$ liegen. Seien also
u, v zwei reelle Funktionen aus $\mathcal{D}(T)$. Es sei K_r die Vollkugel $|x| \leq r$
($|x| = (x_1^2 + \ldots + x_m^2)^{1/2}$) und Ω_r die Kugelfläche $|x| = r$, $d\omega_r$ das Oberflächen-
element von Ω_r. Obwohl die folgenden Umformungen auch für m = 1 sinnvoll
interpretiert werden können, ist es natürlicher, m > 1 vorauszusetzen und für m = 1
den Beweis getrennt nach dem Muster des allgemeinen Beweises zu führen. Deshalb sei
im folgenden m ≥ 2. Durch partielle Integration wird

$$\int_{K_r} u \Delta u \, dx = \int_{\Omega_r} u \, \frac{\partial u}{\partial r} \, d\omega_r - \int_{K_r} |\text{grad } u|^2 \, dx$$

$$= \frac{1}{2} r^{m-1} \phi'(r) - \int_{K_r} |\text{grad } u|^2 \, dx$$

mit der Abkürzung $\phi(r) = \int_{\Omega_1} u^2(r\omega) \, d\omega_1$. Es muß eine Folge r_1, r_2, ... mit

$\lim\limits_{n \to \infty} r_n = \infty$ und $\lim\limits_{n \to \infty} (r_n)^{m-1} \phi'(r_n) = 0$ geben. Sonst wäre $|r^{m-1} \phi'(r)| \geq p > 0$ für

alle $r \geq r_0$. Also folgte entweder $r^{m-1} \phi'(r) \geq p$ für alle $r \geq r_0$ oder $r^{m-1} \phi'(r) \leq$
$-p$ für alle $r \geq r_0$. Im ersten Fall wäre $\phi(r)$ für $r \geq r_0$ positiv und streng monoton
wachsend, also hätte man einen Widerspruch zu

$$\int_0^\infty r^{m-1} \phi(r) \, dr = \int |u|^2 \, dx < \infty .$$

Im zweiten Fall wäre für m = 2 in $\phi(r) - \phi(r_0) \leq - p \log \frac{r}{r_0}$ für große r ein

Widerspruch zu $\phi(r) \geq 0$ zu sehen; für $m > 2$ wäre $- \phi(r) \leq \phi(s) - \phi(r) \leq$

$- \frac{p}{m-2} (r^{2-m} - s^{2-m})$ für $r_0 \leq r < s$, folglich $- \phi(r) \leq - \frac{p}{m-2} r^{2-m}$, also

$r^{m-1} \phi(r) \geq \frac{p}{m-2} r$ im Widerspruch zu

$$\int_0^\infty r^{m-1} \phi(r) \, dr < \infty \; .$$

Also gibt es die behauptete Folge. Daher ist

$$\lim_{n \to \infty} \int_{K_{r_n}} u \, \Delta u \, dx = - \lim_{n \to \infty} \int_{K_{r_n}} |\text{grad } u|^2 \, dx \; .$$

Daraus erschließt man die Existenz des uneigentlichen Integrals $\int |\text{grad } u|^2 \, dx$ für jedes u aus $\mathcal{V}(T)$. Da für jedes u aus $\mathcal{V}(T)$ auch das Integral $\int u \, \Delta u \, dx$ existiert, erhalten wir

$$\int u \, \Delta u \, dx = - \int |\text{grad } u|^2 \, dx \; .$$

Seien u und v zwei reelle Funktionen aus $\mathcal{V}(T)$. Dann ist

$$\int_{K_r} u \, \Delta v \, dx = \int_{\Omega_r} u \, \frac{\partial v}{\partial r} \, d\omega_r - \int_{K_r} \text{grad } u \, \text{grad } v \, dx \; .$$

Wegen der Existenz von $\int |\text{grad } u|^2 \, dx$ und $\int |\text{grad } v|^2 \, dx$ existiert auch $\int \text{grad } u \, \text{grad } v \, dx$, sogar als absolut konvergentes Integral. Es existiert $\int u \, \Delta v \, dx$, weil $\int u^2 \, dx < \infty$ und $\int (\Delta v)^2 \, dx < \infty$ ist. Also existiert auch $\lim_{r \to \infty} \psi(r) = s$ mit

$$\psi(r) = \int_{\Omega_r} u \, \frac{\partial v}{\partial r} \, d\omega_r \; .$$

Wir behaupten, daß $s = 0$ ist. Die Abschätzung

$$|\psi(r)| \leq \int_{\Omega_r} \frac{1}{2} (u^2 + |\text{grad } v|^2) \, d\omega_r$$

lehrt nämlich

$$\int_0^\infty |\psi(r)|\ dr \le \tfrac{1}{2} \int [u^2 + |\mathrm{grad}\ v|^2]\,dx\ < \infty\ .$$

Wäre s $\neq$ 0, so könnte $\int_0^\infty |\psi(r)|\ dr$ gewiß nicht existieren. Es ist demnach

$\int u\ \Delta v\ dx = -\int \mathrm{grad}\ u\ \mathrm{grad}\ v\ dx$, woraus durch Vertauschen von u und v die gewünschte Beziehung $\int u\ \Delta v\ dx = \int v\ \Delta u\ dx$ folgt.

Wir sprechen das Resultat (wieder für komplexwertige Funktionen) so aus:

Für jede Funktion u aus $\mathcal{Y}(T)$ existiert auch das Integral

$$\int |\mathrm{grad}\ u|^2\ dx\ ,$$

und zwar gilt

$$\langle u|Tu\rangle = \int |\mathrm{grad}\ u|^2\ dx\ .$$

Für zwei Funktionen u, v aus $\mathcal{Y}(T)$ ist

$$\langle u|Tv\rangle = \int \mathrm{grad}\ u^*\ \mathrm{grad}\ v\ dx\ ,$$

also auch

$$\langle u|Tv\rangle = \langle Tu|v\rangle\ .$$

Sehr viel leichter beweist man die Symmetrie des Operators T_0, definiert durch $T_0 u = -\Delta u$ für u aus dem Definitionsbereich $\mathcal{Y}(T_0)$, der aus allen Funktionen u von $\mathcal{Y}(T)$ besteht, die außerhalb einer Kugel $|x| \le a$ identisch verschwinden (a darf sich mit u ändern). Dann ist nämlich in

$$\int_{K_r} v^* \Delta u\ dx = \int_{\Omega_r} (v^* \frac{\partial u}{\partial r} - \frac{\partial v^*}{\partial r} u)\ d\omega_r + \int_{K_r} \Delta v^*\ u\ dx$$

das Integral über Ω_r gleich Null, sobald r > R und R so groß gewählt wird, daß u = v = 0 gilt in $|x| \ge R$.

Aus $\int_{K_r} v^*\ \Delta u\ dx = \int_{K_r} \Delta v^*\ u\ dx$ aber folgt

$$\int v^* \, \Delta u \, dx = \int \Delta v^* \, u \, dx \quad \text{oder} \quad \langle v | T_0 u \rangle = \langle T_0 v | u \rangle \; .$$

Es mag allerdings zunächst abwegig erscheinen, bei einer Eigenwerttheorie anstelle des Operators T den Operator T_0 zu betrachten. Denn jede Eigenwerttheorie wird doch mit der Differentialgleichung $\Delta u + \lambda u = 0$ verknüpft sein. In $\mathfrak{V}(T_0)$ aber hat diese Gleichung für jeden (reellen oder komplexen) Wert der Konstanten λ als einzige Lösung: $u \equiv 0$. Da nämlich die Differentialgleichung elliptisch ist, so ist jede Lösung aus $\mathfrak{V}(T_0)$ reell analytisch in $x_1, \ldots, x_m$. Da sie außerhalb einer Kugel identisch verschwindet, verschwindet sie überall. Inwiefern jedoch der Operator T mit dem Operator T_0 vom Standpunkt der Eigenwerttheorie aus äquivalent ist, werden wir später klarmachen.

2. Eigenwerte und Eigenelemente

Die Beschränkung der Eigenwerttheorie auf symmetrische Operatoren wird nahegelegt durch die Verhältnisse im endlichdimensionalen Vektorraum. Dort wird jeder lineare Operator, wie wir sahen, durch eine Matrix $((a_{jk}))$, $j, k = 1, \ldots, n$, dargestellt. Eine solche Matrix hat aber dann und nur dann n reelle Eigenwerte $\lambda_1, \lambda_2, \ldots, \lambda_n$ mit zugehörigen paarweise orthogonalen Eigenvektoren $\phi_1, \ldots, \phi_n$, wenn die Matrix hermitesch ist $(a_{jk} = a^*_{kj})$.

Auch im unendlichdimensionalen Hilbertschen Raum wird man versuchsweise unter einem *Eigenwert eines Operators* A jede Zahl λ verstehen, zu der es ein Element $\phi \neq 0$ aus $\mathfrak{V}(A)$ mit $A\phi = \lambda\phi$ gibt; ϕ heißt *Eigenelement* oder *Eigenfunktion*.

Wenn A symmetrisch ist, dann ist jeder Eigenwert reell.

Denn aus $\lambda\langle\phi|\phi\rangle = \langle\phi|A\phi\rangle$ folgt $\lambda^*\langle\phi|\phi\rangle = \langle\phi|A\phi\rangle^* = \langle A\phi|\phi\rangle = \langle\phi|A\phi\rangle = \lambda\langle\phi|\phi\rangle$, also $\lambda = \lambda^*$. Zwei Eigenelemente ϕ, ψ zu verschiedenen Eigenwerten λ bzw. μ sind orthogonal wegen $\lambda\langle\psi|\phi\rangle = \langle\psi|\lambda\phi\rangle = \langle\psi|A\phi\rangle = \langle A\psi|\phi\rangle = \mu\langle\psi|\phi\rangle$, $(\lambda-\mu)\langle\psi|\phi\rangle = 0$, $\langle\psi|\phi\rangle = 0$. Ist $\psi_1, \psi_2, \ldots$ eine endliche oder unendliche Folge von Eigenelementen von A zum Eigenwert λ, und sind je endlich viele dieser Elemente linear unabhängig, dann kann man durch den Orthogonalisierungsprozeß übergehen zu einer orthogonalen

und normierten Folge $\phi_1, \phi_2, \ldots$, für welche $\phi_n = \sum_{j=1}^{n} c_{jn} \psi_j$ gilt für jedes n

(das die Anzahl der Folgenglieder in $\psi_1, \psi_2, \ldots$ nicht übersteigt). Daher ist auch $A\phi_n = \lambda\phi_n$, $n = 1,2, \ldots$. Da jedes normierte Orthogonalsystem im (separablen) Hilbertschen Raum abzählbar ist (vgl. § 5.2, (20)), hat A höchstens abzählbar viele verschiedene Eigenwerte. Man kann zusammenfassen:

Wenn A symmetrisch ist, dann gibt es entweder kein Eigenelement und keinen Eigenwert, oder es gibt eine orthogonale, normierte (endliche oder unendliche) Folge ϕ_1, ϕ_2, ... von Elementen aus $\mathcal{Y}(A)$ mit den Eigenschaften:

1) *Es gibt reelle Zahlen λ_j, so daß $A\phi_j = \lambda_j\phi_j$ gilt für $j = 1,2,...$.*

2) *Wenn $A\psi = \mu\psi$ für eine Zahl μ und ein $\psi \neq 0$ aus $\mathcal{Y}(A)$ ist, dann ist $\mu = \lambda_n$ für geeignetes n, und $\psi = \sum_{\substack{j \\ \lambda_j=\mu}} c_j \phi_j$ mit geeigneten Zahlen c_j derart, daß $\sum_{\substack{j \\ \lambda_j=\mu}} |c_j|^2 < \infty$ ist.*

Wir sagen, ein Eigenwert λ von A hat die *Vielfachheit* h, wenn es genau h paarweise orthogonale Eigenelemente von A zum Eigenwert λ gibt; das ist offenbar genau dann der Fall, wenn die Zahl λ genau h mal in der oben erklärten Folge λ_1, λ_2, ... vorkommt.

Im Gegensatz zum endlichdimensionalen Fall gibt es indessen in unendlichdimensionalen Hilbertschen Räumen durchaus symmetrische Operatoren ohne einen einzigen Eigenwert. Z.B. hat der in Abschnitt 1 definierte Operator T keinen Eigenwert; wir zeigen das vorläufig nur im Fall m = 1:
Eine Eigenfunktion u von T zum Eigenwert λ wäre eine zweimal stetig differenzierbare Lösung der Differentialgleichung $u'' + \lambda u = 0$, also $u(x) = c_1 \exp(\sqrt{-\lambda}\, x) + c_2 \exp(-\sqrt{-\lambda}\, x)$ mit Konstanten c_1, c_2. Es gibt aber keine Funktion $u(x) \neq 0$ dieser Form mit $\int_{-\infty}^{+\infty} |u(x)|^2\, dx < \infty$, was für u aus $\mathcal{Y}(T)$ gelten müßte. Später wird sich herausstellen, daß neben dem Begriff Eigenwert noch der Begriff des *kontinuierlichen Spektrums* (vgl. II, § 3) eingeführt werden muß.

Man kann also nicht erwarten, daß ein symmetrischer Operator A immer ein totales (orthogonales und normiertes) System von Eigenelementen besitzt. Es gibt aber wichtige Beispiele von symmetrischen Operatoren mit dieser Eigenschaft. Mit einem solchen Beispiel beschäftigt sich der nächste Abschnitt.

3. Operatoren mit reinem Punktspektrum

Die Menge der Eigenwerte eines symmetrischen Operators A nennen wir das *Punktspektrum* von A. Nach Abschnitt 2 ist das Punktspektrum eine höchstens abzählbare Teilmenge der reellen Geraden; ist das Punktspektrum nicht leer, so gibt es ein normiertes orthogonales System von Eigenelementen u_1, u_2, ... von A zu Eigenwerten λ_1, λ_2, ... so, daß jeder Eigenwert λ der Vielfachheit h genau h mal in dieser Folge vorkommt, und daß jedes Eigenelement zum Eigenwert λ Linearkombination der

36

u_j mit $\lambda_j = \lambda$ ist. Ist das System der Eigenelemente total, also eine Orthonormal-basis des Hilbertschen Raumes, so heißt A ein Operator mit *reinem Punktspektrum*. Jedes Element f des Hilbertschen Raumes erlaubt dann die Entwicklung

$$f = \sum_{k=1}^{\infty} f_k\, u_k \,, \quad f_k = \langle u_k | f \rangle \,.$$

Wenn f in $\mathcal{Y}(A)$ liegt, dann ist

$$Af = g = \sum_{k=1}^{\infty} g_k\, u_k$$

mit $g_k = \langle u_k | Af \rangle = \langle Au_k | f \rangle = \lambda_k \langle u_k | f \rangle = \lambda_k f_k$, also ist

$$Af = \sum_{k=1}^{\infty} f_k\, \lambda_k\, u_k \,.$$

Wegen $\sum_{k=1}^{\infty} f_k\, \lambda_k\, u_k = \sum_{k=1}^{\infty} f_k\, Au_k$ kann man auch sagen: Für f aus $\mathcal{Y}(A)$ ist

gliedweise Anwendung von A erlaubt, $A \sum_{k=1}^{\infty} f_k\, u_k = \sum_{k=1}^{\infty} f_k\, Au_k$. Wenn nicht nur f

in $\mathcal{Y}(A)$ liegt, sondern auch Af, A^2f, ... , $A^{q-1}f$, $q \geq 2$, der Reihe nach in $\mathcal{Y}(A)$ liegen, dann ist

$$A^n f = \sum_{k=1}^{\infty} f_k\, \lambda_k^n\, u_k \qquad \text{für} \quad n = 1, 2, \ldots , q \,.$$

Als Beispiel betrachten wir den Operator der schwingenden Saite:

$\quad Au = -u''$ mit $\mathcal{Y}(A)$: 1) u zweimal stetig differenzierbar in $0 \leq x \leq b$,

$\qquad\qquad\qquad\qquad\qquad$ 2) $u(0) = u(b) = 0$

besitzt die normierten, orthogonalen Eigenfunktionen $u_k(x) = \sqrt{\frac{2}{b}} \sin(k\pi x/b)$
zu den Eigenwerten $\lambda_k = k^2 \pi^2 b^{-2}$, $k = 1, 2, \ldots$. Da wir wissen, daß die Menge $\{u_1, u_2, \ldots\}$ total ist (vgl. § 5.4, Aufgabe 7), hat A ein reines Punktspektrum, und $\{\lambda_1, \lambda_2, \ldots\}$ ist die Menge aller Eigenwerte; diese sind sämtlich *einfach*, d.h. sie haben die Vielfachheit 1. Wenn f(x) eine in $0 \leq x \leq b$ zweimal stetig differenzierbare und in den Endpunkten des Intervalles verschwindende Funktion ist, dann folgt aus der Reihenentwicklung

$$f(x) = \sum_{k=1}^{\infty} c_k \, \sin(k\pi x/b)$$

sofort

$$f''(x) = - \sum_{k=1}^{\infty} k^2 \, \pi^2 \, b^{-2} \, c_k \, \sin(k\pi x/b) \ .$$

Diese Reihenentwicklung von $f''(x)$ ist im Sinne mittlerer Konvergenz gemeint; also gilt

$$\int_0^b |f''|^2 \, dx = \sum_{k=1}^{\infty} k^4 \, \pi^4 \, b^{-4} \, |c_k|^2 \, \frac{b}{2} \ .$$

Wir sagen, der symmetrische Operator A habe ein *diskretes Spektrum*, wenn A ein reines Punktspektrum hat, das keinen endlichen Häufungspunkt besitzt und nur aus Eigenwerten endlicher Vielfachheit besteht. Der Operator der schwingenden Saite hat demnach ein diskretes Spektrum.

Die Eigenwerte eines solchen Operators können immer in der Weise angeordnet werden, daß gilt $|\lambda_1| \leq |\lambda_2| \leq \ldots$. Es ist $\lim\limits_{k \to \infty} |\lambda_k| = \infty$, wenn die Dimension des zugrundegelegten Hilbertschen Raumes unendlich ist.

Wenn außerdem nur endlich viele Eigenwerte negativ sind, dann kann man die Eigenwerte der Größe nach anordnen: $\lambda_1 \leq \lambda_2 \leq \ldots$. Es ist $\lim\limits_{k \to \infty} \lambda_k = +\infty$ bei unendlichdimensionalem Hilbertschen Raum. Für f aus $\mathcal{D}(A)$ wird

$$\langle f|Af \rangle = \sum_{k=1}^{\infty} \lambda_k |f_k|^2 \geq \lambda_1 \langle f|f \rangle \ , \quad \text{d.h. A ist } \textit{halbbeschränkt} \text{ im Sinne der}$$

folgenden Definition:

Ein symmetrischer Operator A heißt *halbbeschränkt* (gelegentlich ausführlicher *halbbeschränkt nach unten*), wenn es eine Zahl a gibt mit $\langle f|Af \rangle \geq a\langle f|f \rangle$ für alle f aus $\mathcal{D}(A)$ (Begriff und Bezeichnung von A. Wintner).

Umgekehrt hat jeder halbbeschränkte Operator mit diskretem Spektrum höchstens endlich viele negative Eigenwerte.

§ 4. Fehlerabschätzung

Wenn f ein beliebiges Element eines unendlichdimensionalen Hilbertschen Raumes $\mathfrak{H}$ ist, und u_1, u_2, ... eine beliebige Orthonormalbasis von $\mathfrak{H}$ ist, dann gilt die Entwicklung

$$f = \sum_{k=1}^{n} f_k u_k \quad , \qquad f_k = \langle u_k | f \rangle \quad .$$

Das ist eine Konvergenzaussage ohne die Möglichkeit einer Fehlerabschätzung. Denn gerade der Gebrauch des Wortes beliebig zeigt an, daß wir über die Beziehung von f zu den u_1, u_2, ... nichts voraussetzen. Fehlerabschätzungen werden erst möglich, wenn über f Kenntnisse vorliegen.

Seien etwa die u_k Eigenelemente eines symmetrischen Operators A mit diskretem Spektrum, und sei f ein Element aus $\mathfrak{D}(A)$. Dann ist $Au_k = \lambda_k u_k$, k = 1, 2, ... , und wir dürfen $|\lambda_1| \leq |\lambda_2| \leq \ldots$ annehmen. Aus

$$\left\| f - \sum_{k=1}^{n} f_k u_k \right\|^2 = \sum_{k=n+1}^{\infty} |f_k|^2 \quad ,$$

$$|f_k|^2 = |\langle u_k | f \rangle|^2 = (\lambda_k)^{-2} |\langle A u_k | f \rangle|^2 = (\lambda_k)^{-2} |\langle u_k | Af \rangle|^2 \quad \text{für } \lambda_k \neq 0, \text{ und}$$

$$\lambda_k^2 \geq \lambda_{n+1}^2 \quad \text{für } k \geq n+1 \text{ folgt}$$

$$\left\| f - \sum_{k=1}^{n} f_k u_k \right\|^2 \leq (\lambda_{n+1})^{-2} \sum_{k=n+1}^{\infty} |\langle u_k | Af \rangle|^2$$

$$\leq (\lambda_{n+1})^{-2} \sum_{k=1}^{\infty} |\langle u_k | Af \rangle|^2 \quad ,$$

also schließlich die *Fehlerabschätzung*:

$$\left\| f - \sum_{k=1}^{n} f_k u_k \right\|^2 \leq (\lambda_{n+1})^{-2} \|Af\|^2$$

für alle n mit $\lambda_{n+1} \neq 0$.

Wenn A halbbeschränkt ist, wenn wir also sogar $\lambda_1 \leq \lambda_2 \leq \ldots$ annehmen dürfen, dann hat man

$$\sum_{k=n+1}^{\infty} |f_k|^2 = \sum_{k=n+1}^{\infty} (\lambda_k)^{-2} |\langle u_k | Af \rangle|^2$$

wie eben, vorausgesetzt, daß $\lambda_{n+1} > 0$ ist. Weiter aber schätzen wir so ab:

$$\sum_{k=n+1}^{\infty} |f_k|^2 \leq (\lambda_{n+1})^{-1} \sum_{k=n+1}^{\infty} (\lambda_k)^{-1} |\langle u_k | Af \rangle|^2 .$$

Aus

$$\langle f | Af \rangle = \sum_{k=1}^{\infty} \langle u_k | f \rangle^* \langle u_k | Af \rangle$$

$$= \sum_{\lambda_k < 0} \lambda_k |f_k|^2 + \sum_{\lambda_k > 0} (\lambda_k)^{-1} |\langle u_k | Af \rangle|^2$$

folgt

$$\sum_{k=n+1}^{\infty} (\lambda_k)^{-1} |\langle u_k | Af \rangle|^2 \leq \sum_{\lambda_k < 0} (\lambda_k)^{-1} |\langle u_k | Af \rangle|^2$$

$$= \langle f | Af \rangle + \sum_{\lambda_k < 0} |\lambda_k| |f_k|^2 .$$

Also gilt die *Fehlerabschätzung*

$$\left\| f - \sum_{k=1}^{n} f_k u_k \right\|^2 \leq (\lambda_{n+1})^{-1} \left(\langle f | Af \rangle + \sum_{\lambda_k < 0} |\lambda_k| |f_k|^2 \right)$$

für jedes n mit $\lambda_{n+1} > 0$. Wenn keine negativen Eigenwerte vorliegen, dann ist

$$\left\| f - \sum_{k=1}^{n} f_k u_k \right\|^2 \leq (\lambda_{n+1})^{-1} \langle f | Af \rangle , \quad n = 1, 2, \ldots .$$

Wenn negative Eigenwerte vorliegen, kann man anstelle der vorletzten Formelzeile auch so abschätzen. Man wähle $c \geq |\lambda_1|$. Dann hat der Operator $A + c$, erklärt durch $(A + c)f = Af + cf$, die nichtnegativen Eigenwerte $c + \lambda_1 \leq c + \lambda_2 \leq \ldots$. Nach der letzten Zeile ist also

$$||f - \sum_{k=1}^{n} f_k u_k||^2 \leq (c + \lambda_{n+1})^{-1} \langle f|(A+c)f\rangle \quad , \quad n = 1, 2, \ldots .$$

Die beiden Fehlerabschätzungen

$$||f - \sum_{k=1}^{n} f_k u_k||^2 \leq (\lambda_{n+1})^{-2} ||Af||^2 ,$$

$$|\lambda_1| \leq |\lambda_2| \leq \ldots \quad \text{und} \quad \lambda_{n+1} \neq 0 ,$$

bzw.

$$||f - \sum_{k=1}^{n} f_k u_k||^2 \leq (\lambda_{n+1})^{-1} \langle f|Af\rangle ,$$

$$0 \leq \lambda_1 \leq \lambda_2 \leq \ldots \quad \text{und} \quad \lambda_{n+1} \neq 0 ,$$

beide gültig für alle f aus $\mathcal{Y}(A)$, bleiben unverändert gültig, wenn die u_k nicht normiert sind, nur ist dann $f_k = \langle u_k|f\rangle ||u_k||^{-2}$.

Man mache sich den Unterschied der beiden Fehlerabschätzungen klar an dem Beispiel

$$Au = -u'' \quad \text{mit} \quad \mathcal{Y}(A): \quad 1) \quad u \text{ zweimal stetig differenzierbar in } 0 \leq x \leq b ,$$
$$2) \quad u(0) = u(b) = 0 .$$

Für $f(x) = \sum_{k=1}^{\infty} c_k \sin(k\pi x/b)$ aus $\mathcal{Y}(A)$ wird

$$\int_0^b |f(x) - \sum_{k=1}^{n} c_k \sin(k\pi x/b)|^2 \, dx \leq b^4 \pi^{-4} (n+1)^{-4} \int_0^b |f''|^2 \, dx ,$$

aber auch

$$\int_0^b \big| f(x) - \sum_{k=1}^n c_k \sin(k\pi x/b) \big|^2 \, dx \leq b^2 \, \pi^{-2} \, (n+1)^{-2} \int_0^b |f'|^2 \, dx \ .$$

Bei kleinen n wird man die zweite Abschätzung vorziehen, wenn $\int_0^b |f'|^2 \, dx$ kleiner ist oder leichter berechnet werden kann als $\int_0^b |f''|^2 \, dx$. Außerdem kann man zeigen, daß die zweite Abschätzung sogar für alle stetig differenzierbaren Funktionen f mit f(0) = f(b) = 0 gültig ist (vgl. § 5.4, Aufgabe 8).

§ 5.   Zusätze und Aufgaben

1. Bemerkungen zu § 1

In § 1 wurden zwei Dinge gleichzeitig dargestellt: Die Definition des Begriffs "Hilbertscher Raum" und - andeutungsweise - die Tatsache, daß die Menge der quadratintegrierbaren Funktionen auf einer offenen Menge G des m-dimensionalen Raumes in gewissem Sinne als Hilbertscher Raum aufgefaßt werden kann. Hierzu einige Erläuterungen.

Aus der linearen Algebra kennt man den Begriff des *Vektorraums* über einem Körper IK. Ist IK der Körper $\mathbb{C}$ der komplexen Zahlen, so sprechen wir von einem *komplexen Vektorraum*. Für c aus $\mathbb{C}$ bezeichnen wir mit c^* die konjugiert komplexe Zahl. Es sei $\mathcal{H}$ ein komplexer Vektorraum und $\mathcal{H}^2 = \mathcal{H} \times \mathcal{H}$ (das kartesische Produkt) die Menge aller geordneten Paare (u,v) von Elementen aus $\mathcal{H}$. Eine *Sesquilinearform* auf $\mathcal{H}$ ist eine komplexe Funktion S(u,v) auf $\mathcal{H}^2$ mit den Eigenschaften

(1)
$$S(u, av + bw) = a\,S(u,v) + b\,S(u,w)$$
$$S(au + bv, w) = a^*S(u,w) + b^*S(v,w)$$

für alle u, v, w aus $\mathcal{H}$ und a, b aus $\mathbb{C}$.
Die Sesquilinearform heißt *symmetrisch*, wenn

(2) $\qquad S(u,v) = S(v,u)^*$

für alle u, v aus $\mathcal{H}$ gilt.
Die Sesquilinearform heißt *nichtnegativ*, wenn

(3) $\qquad S(u,u) \geq 0$ für alle u aus $\mathcal{H}$

und *positiv*, wenn

(4) $\qquad S(u,u) > 0$ für alle u aus $\mathcal{H}$ mit $u \neq 0$.

Für jede Sesquilinearform S ist durch $Q(u) = S(u,u)$ eine komplexe Funktion auf $\mathcal{H}$, die zugeordnete *quadratische Form*, erklärt. S ist genau dann symmetrisch, wenn Q reell ist; in diesem Fall gilt

$$(5) \qquad Q(au + bv) = |a|^2 Q(u) + 2 \, \mathrm{Re}(a^*bS(u,v)) + |b|^2 Q(v)$$

für alle u, v aus $\mathcal{H}$ und a, b aus $\mathbb{C}$. Für nichtnegative Sesquilinearformen folgt daraus

$$(6) \qquad |S(u,v)|^2 \leq Q(u) \, Q(v)$$

für alle u, v aus $\mathcal{H}$, indem man $a = - S(u,v)$ und $b = Q(u) + \varepsilon$ setzt mit $\varepsilon > 0$ und dann ε gegen Null gehen läßt.

Eine positive Sesquilinearform auf $\mathcal{H}$ bezeichnet man auch als *inneres Produkt* (oder *Skalarprodukt*) in $\mathcal{H}$; man schreibt dann $\langle u|v\rangle$ statt $S(u,v)$. Beispiele komplexer Vektorräume mit innerem Produkt sind:

(7)   Der n-dimensionale unitäre Raum $\mathbb{C}^n$ aller Vektoren $u = (u_1,\ldots,u_n)$ mit u_j aus $\mathbb{C}$ und mit

$$\langle u|v\rangle = \sum_{j=1}^{n} u_j^* \, v_j \ .$$

(8)   Der Hilbertsche Folgenraum l_2 aller unendlichen Folgen $u = (u_1,u_2,\ldots)$ mit u_j aus $\mathbb{C}$, $\sum_{j=1}^{\infty} |u_j|^2 < \infty$ und $\langle u|v\rangle = \sum_{j=1}^{\infty} u_j^* \, v_j \ .$

(9)   Der Raum $\mathcal{C}[a,b]$ aller stetigen komplexen Funktionen u auf dem Intervall $[a,b]$ mit $\langle u|v\rangle = \int_a^b u(x)^* \, v(x) \, dx$.

(10)   Der in § 1 erklärte Raum $\mathcal{L}_2(G)$ für eine offene Menge G des m-dimensionalen Euklidischen Raumes $\mathrm{I\!R}^m$.

Zum Verständnis dieser Definition ist eine gewisse Kenntnis der Lebesgueschen Theorie notwendig. Wir verweisen hier insbesondere auf die Lehrbücher von H. Bauer [1] und E. Hewitt - K. Stromberg [3], die wir auch im folgenden häufig zitieren werden. Die Räume $\mathcal{L}_2(G)$ werden in [1], § 14 und in [3], § 13 behandelt.

Für einen komplexen Vektorraum $\mathcal{H}$ mit innerem Produkt ist die *Norm* durch $||u|| = \langle u|u\rangle^{1/2}$ erklärt. Die *Schwarzsche Ungleichung* $|\langle u|v\rangle| \leq ||u|| \, ||v||$ folgt aus (6).

Es gilt ferner

(11) $\qquad ||u|| > 0$ für alle u aus $\mathcal{H}$ mit $u \neq 0$,

(12) $\qquad ||au|| = |a| \cdot ||u||$ für alle u aus $\mathcal{H}$ und a aus $\mathbb{C}$,

(13) $\qquad ||u + v|| \leq ||u|| + ||v||$ für alle u, v aus $\mathcal{H}$,

und zwar folgt (11) aus (4), (12) aus (5), und (13) aus (5) und (6). Aus (12) und (13) erhält man die nützliche Ungleichung

(14) $\qquad \big| \; ||u|| - ||v|| \; \big| \leq ||u - v||$

für alle u, v aus $\mathcal{H}$. Eine Folge (u_j) von Elementen von $\mathcal{H}$ heißt *konvergent*, wenn es ein u aus $\mathcal{H}$ gibt, so daß $\lim\limits_{j \to \infty} ||u_j - u|| = 0$ ist. Das Element u heißt dann *Grenzwert* der Folge. Eine konvergente Folge hat nur einen Grenzwert, denn aus $||u_j - u|| \to 0$ und $||u_j - v|| \to 0$ folgt mit (13) $0 \leq ||u - v|| = ||u - u_j + u_j - v|| \leq ||u_j - u|| + ||u_j - v|| \to 0$, also $||u - v|| = 0$, d.h. $u - v = 0$, also $u = v$. Statt $||u_j - u|| \to 0$ schreiben wir im folgenden $u_j \to u$ oder $\lim u_j = u$.

Eine Folge (u_j) in $\mathcal{H}$ heißt *Cauchyfolge*, wenn $||u_j - u_k|| \to 0$ für $j, k \to \infty$. Jede konvergente Folge ist Cauchyfolge wegen $||u_j - u_k|| \leq ||u_j - u|| + ||u_k - u||$. Der Raum $\mathcal{H}$ heißt *vollständig* oder ein *Hilbertraum*, wenn jede Cauchyfolge in $\mathcal{H}$ konvergent ist. Die Räume $\mathbb{C}^n$ und l_2 (vgl. (7) und (8)) sind vollständig (vgl. 4, Aufgabe 2). Der Raum $\mathcal{C}[a,b]$ ist nicht vollständig; denn die in § 2.1 erklärte Folge (u_n) in $\mathcal{C}[0,a]$ ist Cauchyfolge, aber nicht konvergent. Die Vollständigkeit von $\mathcal{L}_2(G)$ wird z.B. in [1], § 14 und in [3], § 13 bewiesen.

Ein Hilbertraum heißt *separabel*, wenn das Axiom IV in § 1 erfüllt ist. In den Paragraphen 1 bis 4 wurden also nur separable Hilberträume betrachtet. Man zeigt leicht, daß $\mathbb{C}^n$ und l_2 separabel sind. Der in § 1 gegebene Beweis der Separabilität von $\mathcal{L}_2(G)$ macht freien Gebrauch von einigen Tatsachen der Lebesgueschen Theorie. Einen vollständig ausgeführten Beweis findet man in J.v.Neumann [7], Seite 34.

2. Ergänzungen zu § 2

Wir betrachten Teilmengen $\mathfrak{M}$ eines Hilbertschen Raumes $\mathcal{H}$. $\mathfrak{M}$ heißt *abgeschlossen*, wenn für jede konvergente Folge (u_j) von Elementen u_j aus $\mathfrak{M}$ der Grenzwert u zu $\mathfrak{M}$ gehört. Triviale Beispiele abgeschlossener Mengen sind: endliche Mengen $\{u_1,\dots,u_n\}$; die Menge bestehend aus den Termen u_j einer konvergenten Folge und dem Grenzwert der Folge; der Raum $\mathcal{H}$ selbst. Für jedes v aus $\mathcal{H}$ und jedes $r > 0$ ist die Menge

$$\overline{\mathcal{K}}(v,r) = \{u \mid u \text{ aus } \mathfrak{H}, \ \|u - v\| \leq r\}$$

abgeschlossen; man nennt sie die *abgeschlossene Kugel* mit Mittelpunkt v und Radius r. Zum Beweis benützt man die *Stetigkeit der Norm*, d.h. die Gleichung

$$(15) \qquad \lim \|u_j\| = \|\lim u_j\| \ ,$$

die aus (14) unmittelbar folgt. Ist (u_j) eine konvergente Folge mit u_j aus $\overline{\mathcal{K}}(v,r)$, also $\|u_j - v\| \leq r$, und $\lim u_j = u$, so gilt $u_j - v \to u - v$, folglich $\|u - v\| = \lim \|u_j - v\| \leq r$ nach (15); also ist u aus $\overline{\mathcal{K}}(v,r)$.

Für jede Teilmenge $\mathfrak{M}$ von $\mathfrak{H}$ definiert man die *abgeschlossene Hülle* $\overline{\mathfrak{M}}$ als die Menge aller Grenzwerte konvergenter Folgen von Elementen von $\mathfrak{M}$. Es gilt $\mathfrak{M} \subset \overline{\mathfrak{M}}$, denn jedes Element u aus $\mathfrak{M}$ ist Grenzwert der konstanten Folge mit $u_j = u$ für alle j. $\overline{\mathfrak{M}}$ ist abgeschlossen: Ist (v_j) eine konvergente Folge aus $\overline{\mathfrak{M}}$ mit Grenzwert v, so gibt es nach Definition von $\overline{\mathfrak{M}}$ zu jedem v_j ein u_j aus $\mathfrak{M}$ mit $\|u_j - v_j\| < 1/j$; wegen $\|u_j - v\| \leq \|u_j - v_j\| + \|v_j - v\|$ ist dann $v = \lim u_j$, also v aus $\overline{\mathfrak{M}}$. Ist $\mathfrak{N}$ eine abgeschlossene Menge mit $\mathfrak{M} \subset \mathfrak{N}$, so ist auch $\overline{\mathfrak{M}} \subset \mathfrak{N}$; denn für jede konvergente Folge aus $\mathfrak{M}$ gehört der Grenzwert zu $\mathfrak{N}$. Damit ist bewiesen:

(16)   *Die abgeschlossene Hülle* $\overline{\mathfrak{M}}$ *ist die kleinste abgeschlossene Menge, die* $\mathfrak{M}$ *enthält;* $\mathfrak{M}$ *ist genau dann abgeschlossen wenn* $\mathfrak{M} = \overline{\mathfrak{M}}$ *ist.*

Als Beispiel betrachten wir die Menge

$$\mathcal{K}(v,r) = \{u \mid u \text{ aus } \mathfrak{H}, \ \|u - v\| < r\} \ ;$$

man nennt sie die *offene Kugel* mit Mittelpunkt v und Radius r. Für $r > 0$ gilt $\overline{\mathcal{K}}(v,r) = \overline{\mathcal{K}}(v,r)$; denn einerseits ist $\mathcal{K}(v,r) \subset \overline{\mathcal{K}}(v,r)$, und andererseits ist für jedes u aus $\overline{\mathcal{K}}(v,r)$ die Folge $u_j = v + (1 - 1/j)(u - v)$ aus $\mathcal{K}(v,r)$ und $\lim u_j = u$. ·

Für einen Teilraum $\mathfrak{T}$ von $\mathfrak{H}$ ist $\overline{\mathfrak{T}}$ ein abgeschlossener Teilraum von $\mathfrak{H}$. Jeder Teilraum $\mathfrak{T}$ von $\mathfrak{H}$ ist selbst ein komplexer Vektorraum mit innerem Produkt; als solcher ist $\mathfrak{T}$ genau dann vollständig, wenn $\mathfrak{T}$ als Teilmenge von $\mathfrak{H}$ abgeschlossen ist.

In § 2.4 wurde der Begriff "dichter Teilraum" erklärt. Mit Hilfe der abgeschlossenen Hülle können wir auch sagen: $\mathfrak{T}$ heißt ein dichter Teilraum von $\mathfrak{H}$, wenn $\overline{\mathfrak{T}} = \mathfrak{H}$ ist. Allgemeiner definieren wir: Eine Teilmenge $\mathfrak{M}$ von $\mathfrak{H}$

heißt *dicht in bezug auf* eine andere Teilmenge $\mathfrak{N}$, wenn $\mathfrak{N} \subset \overline{\mathfrak{M}}$ ist.
Eine Teilmenge $\mathfrak{M}$ heißt *dicht*, wenn sie dicht in bezug auf $\mathfrak{H}$ ist, d.h. wenn
$\overline{\mathfrak{M}} = \mathfrak{H}$ ist. Es gilt:

(17)   *Ist $\mathfrak{M}$ dicht in bezug auf $\mathfrak{N}$ und ist $\mathfrak{N}$ dicht in bezug auf $\mathfrak{L}$,*
         so ist $\mathfrak{M}$ auch dicht in bezug auf $\mathfrak{L}$.

Aus $\mathfrak{N} \subset \overline{\mathfrak{M}}$ folgt nämlich $\overline{\mathfrak{N}} \subset \overline{\mathfrak{M}}$ nach (16) und daraus wegen $\mathfrak{L} \subset \overline{\mathfrak{N}}$
auch $\mathfrak{L} \subset \overline{\mathfrak{M}}$.

Eine Teilmenge $\mathfrak{M}$ von $\mathfrak{H}$ heiße *separabel*, wenn sie eine abzählbare und
in bezug auf $\mathfrak{M}$ dichte Teilmenge enthält. Ein Spezialfall dieser Definition
ist die des separablen Hilbertschen Raumes. Wir zeigen:

(18)   *Jede Teilmenge einer separablen Menge ist separabel.*

Beweis. Sei $\mathfrak{M} \subset \mathfrak{N}$, $\mathfrak{N}$ separabel, und $\mathfrak{L} = \{u_1, u_2, \ldots\}$ eine
abzählbare und in bezug auf $\mathfrak{N}$ dichte Teilmenge von $\mathfrak{N}$. Zu jedem Indexpaar
j, k wählen wir ein v_{jk} aus $\mathfrak{M}$ mit $\|u_j - v_{jk}\| < 1/k$, falls ein solches
Element existiert. Die Menge $\mathfrak{M}_0$ aller dieser Elemente v_{jk} ist eine
abzählbare Teilmenge von $\mathfrak{M}$. Seien v aus $\mathfrak{M}$ und $\varepsilon > 0$ gegeben. Wir wählen
$k > 2/\varepsilon$; dann gibt es ein j derart, daß $\|u_j - v\| < 1/k$. Für dieses Paar j, k
existiert offenbar v_{jk} aus $\mathfrak{M}_0$ und es gilt $\|v_{jk} - v\| \leq \|v_{jk} - u_j\| +$
$\|u_j - v\| < 2/k < \varepsilon$. Also ist $\mathfrak{M}_0$ dicht in bezug auf $\mathfrak{M}$, d.h. $\mathfrak{M}$ ist
separabel.

Nach (18) ist insbesondere jeder abgeschlossene Teilraum eines separablen
Hilbertraumes selbst ein separabler Hilbertraum. Eine weitere Konsequenz ist:

(19)   *In einem separablen Hilbertraum enthält jede dichte Teilmenge eine*
         abzählbare dichte Teilmenge;

denn jede Teilmenge $\mathfrak{M}$ ist separabel, enthält also eine abzählbare und in bezug
auf $\mathfrak{M}$ dichte Teilmenge $\mathfrak{N}$; ist $\mathfrak{M}$ dicht, so ist nach (17) auch $\mathfrak{N}$
dicht.

Für eine Teilmenge $\mathfrak{M}$ von $\mathfrak{H}$ definieren wir die *lineare Hülle* $\mathfrak{L}[\mathfrak{M}]$
als die Menge aller endlichen Linearkombinationen von Elementen aus $\mathfrak{M}$; für
die leere Menge $\emptyset$ erklären wir $\mathfrak{L}[\emptyset] = \{0\}$. Offenbar ist $\mathfrak{L}[\mathfrak{M}]$ ein Teilraum
von $\mathfrak{H}$; $\overline{\mathfrak{L}[\mathfrak{M}]}$ ist ein abgeschlossener Teilraum von $\mathfrak{H}$, und zwar ist
$\overline{\mathfrak{L}[\mathfrak{M}]}$ nach (16) der kleinste abgeschlossene Teilraum von $\mathfrak{H}$, der $\mathfrak{M}$
enthält. Nach Definition in § 2.1 heißt $\mathfrak{M}$ *total*, wenn $\mathfrak{L}[\mathfrak{M}]$ dicht ist.

In § 2.2. wurde der Begriff des "normierten Orthogonalsystems" eingeführt; dabei wurden nur abzählbare Orthogonalsysteme betrachtet, und zwar aus folgendem Grund:

(20)   *In einem separablen Hilbertraum ist jedes normierte Orthogonalsystem abzählbar.*

<u>Beweis.</u> Sei $\mathcal{H}$ separabel, $\{u_1, u_2, \ldots\}$ eine abzählbare dichte Teilmenge von $\mathcal{H}$ und $\mathfrak{M}$ ein normiertes Orthogonalsystem, also $||v|| = 1$ für alle v aus $\mathfrak{M}$ und $\langle v_1 | v_2 \rangle = 0$ für alle $v_1 \neq v_2$ aus $\mathfrak{M}$. Daraus folgt $||v_1 - v_2|| = \sqrt{2}$ für verschiedene Elemente von $\mathfrak{M}$. Zu jedem v aus $\mathfrak{M}$ existiert ein Index j so, daß $||v - u_j|| < 1/\sqrt{2}$ ist.

Sei $v_1 \neq v_2$ und $||v_1 - u_{j_1}|| < 1/\sqrt{2}$, $||v_2 - u_{j_2}|| < 1/\sqrt{2}$; dann ist

$$||u_{j_1} - u_{j_2}|| \geq ||v_1 - v_2|| - ||v_1 - u_{j_1}|| - ||v_2 - u_{j_2}||$$

$$> \sqrt{2} - 2/\sqrt{2} = 0 ,$$

d.h. $u_{j_1} \neq u_{j_2}$, also $j_1 \neq j_2$. Es gibt also eine injektive Abbildung der Menge $\mathfrak{M}$ in die natürlichen Zahlen, d.h. $\mathfrak{M}$ ist abzählbar.

Durch Orthogonalisierung einer abzählbaren dichten Teilmenge wurde in § 2.5 gezeigt, daß jeder separable Hilbertraum eine (abzählbare) *Orthonormalbasis* besitzt. Mit (19) kann man das verschärfen zu der Aussage:

(21)   *In einem separablen Hilbertraum enthält jeder dichte Teilraum eine Orthonormalbasis.*

Für jede Teilmenge $\mathfrak{M}$ von $\mathcal{H}$ erklären wir die Menge

$$\mathfrak{M}^{\perp} = \{ u \mid u \text{ aus } \mathcal{H}, \langle u | v \rangle = 0 \text{ für alle } v \text{ aus } \mathfrak{M} \} .$$

Offenbar ist $\mathfrak{M}^{\perp}$ ein Teilraum von $\mathcal{H}$. Aus der Stetigkeit des inneren Produkts, die in § 2.2 bewiesen wurde, folgt $\lim u_j$ aus $\mathfrak{M}^{\perp}$ für jede konvergente Folge (u_j) von Elementen aus $\mathfrak{M}^{\perp}$, d.h. $\mathfrak{M}^{\perp}$ ist abgeschlossen. Man bestätigt unmittelbar die Gleichungen

$$(22) \qquad \mathfrak{M}^{\perp} = \mathcal{L}[\mathfrak{M}]^{\perp} = \overline{\mathfrak{M}}^{\perp} = \overline{\mathcal{L}[\mathfrak{M}]}^{\perp} .$$

(23)   <u>Projektionssatz</u>. *Sei $\mathfrak{M}$ ein abgeschlossener Teilraum von $\mathfrak{H}$. Jedes u aus $\mathfrak{H}$ ist auf genau eine Weise als Summe u = v + w mit v aus $\mathfrak{M}$ und w aus $\mathfrak{M}^{\perp}$ darstellbar.*

<u>Beweis</u>. Sei u aus $\mathfrak{H}$ gegeben und

$$d = \inf\{\, ||u - v|| \mid v \text{ aus } \mathfrak{M} \,\}.$$

Dann gibt es eine Folge (v_j) mit v_j aus $\mathfrak{M}$ und $||u - v_j|| \to d$. Nach Aufgabe 1 ist

$$||f + g||^2 + ||f - g||^2 = 2\,||f||^2 + 2\,||g||^2$$

für alle f, g aus $\mathfrak{H}$. Setzt man $f = u - v_j$, $g = u - v_k$, so folgt

$$||v_k - v_j||^2 = 2\,||u - v_j||^2 + 2\,||u - v_k||^2 - 4\,||u - \tfrac{1}{2}(v_j + v_k)||^2$$
$$\leq 2\,||u - v_j||^2 + 2\,||u - v_k||^2 - 4d^2 \to 0$$

für $j, k \to \infty$, d.h. (v_j) ist Cauchyfolge und daher konvergent. Da $\mathfrak{M}$ abgeschlossen ist, liegt der Grenzwert v in $\mathfrak{M}$ und es gilt $||u - v|| = d$ nach (15). Sei w = u - v; für jedes f aus $\mathfrak{M}$ und jedes c aus $\mathbb{C}$ gilt nach (5) $0 \leq ||w - cf||^2 - d^2 = -2\,\mathrm{Re}(c\langle w|f\rangle) + |c|^2\,||f||^2$. Ist $\langle w|f\rangle \neq 0$, so wird diese Ungleichung falsch für $c = ||f||^{-2}\,\langle w|f\rangle^{*}$. Also ist $\langle w|f\rangle = 0$ für alle f aus $\mathfrak{M}$, d.h. w ist aus $\mathfrak{M}^{\perp}$. Damit ist die Existenz der Zerlegung bewiesen. Zum Beweis der Eindeutigkeit sei $u = v_j + w_j$ mit v_j aus $\mathfrak{M}$ und w_j aus $\mathfrak{M}^{\perp}$ für j = 1, 2. Dann ist $v_1 - v_2 = w_2 - w_1$ zugleich aus $\mathfrak{M}$ und aus $\mathfrak{M}^{\perp}$, also orthogonal zu sich selbst, d.h. gleich Null, was zu zeigen war.

(24)   *Für einen abgeschlossenen Teilraum $\mathfrak{M}$ ist $(\mathfrak{M}^{\perp})^{\perp} = \mathfrak{M}$. Eine Teilmenge $\mathfrak{M}$ von $\mathfrak{H}$ ist genau dann total, wenn $\mathfrak{M}^{\perp} = \{0\}$ ist.*

<u>Beweis</u>. Offenbar ist $\mathfrak{M} \subset (\mathfrak{M}^{\perp})^{\perp}$. Sei u aus $(\mathfrak{M}^{\perp})^{\perp}$ und u = v + w mit v aus $\mathfrak{M}$ und w aus $\mathfrak{M}^{\perp}$. Dann ist w = u - v zugleich in $\mathfrak{M}^{\perp}$ und in $(\mathfrak{M}^{\perp})^{\perp}$, also orthogonal zu sich selbst, d.h. gleich Null, folglich u aus $\mathfrak{M}$ und $\mathfrak{M} = (\mathfrak{M}^{\perp})^{\perp}$. Ist $\mathfrak{M}$ total, so ist $\overline{\mathcal{L}\,[\mathfrak{M}]} = \mathfrak{H}$ und daher $\mathfrak{M}^{\perp} = \mathfrak{H}^{\perp} = \{0\}$ nach (22). Ist $\mathfrak{M}^{\perp} = \{0\}$, so ist $\overline{\mathcal{L}\,[\mathfrak{M}]}^{\perp} = \{0\}$ nach (22), also $\overline{\mathcal{L}\,[\mathfrak{M}]} = (\overline{\mathcal{L}\,[\mathfrak{M}]}^{\perp})^{\perp} = \{0\}^{\perp} = \mathfrak{H}$, d.h. $\mathfrak{M}$ ist total.

3. Ergänzungen zu § 3

Es seien $\mathcal{H}_1$ und $\mathcal{H}_2$ Hilberträume. Ein *linearer Operator von* $\mathcal{H}_1$ *in* $\mathcal{H}_2$ ist eine Abbildung A eines Teilraumes $\mathcal{D}(A)$ von $\mathcal{H}_1$ in den Raum $\mathcal{H}_2$ derart, daß für alle u, v aus $\mathcal{D}(A)$ und für alle a, b aus $\mathbb{C}$ die Gleichung $A(au + bv) = aAu + bAv$ gilt. $\mathcal{D}(A)$ heißt *Definitionsbereich* von A. Die Menge $\mathcal{R}(A) = A\,\mathcal{D}(A)$ der Bildelemente ist ein Teilraum von $\mathcal{H}_2$ und heißt *Wertebereich* von A. Im Falle $\mathcal{H}_1 = \mathcal{H}_2$ heißt A ein *Operator in* $\mathcal{H}_1$.

Wir betrachten einige Beispiele:

(25) Es sei $\mathcal{H}_1$ separabel, $\mathcal{H}_2 = l_2$, $\{u_1, u_2, \ldots\}$ eine Orthonormalbasis von $\mathcal{H}_1$. Nach § 2.2 ist durch

$$Jf = (\langle u_1 | f \rangle \,, \ \langle u_2 | f \rangle \,, \ \ldots)$$

(für f aus $\mathcal{H}_1$) ein Operator J von $\mathcal{H}_1$ in $\mathcal{H}_2$ mit $\mathcal{D}(J) = \mathcal{H}_1$, $\mathcal{R}(J) = \mathcal{H}_2$ erklärt; J ist *isometrisch*, d.h. es gilt $\langle f | g \rangle = \langle Jf | Jg \rangle$ für alle f, g aus $\mathcal{H}_1$.

(26) Es sei $\mathcal{M}$ ein abgeschlossener Teilraum des Hilbertraums $\mathcal{H}$. Jedes u aus $\mathcal{H}$ zerlegen wir nach (23) in der Form $u = v + w$ mit v aus $\mathcal{M}$ und w aus $\mathcal{M}^{\perp}$; durch $Pu = v$ ist dann ein Operator in $\mathcal{H}$ mit $\mathcal{D}(P) = \mathcal{H}$, $\mathcal{R}(P) = \mathcal{M}$ erklärt. Für jedes u aus $\mathcal{H}$ ist $P^2 u = P(Pu) = Pu$, weil Pu aus $\mathcal{M}$ ist, also $P^2 = P$. Man nennt P die *orthogonale Projektion von* $\mathcal{H}$ *auf* $\mathcal{M}$.

(27) Es sei q eine meßbare komplexe Funktion auf $\mathbb{R}^m$. Wir erklären einen Operator Q in $\mathcal{L}_2(\mathbb{R}^m)$ mit

$$\mathcal{D}(Q) = \{ u \mid u \text{ aus } \mathcal{L}_2(\mathbb{R}^m), \ qu \text{ aus } \mathcal{L}_2(\mathbb{R}^m) \}$$

durch $Qu = qu$ für u aus $\mathcal{D}(Q)$. Ist q *wesentlich beschränkt*, d.h. gibt es ein $c > 0$ mit $|q(x)| \leq c$ fast überall, so ist $\mathcal{D}(Q) = \mathcal{L}_2(\mathbb{R}^m)$. Ist q *lokal quadratisch integrierbar*, d.h. $\int_K |q(x)|^2 \, dx < \infty$ für jede kompakte Teilmenge K von $\mathbb{R}^m$, so ist $\mathcal{L}_0^{\infty}(\mathbb{R}^m) \subset \mathcal{D}(Q)$.

In § 2.5 wurde der Begriff des *symmetrischen* Operators in $\mathcal{H}$ erklärt. Zum Nachweis der Symmetrie ist das folgende Kriterium nützlich:

(28)   *Der Operator A ist genau dann symmetrisch, wenn* $\mathcal{D}(A)$ *dicht ist und* $\langle u | Au \rangle$ *reell für alle u aus* $\mathcal{D}(A)$.

<u>Beweis.</u> a) A sei symmetrisch. Aus der Definition folgt, daß $\mathcal{V}(A)$ dicht ist und $\langle u|Au\rangle| = \langle Au|u\rangle = \langle u|Au\rangle^*$, d.h. $\langle u|Au\rangle$ ist reell für alle u aus $\mathcal{V}(A)$. b) Ist $\langle w|Aw\rangle$ reell für alle w aus $\mathcal{V}(A)$, so gilt $\langle w|Aw\rangle = \langle Aw|w\rangle$. Für alle u, v aus $\mathcal{V}(A)$ gilt also nach 4, Aufgabe 1,b

$$
\begin{aligned}
\langle u|Av\rangle &= \tfrac{1}{4}\{\langle u + v|A(u + v)\rangle - \langle u - v|A(u - v)\rangle + i\langle u - iv|A(u - iv)\rangle \\
&\qquad - i\langle u + iv|A(u + iv)\rangle\} \\
&= \tfrac{1}{4}\{\langle A(u + v)|u + v\rangle - \langle A(u - v)|u - v\rangle + i\langle A(u - iv)|u - iv\rangle \\
&\qquad - i\langle A(u + iv)|u + iv\rangle\} \\
&= \langle Au|v\rangle \ .
\end{aligned}
$$

Außerdem ist $\mathcal{V}(A)$ dicht, also A symmetrisch.

Wir betrachten einige Beispiele: Der Operator P (vgl. (26)) ist symmetrisch, denn es ist $\mathcal{V}(P) = \mathcal{H}$ und $\langle u|Pu\rangle = \langle v + w|v\rangle = ||v||^2 \geq 0$ wegen $\langle w|v\rangle = 0$.

Für den in (27) definierten Operator Q in $\mathcal{L}_2(\mathrm{IR}^m)$ zeigen wir zunächst, daß $\mathcal{V}(Q)$ dicht ist. Für jedes $c > 0$ sei $\Gamma_c = \{x|x \text{ aus } \mathrm{IR}^m, |q(x)| \leq c\}$. Da q meßbar ist, sind die Mengen Γ_c meßbar. Für $c < c'$ ist $\Gamma_c \subset \Gamma_{c'}$, und es gilt $\bigcup_{c>0} \Gamma_c = \mathrm{IR}^m$. Bezeichnet man mit ξ_c die charakteristische Funktion von Γ_c, so folgt $0 \leq \xi_c \leq \xi_{c'} \leq 1$ für $c \leq c'$ und $\xi_c(x) \to 1$ für $c \to \infty$ und für alle x aus IR^m. Für jedes f aus $\mathcal{L}_2(\mathrm{IR}^m)$ sei die Folge (f_n) durch $f_n(x) = \xi_n(x) \, f(x)$ erklärt. Dann gilt $f_n \to f$, denn es ist

$$
||f_n - f||^2 = \int |f(x)|^2 \, (1 - \xi_n(x)) \, dx \ ,
$$

und dies strebt gegen Null für $n \to \infty$ nach dem Satz von Lebesgue (vgl. [1], S.65 und [3], S.172), da der Integrand die integrierbare Majorante $|f|^2$ hat und fast überall gegen Null strebt. Die Funktionen f_n gehören zu $\mathcal{V}(Q)$; denn nach Definition ist $|q(x)| \leq n$ für x aus Γ_n, also $|\xi_n(x) \, q(x)| \leq n$ und folglich $|q(x) \, f_n(x)| \leq n|f(x)|$ für alle x aus IR^m, d.h. qf_n aus $\mathcal{L}_2(\mathrm{IR}^m)$. Jedes f aus $\mathcal{L}_2(\mathrm{IR}^m)$ ist also Grenzwert einer Folge (f_n) aus $\mathcal{V}(Q)$, d.h. $\mathcal{V}(Q)$ ist dicht. Bilden wir nun

$$
\langle u|Qu\rangle = \int q(x) \, |u(x)|^2 \, dx \ ,
$$

so folgt aus (28) unmittelbar, daß Q genau dann symmetrisch ist, wenn q(x) fast überall reell ist.

Der folgende Satz verallgemeinert das Ergebnis von § 3.1:

(29)   *Es sei q eine reelle und lokal quadratisch integrierbare Funktion auf*
        $\mathbb{R}^m$; *es gebe Zahlen* $r_0 > 0$, c_0 *aus* $\mathbb{R}$ *und* $c_1 \geq 0$ *derart, daß*
        $q(x) \geq c_0 - c_1 |x|^2$ *ist für* $|x| \geq r_0$. *Dann ist der Operator* B, *definiert*
        durch $Bu = -\Delta u + qu$ *für u aus*

        $$\dot{\mathscr{D}}(B) = \{\, u \mid u \text{ aus } \mathscr{L}^2(\mathbb{R}^m) \cap \mathscr{L}_2(\mathbb{R}^m),\ -\Delta u + qu \text{ aus } \mathscr{L}_2(\mathbb{R}^m)\,\}\ ,$$

        ein symmetrischer Operator in $\mathscr{L}_2(\mathbb{R}^m)$.[1]

<u>Beweis.</u> Es gilt $\mathscr{K}_0^\infty(\mathbb{R}^m) \subset \dot{\mathscr{D}}(B)$; folglich ist $\dot{\mathscr{D}}(B)$ dicht; nach (28)
bleibt zu zeigen, daß $\langle u | Bu \rangle$ reell ist für alle u aus $\dot{\mathscr{D}}(B)$. Wir wählen eine
Funktion ϕ aus $\mathscr{K}^\infty(\mathbb{R})$ mit $0 \leq \phi(t) \leq 1$ für alle t aus $\mathbb{R}$, $\phi(t) = 1$ für $t \leq 1$

und $\phi(t) = 0$ für $t \geq 2$ (z.B. $\phi(t) = 1 - \int_0^t \delta_{1/2}(s - 3/2)\, ds$ mit $\delta_\varepsilon(x)$ wie in 4,

Aufgabe 5 mit $m = 1$). Für $r > 0$ definieren wir ϕ_r aus $\mathscr{K}_0^\infty(\mathbb{R}^m)$ durch $\phi_r(x) =$
$\phi(|x|/r)$. Dann ist $0 \leq \phi_r(x) \leq 1$ für alle x aus $\mathbb{R}^m$, $\phi_r(x) = 1$ für $|x| \leq r$ und
$\phi_r(x) = 0$ für $|x| \geq 2r$. Man berechnet $|\operatorname{grad} \phi_r(x)|^2 = r^{-2}|\phi'(|x|/r)|^2 \leq c_2\, r^{-2}$
mit $c_2 = \max\{\, |\phi'(t)|^2 \mid t \text{ aus } \mathbb{R}\}$. Für u aus $\dot{\mathscr{D}}(B)$ erhält man durch partielle
Integration

(i)
$$\int \phi_r^2\, u^* Bu\, dx = \int \phi_r^2\, u^*(-\Delta u + qu)\, dx$$

$$= \int \phi_r^2 \{\, |\operatorname{grad} u|^2 + q|u|^2\}\, dx + 2 \int \phi_r\, u^* \operatorname{grad} \phi_r\, \operatorname{grad} u\, dx$$

und daraus die Ungleichung

(ii)
$$\int \phi_r^2\, |\operatorname{grad} u|^2\, dx$$

$$\leq \int \phi_r^2 \{\, |u|\, |Bu| - q|u|^2\}dx + 2 \int \phi_r\, |u|\, |\operatorname{grad} \phi_r|\, |\operatorname{grad} u|\, dx\ .$$

---

[1] Anmerkung des Bearbeiters: Inzwischen weiß man, daß der Operator B unter diesen
Voraussetzungen sogar wesentlich selbstadjungiert (vgl. II, § 6) ist. Einen
Beweis, sowie weitere Literaturhinweise findet man bei C.G. Simader "Bemerkungen
über Schrödinger-Operatoren mit stark singulären Potentialen" Mathematische Zeit-
schrift <u>138</u>, 53-70(1974).

Für $r \geq r_0$ schätzen wir die Integrale wie folgt weiter ab:

$$\int \phi_r^2 |u|\ |Bu|\ dx \leq \int |u|\ |Bu|\ dx \leq ||u||\ ||Bu|| = c_3$$

(Schwarzsche Ungleichung),

$$- \int \phi_r^2\ q|u|^2\ dx \leq - \int_{|x| \leq r_0} q|u|^2\ dx + \int_{r_0 \leq |x| \leq 2r} (|c_0| + c_1|x|^2)\ |u|^2\ dx$$

$$\leq - \int_{|x| \leq r_0} q|u|^2\ dx + (|c_0| + 4c_1 r^2) \int |u|^2\ dx = c_4 + c_5 r^2 \ ,$$

und schließlich (mit $2ab \leq a^2/2 + 2b^2$)

$$2 \int \phi_r |u|\ |\mathrm{grad}\ \phi_r|\ |\mathrm{grad}\ u|\ dx \ \leq \frac{1}{2} \int \phi_r^2 |\mathrm{grad}\ u|^2\ dx + 2 \int |u|^2\ |\mathrm{grad}\ \phi_r|^2\ dx$$

$$\leq \frac{1}{2} \int \phi_r^2 |\mathrm{grad}\ u|^2\ dx + c_6$$

(wegen $|\mathrm{grad}\ \phi_r|^2 \leq c_2 r_0^{-2}$). Setzt man die drei Ungleichungen in (ii) ein, so folgt

$$\int \phi_r^2 |\mathrm{grad}\ u|^2\ dx \leq 2(c_3 + c_4 + c_6 + c_5 r^2) \leq c_7 r^2$$

für $r \geq r_0$ mit einer von r unabhängigen Zahl $c_7 > 0$. Mit Hilfe der Schwarzschen Ungleichung erhält man

$$|\int \phi_r\ u^* \mathrm{grad}\ \phi_r\ \mathrm{grad}\ u\ dx|^2$$

$$\leq \int \phi_r^2 |\mathrm{grad}\ u|^2\ dx \int |u|^2\ |\mathrm{grad}\ \phi_r|^2\ dx \leq c_7 r^2\ c_2 r^{-2} \int_{r \leq |x| \leq 2r} |u(x)|^2\ dx \ ,$$

denn es ist $\mathrm{grad}\ \phi_r(x) = 0$ für $|x| \leq r$ und für $|x| \geq 2r$. Für $r \to \infty$ gilt

$\int_{r \leq |x| \leq 2r} |u|^2\ dx \to 0$, also auch $\int \phi_r\ u^* \mathrm{grad}\ \phi_r\ \mathrm{grad}\ u\ dx \to 0$. Aus (i) folgt damit

(iii) $\qquad \langle u|Bu\rangle = \lim_{r \to \infty} \int \phi_r^2\, u^* Bu\, dx = \lim_{r \to \infty} \int \phi_r^2 \{\,|\mathrm{grad}\, u|^2 + q|u|^2\} \, dx$,

d.h. $\langle u|Bu\rangle$ ist reell, q.e.d.

Ein Operator A von $\mathfrak{H}_1$ in $\mathfrak{H}_2$ heißt *beschränkt*, wenn es eine positive Zahl γ gibt derart, daß $||Au|| \le \gamma ||u||$ ist für alle u aus $\mathfrak{D}(A)$; dabei haben wir die Norm sowohl in $\mathfrak{H}_1$ als auch in $\mathfrak{H}_2$ mit $||\cdot||$ bezeichnet. Die Zahl γ heißt eine *Schranke* von A. Die kleinste Schranke ist offenbar die Zahl

(30) $\qquad ||A|| = \sup \{\,||Au||\ \big|\ u \text{ aus } \mathfrak{D}(A),\ ||u|| \le 1\}$,

die man als die *Norm* von A bezeichnet. Ein beschränkter Operator ist *stetig* in dem Sinne, daß für jede Folge (u_j) mit u_j aus $\mathfrak{D}(A)$ und $u_j \to u$ aus $\mathfrak{D}(A)$ gilt $Au_j \to Au$; das folgt aus der Ungleichung $||Au_j - Au|| = ||A(u_j - u)|| \le ||A||\, ||u_j - u||$. Auch die Umkehrung ist richtig: Jeder stetige Operator ist beschränkt (vgl. Aufgabe 9).

Wir untersuchen die Beispiele: Der Operator J von $\mathfrak{H}_1$ in l_2 (vgl. (25)) ist beschränkt mit $||J|| = 1$. Die orthogonale Projektion P (vgl. (26)) ist beschränkt mit $||P|| = 1$, falls $\mathfrak{M} \ne \{0\}$ ist; denn aus $u = v + w$ mit $v = Pu$ aus $\mathfrak{M}$, w aus $\mathfrak{M}^\perp$ folgt $||u||^2 = ||v||^2 + ||w||^2 \ge ||v||^2 = ||Pu||^2$, also $||Pu|| \le ||u||$, d.h. $||P|| \le 1$; andererseits ist $||P|| \ge 1$ wegen $||Pu|| = ||u|| = 1$ für u aus $\mathfrak{M}$ mit $||u|| = 1$. Der Operator Q ist genau dann beschränkt, wenn q wesentlich beschränkt ist (vgl. (27)), und zwar ist dann Q gleich dem wesentlichen Supremum von $|q|$ (vgl. Aufgabe 11, b).

Die Menge aller beschränkten Operatoren A von $\mathfrak{H}_1$ in $\mathfrak{H}_2$ mit $\mathfrak{D}(A) = \mathfrak{H}_1$ werde mit $B(\mathfrak{H}_1, \mathfrak{H}_2)$ bezeichnet.
Erklärt man die Linearkombination $aA + bB$ für A, B aus $B(\mathfrak{H}_1, \mathfrak{H}_2)$ und a, b aus $\mathbb{C}$ durch $(aA + bB)f = a\,Af + b\,Bf$ für alle f aus $\mathfrak{H}_1$, so wird $B(\mathfrak{H}_1, \mathfrak{H}_2)$ damit ein komplexer Vektorraum. Durch (30) ist eine Norm auf $B(\mathfrak{H}_1, \mathfrak{H}_2)$ erklärt, d.h. eine reelle Funktion mit den Eigenschaften (11) bis (13) (mit A, B aus $B(\mathfrak{H}_1, \mathfrak{H}_2)$ anstelle von u, v aus $\mathfrak{H}$). Der so normierte Raum ist *vollständig*, d.h. zu jeder Folge (A_j) aus $B(\mathfrak{H}_1, \mathfrak{H}_2)$ mit $||A_j - A_k|| \to 0$ für $j,k \to \infty$ gibt es ein A aus $B(\mathfrak{H}_1, \mathfrak{H}_2)$ mit $||A_j - A|| \to 0$; und zwar ist A durch $Af = \lim_j A_j f$ für f aus $\mathfrak{H}_1$ gegeben (vgl. Aufgabe 12). Für A aus $B(\mathfrak{H}_2, \mathfrak{H}_3)$ und B aus $B(\mathfrak{H}_1, \mathfrak{H}_2)$ ist AB aus $B(\mathfrak{H}_1, \mathfrak{H}_3)$ durch $ABf = A(Bf)$ für f aus $\mathfrak{H}_1$ erklärt. Aus der

Definition folgt $||ABf|| \leq ||A||\ ||Bf|| \leq ||A||\ ||B||\ ||f||$ für alle f aus $\mathcal{H}_1$, also $||AB|| \leq ||A||\ ||B||$.

Die Elemente von $B(\mathcal{H}, \mathbb{C})$ heißen *beschränkte lineare Funktionale auf* $\mathcal{H}$; nach F.Riesz kann man sie folgendermaßen beschreiben:

(31) *Für jedes g aus* $\mathcal{H}$ *ist durch* $L_g f = \langle g|f\rangle$ *für f aus* $\mathcal{H}$ *ein Funktional* L_g *aus* $B(\mathcal{H}, \mathbb{C})$ *definiert; es gilt* $||L_g|| = ||g||$ *; zu jedem L aus* $B(\mathcal{H}, \mathbb{C})$ *gibt es genau ein g aus* $\mathcal{H}$ *mit* $L = L_g$.

Beweis. Aus $|\langle g|f\rangle| \leq ||g||\ ||f||$ folgt L_g aus $B(\mathcal{H}, \mathbb{C})$ und $||L_g|| \leq ||g||$. Wegen $L_g g = ||g||^2$ ist $||L_g|| = ||g||$. Sei L aus $B(\mathcal{H}, \mathbb{C})$ und $\mathfrak{N} = \{f|f$ aus $\mathcal{H}$, $Lf = 0\}$. $\mathfrak{N}$ ist ein abgeschlossener Teilraum von $\mathcal{H}$, da L linear und stetig ist. Im Falle $\mathfrak{N} = \mathcal{H}$ ist $L = 0$, also $L = L_0$. Ist $\mathfrak{N} \neq \mathcal{H}$, so gibt es nach (23) ein h aus $\mathfrak{N}^\perp$ mit $Lh = 1$. Für jedes f aus $\mathcal{H}$ ist dann $f - (Lf)h$ aus $\mathfrak{N}$, also $f - (Lf)h \perp h$, d.h. $\langle h|f\rangle - Lf\,||h||^2 = 0$. Daraus folgt $L = L_g$ mit $g = ||h||^{-2}\, h$. Ist außerdem $L = L_k$, so folgt $L_g - L_k = 0$, also $g - k \perp \mathcal{H}$, d.h. $g = k$.

Schließlich betrachten wir den Raum $B(\mathcal{H}) = B(\mathcal{H}, \mathcal{H})$. Für A, B aus $B(\mathcal{H})$ ist das Produkt AB aus $B(\mathcal{H})$ erklärt und es gilt $||AB|| \leq ||A||\ ||B||$. Mit dieser Definition der Multiplikation ist $B(\mathcal{H})$ eine *Algebra* über dem Körper $\mathbb{C}$. Der Einheitsoperator I in $\mathcal{H}$ (definiert durch $If = f$ für alle f aus $\mathcal{H}$) spielt die Rolle der Eins in $B(\mathcal{H})$, denn es ist $IA = AI = A$ für alle A aus $B(\mathcal{H})$ und $||I|| = 1$.

Mit $\sigma_p(A)$ bezeichnen wir das *Punktspektrum* des Operators A in $\mathcal{H}$, also die Menge aller Eigenwerte von A. Sei A ein beschränkter Operator in $\mathcal{H}$, und λ ein Eigenwert von A mit normiertem Eigenelement v. Dann ist $|\lambda| = ||\lambda v|| = ||Av|| \leq ||A||$, d.h. alle Eigenwerte von A liegen in der abgeschlossenen Kreisscheibe mit Mittelpunkt Null und Radius $||A||$. Darüber hinaus gilt:

(32) *Ein symmetrischer Operator A mit reinem Punktspektrum ist genau dann beschränkt, wenn* $\sigma_p(A)$ *eine beschränkte Menge ist, und zwar gilt dann*
$$||A|| = \sup\{|\lambda|\ |\ \lambda \text{ aus } \sigma_p(A)\}.$$

Beweis. Es sei $\{u_1, u_2, \ldots\}$ eine Orthonormalbasis aus Eigenelementen von A zu Eigenwerten λ_j. Ist A beschränkt, so ist $|\lambda_j| \leq ||A||$, also

$$\gamma = \sup\{|\lambda|\ |\ \lambda \text{ aus } \sigma_p(A)\} = \sup\{|\lambda_j|\ |\ j = 1,2,3,\ldots\} \leq ||A||.$$

Ist umgekehrt dieses Supremum endlich, so gilt

$$Au = \sum_{j=1}^{\infty} \lambda_j \, \langle u_j | u \rangle \, u_j$$

nach § 3.3, folglich

$$||Au||^2 = \sum_{j=1}^{\infty} \lambda_j^2 \, |\langle u_j | u \rangle|^2 \leq \gamma^2 \sum_{j=1}^{\infty} |\langle u_j | u \rangle|^2 = \gamma^2 \, ||u||^2 \; ;$$

also ist A beschränkt und $||A|| \leq \gamma$ nach (30), d.h. $||A|| = \gamma$.

Ein symmetrischer Operator A heißt *nach unten* (bzw. *nach oben*) *beschränkt*, wenn es eine Zahl γ aus IR gibt derart, daß $\langle u | Au \rangle \geq \gamma ||u||^2$ (bzw. $\leq \gamma ||u||^2$) ist für alle u aus $\mathcal{Y}(A)$. A heißt *halbbeschränkt*, wenn A entweder nach unten oder nach oben beschränkt ist. Die in der Definition vorkommende Zahl γ heißt eine *untere* (bzw. *obere*) *Schranke* von A. Die größte untere Schranke ist offenbar

$$(33) \qquad \gamma_-(A) = \inf \{ \langle u | Au \rangle \mid u \text{ aus } \mathcal{Y}(A), \; ||u|| = 1 \} \; ;$$

wir bezeichnen sie als *untere Grenze* von A. Entsprechend ist

$$(34) \qquad \gamma_+(A) = \sup \{ \langle u | Au \rangle \mid u \text{ aus } \mathcal{Y}(A), \; ||u|| = 1 \}$$

die kleinste obere Schranke; sie heißt *obere Grenze* von A. Indem wir $\gamma_-(A) = -\infty$ und $\gamma_+(A) = \infty$ zulassen, definieren wir diese Zahlen für beliebige symmetrische Operatoren. Ist λ ein Eigenwert von A mit normiertem Eigenelement v, so folgt $\gamma_-(A) \leq \langle v | Av \rangle = \lambda \leq \gamma_+(A)$ und daraus

$$\gamma_-(A) \leq \inf \; \sigma_p(A) \leq \sup \; \sigma_p(A) \leq \gamma_+(A) \; .$$

Hat A ein reines Punktspektrum, so folgen aus

$$\langle u | Au \rangle = \sum_{j=1}^{\infty} \lambda_j \, |\langle u_j | u \rangle|^2$$

(vgl. § 3.3) auch die entgegengesetzten Ungleichungen $\gamma_-(A) \geq \inf \; \sigma_p(A)$ und

$\gamma_+(A) \leq \sup \sigma_p(A)$; also gilt:

(35)   *Für einen symmetrischen Operator A mit reinem Punktspektrum ist $\gamma_-(A) =$*
$\inf \sigma_p(A)$ und $\gamma_+(A) = \sup \sigma_p(A)$.
Insbesondere ist A genau dann nach unten (bzw. nach oben) beschränkt, wenn
$\sigma_p(A)$ nach unten (bzw. nach oben) beschränkt ist.

(36)   *Ein symmetrischer Operator A ist genau dann beschränkt, wenn er sowohl*
nach unten als auch nach oben beschränkt ist, und zwar ist dann

$$||A|| = \max\{\gamma_+(A), -\gamma_-(A)\} .$$

<u>Beweis</u>. Für jeden symmetrischen Operator ist

$$\max\{\gamma_+(A), -\gamma_-(A)\} = \sup\{|\langle u|Au\rangle| \mid u \text{ aus } \mathcal{V}(A), ||u|| = 1\}$$

nach (33) und (34); wir bezeichnen diese Zahl mit $\gamma(A)$. Ist A beschränkt, so gilt

$$|\langle u|Au\rangle| \leq ||u|| \, ||Au|| \leq ||A|| \, ||u||^2$$

für alle u aus $\mathcal{V}(A)$, also $\gamma(A) \leq ||A||$. Ist A sowohl nach oben als auch nach unten beschränkt, so ist $\gamma(A) < \infty$. Für u, v aus $\mathcal{V}(A)$ und $c > 0$ gilt

$$\begin{aligned}
4 \, \mathrm{Re}\langle u|Av\rangle &= \langle cu + c^{-1}v|A(cu + c^{-1}v)\rangle - \langle cu - c^{-1}v|A(cu - c^{-1}v)\rangle \\
&\leq \gamma(A) \{||cu + c^{-1}v||^2 + ||cu - c^{-1}v||^2\} \\
&= 2\,\gamma(A)\{c^2 ||u||^2 + c^{-2} ||v||^2\}.
\end{aligned}$$

Sind u, v beide von Null verschieden, so setzt man $c^2 = ||v|| \, ||u||^{-1}$ und erhält $\mathrm{Re}\langle u|Av\rangle \leq \gamma(A) \, ||u|| \, ||v||$; diese Ungleichung gilt offenbar auch für $u = 0$ oder $v = 0$. Ersetzt man u durch $e^{i\alpha}u$ mit geeignetem reellen α, so folgt $|\langle u|Av\rangle| \leq \gamma(A) \, ||u|| \, ||v||$. Da $\mathcal{V}(A)$ dicht ist, gibt es eine Folge (u_j) aus $\mathcal{V}(A)$ mit $u_j \to Av$. Durch Grenzübergang erhält man $||Av||^2 \leq \gamma(A) \, ||Av|| \, ||v||$, also $||Av|| \leq \gamma(A) \, ||v||$ für alle v aus $\mathcal{V}(A)$, und es folgt $||A|| \leq \gamma(A)$. Damit ist der Satz bewiesen.

Ein Operator K von $\mathcal{H}_1$ in $\mathcal{H}_2$ heißt *kompakt*, wenn für jede beschränkte Folge (u_j) in $\mathcal{V}(K)$ die Bildfolge (Ku_j) eine konvergente Teilfolge (Ku_{j_k}) enthält.

Jeder kompakte Operator K ist beschränkt; denn wäre K nicht beschränkt, so gäbe es eine Folge (u_j) in $\mathcal{D}(K)$ mit $||u_j|| = 1$ und $||Ku_j|| \to \infty$, und (Ku_j) enthält keine konvergente Teilfolge. Die Menge aller kompakten Operatoren K aus $B(\mathcal{H}_1, \mathcal{H}_2)$, die wir mit $K(\mathcal{H}_1, \mathcal{H}_2)$ bezeichnen, ist ein abgeschlossener Teilraum von $B(\mathcal{H}_1, \mathcal{H}_2)$; jeder endlich-dimensionale Operator K aus $B(\mathcal{H}_1, \mathcal{H}_2)$ ist kompakt (vgl. Aufgabe 14). Im folgenden interessieren wir uns für die spezielle Menge $K(\mathcal{H}) = K(\mathcal{H}, \mathcal{H})$ der kompakten Operatoren aus $B(\mathcal{H})$.

Ein Operator K aus $B(\mathcal{H})$ heißt ein *Hilbert-Schmidt-Operator*, wenn es eine Orthonormalbasis $\{u_1, u_2, \ldots\}$ von $\mathcal{H}$ gibt derart, daß

$$(37) \qquad \sum_{j=1}^{\infty} ||Ku_j||^2 < \infty$$

ist (dabei nehmen wir hier zur Vereinfachung an, daß der Hilbertraum $\mathcal{H}$ separabel ist). Man zeigt leicht (4, Aufgabe 15, a), daß die Reihe dann für jede Orthonormalbasis konvergiert und denselben Wert hat.

$$(38) \qquad \textit{Jeder Hilbert-Schmidt-Operator ist kompakt.}$$

<u>Beweis</u>. Es sei $\{u_1, u_2, \ldots\}$ die Orthonormalbasis in (37) und (f_n) eine beschränkte Folge in H. Die Zahlenfolgen $(\langle u_1|f_n\rangle)$, $(\langle u_2|f_n\rangle)$, $\ldots$ sind beschränkt. Nach dem Diagonalverfahren wählen wir eine Teilfolge $(g_k) = (f_{n_k})$ so aus, daß für jedes j die Zahlenfolge $(\langle u_j|g_k\rangle)$ konvergiert. Ist $\varepsilon > 0$ gegeben und $||f_n|| \le \gamma$ für alle n, so wähle man j_0 aus IN, so daß

$$\sum_{j_0+1}^{\infty} ||Ku_j||^2 \le \frac{\varepsilon^2}{16\,\gamma^2}$$

ist, und dann k_0 aus IN, so daß

$$\left|\left| \sum_{j=1}^{j_0} \langle u_j \mid g_k - g_m\rangle\, Ku_j \right|\right| < \varepsilon/2$$

ist für alle $k, m \ge k_0$. Für alle f aus H ist

$$Kf = \sum_{j=1}^{\infty} \langle u_j | f \rangle \, Ku_j \; ,$$

da K stetig ist. Also gilt

$$\| Kg_k - Kg_m \| = \| \sum_{j=1}^{\infty} \langle u_j | g_k - g_m \rangle \, Ku_j \|$$

$$\leq \| \sum_{j=1}^{j_0} \langle u_j | g_k - g_m \rangle \, Ku_j \| + \sum_{j=j_0+1}^{\infty} | \langle u_j | g_k - g_m \rangle | \; \| Ku_j \|$$

$$< \varepsilon/2 + \left\{ \sum_{j=j_0+1}^{\infty} | \langle u_j | g_k - g_m \rangle |^2 \; \sum_{j=j_0+1}^{\infty} \| Ku_j \|^2 \right\}^{1/2}$$

$$\leq \varepsilon/2 + \| g_k - g_m \| \, \varepsilon/4\gamma \leq \varepsilon$$

für alle $k, \; m \geq k_0$, d.h. (Kg_k) ist konvergent, q.e.d.

Als Beispiel eines Hilbert-Schmidt-Operators betrachten wir einen *Integral-operator* in $\mathcal{L}_2(a,b)$ von der Form

$$(39) \qquad Kf(x) = \int_a^b K(x,y) \, f(y) \, dy \qquad \text{für} \quad a < x < b \; .$$

(40)   *Es sei $K(.,.)$ eine komplexe quadratisch integrierbare Funktion auf $(a,b)\times(a,b)$ $(a = -\infty$ und $b = \infty$ zugelassen). Dann ist durch (39) ein Hilbert-Schmidt-Operator K in $\mathcal{L}_2(a,b)$ definiert mit*

$$\sum_{j=1}^{\infty} \| Ku_j \|^2 = \int_a^b \int_a^b |K(x,y)|^2 \, dx \, dy$$

für jede Orthonormalbasis $\{ u_1, \, u_2, \, \ldots \}$ von $\mathcal{L}_2(a,b)$. Gilt $K(x,y) = K(y,x)^*$ fast überall in $(a,b)\times(a,b)$, so ist K symmetrisch.

<u>Beweis.</u> Fast überall (bezüglich x) in (a,b) ist $K(x,.)^*$ aus $\mathcal{L}_2(a,b)$

(vgl. [3], S. 386) und daher

$$\sum_{j=1}^{\infty} |Ku_j(x)|^2 = \sum_{j=1}^{\infty} |\int_a^b K(x,y)\, u_j(y)\, dy|^2 = \int_a^b |K(x,y)|^2\, dy$$

(Parsevalsche Gleichung für das Element $K(x,.)^*$).
Durch Integration folgt

$$\sum_{j=1}^{\infty} ||Ku_j||^2 = \sum_{j=1}^{\infty} \int_a^b |Ku_j(x)|^2\, dx = \int_a^b \int_a^b |K(x,y)|^2\, dx\, dy$$

nach einem Satz von Lebesgue ([3], S. 171). Für f, g aus $\mathcal{L}_2(a,b)$ liefert der Satz von Fubini ([3], S. 386)

$$\langle Kf|g\rangle - \langle f|Kg\rangle = \int_a^b \int_a^b \{ K(y,x)^* - K(x,y)\}\, f(x)^*\, g(y)\, dx\, dy = 0\ ,$$

falls $K(y,x)^* - K(x,y) = 0$ ist fast überall in $(a,b)\times(a,b)$.

(41)   <u>Satz von Hilbert</u>. *Ein kompakter symmetrischer Operator K aus* $B(\mathfrak{H})$ *hat ein reines Punktspektrum. Die von Null verschiedenen Eigenwerte bilden eine endliche Menge* $\{\lambda_1, \lambda_2, \dots, \lambda_n\}$ *oder eine abzählbare Menge* $\{\lambda_1, \lambda_2, \lambda_3, \dots\}$; *im zweiten Fall gilt* $\lambda_j \to 0$ *für* $j \to \infty$.

<u>Beweis</u>. Wir konstruieren zunächst einen Eigenwert λ_1 mit $|\lambda_1| = ||K||$. Nach (36) ist

$$||K|| = \sup\{|\langle u|Ku\rangle|\ \big|\ u \text{ aus } \mathfrak{H}\, ,\ ||u|| = 1\}\ .$$

Es gibt also eine Folge (u_j) mit $||u_j|| = 1$ und $|\langle u_j|Ku_j\rangle| \to ||K||$. Wir wählen eine Teilfolge (u_{j_k}) derart, daß erstens $\langle u_{j_k}|Ku_{j_k}\rangle \to \lambda_1$ und zweitens $Ku_{j_k} \to f$ für $k \to \infty$. Dann ist $|\lambda_1| = ||K||$ und daher

$$||Ku_{j_k} - \lambda_1 u_{j_k}||^2 = ||Ku_{j_k}||^2 - 2\lambda_1 \langle u_{j_k}|Ku_{j_k}\rangle + \lambda_1^2$$

$$\leq 2\,||K||^2 - 2\,\lambda_1 \langle u_{j_k}|Ku_{j_k}\rangle \to 0 \;,$$

also $Ku_{j_k} - \lambda_1 u_{j_k} \to 0$, d.h. $u_{j_k} \to \lambda_1^{-1} f = v_1$ mit $||v_1|| = 1$ und $Kv_1 = \lambda_1 v_1$.
Es sei K_1 die Einschränkung von K auf den Teilraum $\mathcal{L}[v_1]^{\perp} = \mathcal{H}_1$. K_1 ist ein
Operator in $\mathcal{H}_1$, denn für f aus $\mathcal{H}_1$ ist $\langle f|v_1\rangle = 0$, also $\langle Kf|v_1\rangle = \langle f|Kv_1\rangle =$
$\lambda_1 \langle f|v_1\rangle = 0$, d.h. Kf aus $\mathcal{H}_1$. Der Operator K_1 ist offenbar kompakt und
symmetrisch, und es gilt $||K_1|| \leq ||K||$. Ist $K_1 \neq 0$, so können wir die Konstruktion
wiederholen und erhalten einen Eigenwert λ_2 von K_1 mit $|\lambda_2| = ||K_1||$, also einen
Eigenwert λ_2 von K mit $|\lambda_2| \leq |\lambda_1|$ und mit normiertem Eigenelement $v_2 \perp v_1$. Dann
definieren wir K_2 als Einschränkung von K auf $\mathcal{H}_2 = \mathcal{L}[v_1,v_2]^{\perp}$ usw. Gibt es
ein n aus IN derart, daß $K_n = 0$ ist, so ist jedes Element aus $\mathcal{H}_n$ Eigenelement von
K zum Eigenwert 0 und es gibt keinen weiteren von 0 verschiedenen Eigenwert.
Ist $K_n \neq 0$ für alle n, so setzen wir die Konstruktion unbeschränkt fort und erhalten ein Orthonormalsystem $\{v_1, v_2, \ldots\}$ von Elementen von K zu Eigenwerten λ_j
mit $|\lambda_{j+1}| \leq |\lambda_j|$. Es gilt $\lambda_j \to 0$ für $j \to \infty$; denn andernfalls wäre $|\lambda_j| \geq c$ für ein
geeignetes $c > 0$, und daher $(u_j) = (\lambda_j^{-1} v_j)$ eine beschränkte Folge, deren Bildfolge
$(Ku_j) = (v_j)$ wegen $||v_j - v_k||^2 = 2$ für $j \neq k$ keine konvergente Teilfolge enthält.
Ist u aus $\mathcal{L}[v_1,v_2,\ldots]^{\perp}$, so ist u aus $\mathcal{H}_n$ für alle n, also $||Ku|| \leq |\lambda_n|\,||u||$;
daraus folgt $Ku = 0$, d.h. jedes Element aus $\mathcal{L}[v_1,v_2,\ldots]^{\perp}$ ist Eigenelement von
K zum Eigenwert 0, und es gibt keinen weiteren von 0 verschiedenen Eigenwert.

<u>4. Aufgaben</u>

1. Sei S eine Sesquilinearform auf $\mathcal{H}$ und Q die zugeordnete quadratische Form.
Dann gelten
a) die *Parallelogramm-Identität*

$$Q(f + g) + Q(f - g) = 2\,Q(f) + 2\,Q(g) \;,$$

b) die *Polarisierungsidentität*

$$4\,S(f,g) = Q(f + g) - Q(f - g) + i\,Q(f - ig) - i\,Q(f + ig)$$

für alle f, g aus $\mathcal{H}$.

2. Der Raum l_2 ist vollständig. Anleitung: Für eine Cauchyfolge (u_j) mit $u_j =$ $(u_{j1}, u_{j2}, \ldots)$ zeigt man zuerst die Konvergenz der Zahlenfolgen (u_{j1}), (u_{j2}), $\ldots$, setzt $v_k = \lim\limits_{j \to \infty} u_{jk}$ und beweist erst, daß $v = (v_1, v_2, \ldots)$ aus l_2 ist, dann $u_j \to v$.

3. Es sei G eine offene Menge in IR^m und k eine Lebesgue-meßbare Funktion auf G mit $k(x) > 0$ fast überall in G. Mit $\mathscr{L}_2(G,k)$ bezeichnen wir die Menge aller Lebesgue-meßbaren komplexen Funktionen f auf G mit $\int\limits_G |f(x)|^2 k(x)\, dx < \infty$. Die Gleichheit von Elementen f, g erklärt man durch $f(x) = g(x)$ fast überall. Man zeige:

   a) $\mathscr{L}_2(G,k)$ ist ein komplexer Vektorraum.

   b) Durch $\langle f | g \rangle = \int\limits_G f(x)^* g(x) k(x)\, dx$ ist ein inneres Produkt auf $\mathscr{L}_2(G,k)$ erklärt.

   c) $\mathscr{L}_2(G,k)$ ist ein separabler Hilbertraum. Anleitung: Man betrachtet die Abbildung $f \mapsto k^{1/2} f$ von $\mathscr{L}_2(G,k)$ auf $\mathscr{L}_2(G)$.

4. Es sei $\mathscr{L}_2(a,b;k)$ der Spezialfall $m = 1$, $G = (a,b)$ des in Aufgabe 3 definierten Hilbertraumes. Man zeige:

   a) Ist (a,b) ein beschränktes Intervall und $\int\limits_a^b k(x)\, dx < \infty$, so ist die Menge der Potenzen $v_j(x) = x^j$, $j = 0, 1, 2, \ldots$ total.

   b) Dies gilt auch für $(-\infty, \infty)$, wenn $\int\limits_{-\infty}^{\infty} e^{\varepsilon |x|} k(x)\, dx < \infty$ für ein $\varepsilon > 0$ ist.

   (Anleitung: Für ein f, das zu allen Potenzen orthogonal ist, verschwinden im Nullpunkt alle Ableitungen der in $|\mathrm{Im}\, z| < \frac{\varepsilon}{2}$ holomorphen Funktion

$$F(z) = \int\limits_{-\infty}^{\infty} e^{izx} f(x) k(x)\, dx;$$

aus $F = 0$ folgt $fk = 0$, vgl. [3], § 21.47.)

5. Für jedes $\varepsilon > 0$ erklären wir eine Funktion δ_ε auf IR^m durch $\delta_\varepsilon(x) =$ $c(\varepsilon) \exp\left\{ -(\varepsilon^2 - |x|^2)^{-1} \right\}$ für $|x| < \varepsilon$ und $\delta_\varepsilon(x) = 0$ sonst; darin sei $c(\varepsilon) > 0$ so gewählt, daß $\int \delta_\varepsilon(x)\, dx = 1$ ist. Man zeige:

   a) δ_ε ist beliebig oft differenzierbar.

   b) Für jede Lebesgue-integrierbare Funktion f auf IR^m ist $f_\varepsilon(x) = \int \delta_\varepsilon(x-y) f(y)\, dy$ beliebig oft differenzierbar.

   c) Ist f die charakteristische Funktion eines m-dimensionalen Intervalls I, so ist $0 \le f_\varepsilon(x) \le 1$ für alle x, $f_\varepsilon(x) = 0$ für alle x mit Abstand von I größer als ε, $f_\varepsilon(x) = 1$ für alle x aus I mit Abstand vom Rand von I größer als ε.

   d) Ist in Aufgabe 3 die Funktion k lokal integrierbar, d.h. $\int\limits_K k(x)\, dx < \infty$ für jede kompakte Teilmenge K von G, so ist $C_0^\infty(G)$ ein dichter Teilraum von $\mathscr{L}_2(G,k)$ (vgl. § 2.4).

6. Ein Operator J von $\mathcal{H}_1$ in $\mathcal{H}_2$ heißt eine *Isometrie*, wenn $\mathcal{V}(J) = \mathcal{H}_1$ und $||Jf|| = ||f||$ ist für alle f aus $\mathcal{H}_1$. Man zeige:

    a) Es gilt $\langle Jf|Jg\rangle = \langle f|g\rangle$ für alle f, g aus $\mathcal{H}_1$.

    b) Für Teilmengen $\mathfrak{M}$ von $\mathcal{H}_1$ sei $J\mathfrak{M}$ das Bild in $\mathcal{H}_2$. Dann ist $\overline{J\mathfrak{M}}$ = $J\overline{\mathfrak{M}}$. Ist außerdem $J\mathcal{H}_1 = \mathcal{H}_2$, so gilt $(J\mathfrak{M})^{\perp} = J(\mathfrak{M}^{\perp})$.

    c) $\mathcal{H}_1$ und $J\mathcal{H}_1$ haben die gleiche Dimension.

7.   a) Die Funktionen $v_n(x) = (\frac{2}{b-a})^{1/2} \sin(\pi n \frac{x-a}{b-a})$, n = 1, 2, ... bilden eine Orthonormalbasis von $\mathcal{L}_2(a,b)$. Anleitung: Durch eine lineare Substitution der Variablen reduziert man auf den Fall a = 0, b = 1. Jedem f aus $\mathcal{L}_2(0,1)$ ordne man ein g aus $\mathcal{L}_2(-1,1)$ zu durch g(x) = f(x) für x aus $[0,1]$ und g(x) = - f(-x) für $-1 \le x < 0$. Man entwickle g nach der Orthonormalbasis der trigonometrischen Funktionen $w_n(x) = 2^{-1/2} \exp(i\pi n x)$ (vgl. § 2.1).

    b) Die Funktionen $u_0(x) = (b-a)^{-1/2}$, $u_n(x) = (\frac{2}{b-a})^{1/2} \cos(\pi n \frac{x-a}{b-a})$, n = 1,2,... , bilden eine Orthonormalbasis von $\mathcal{L}_2(a,b)$.

8. Man beweise die letzte Ungleichung in § 4 für alle u aus $C^1[0,b]$ mit u(0) = u(b) = 0. Anleitung: Man formt $\langle v_j|u\rangle$ durch partielle Integration um und benutzt Aufgabe 7, b.

9. Ein Operator A von $\mathcal{H}_1$ in $\mathcal{H}_2$ ist genau dann beschränkt, wenn er an der Stelle 0 stetig ist, d.h. wenn $Au_j \to 0$ gilt für jede Folge (u_j) aus $\mathcal{V}(A)$ mit $u_j \to 0$.

10. Für einen Operator A in $\mathcal{H}$ und für λ aus $\mathbb{C}$ sei $\mathfrak{N}_\lambda(A) = \{v|v$ aus $\mathcal{V}(A)$, $Av = \lambda v\}$. Ist λ Eigenwert von A, so ist $\mathfrak{N}_\lambda(A) \ne \{0\}$ und heißt *Eigenraum* von A zum Eigenwert λ ; ist λ nicht Eigenwert von A, so hat man $\mathfrak{N}_\lambda(A) = \{0\}$. Man zeige:

    a) Für den Operator P (vgl. (26)) ist $\mathfrak{N}_1(P) = \mathfrak{N}$, $\mathfrak{N}_0(P) = \mathfrak{N}^{\perp}$ und $\mathfrak{N}_\lambda(P) = \{0\}$ für $\lambda \ne 0, 1$.

    b) Für den Operator Q (vgl. (27)) ist $\mathfrak{N}_\lambda(Q)$ der Teilraum aller f aus $\mathcal{L}_2(\mathbb{R}^m)$, die außerhalb der Menge $\sum_\lambda = \{x|x$ aus $\mathbb{R}^m$, $q(x) = \lambda\}$ fast überall Null sind; $\mathfrak{N}_\lambda(Q) \ne \{0\}$ gilt genau dann, wenn $\sum_\lambda$ positives Lebesguemaß hat; für $\lambda \ne \mu$ sind $\mathfrak{N}_\lambda(Q)$ und $\mathfrak{N}_\mu(Q)$ zueinander orthogonal, auch wenn q nicht reell, also Q nicht symmetrisch ist.

11. Eine meßbare Funktion q auf $\mathbb{R}^m$ heißt *wesentlich nach oben* (bzw. *nach unten*) *beschränkt*, wenn es ein γ aus $\mathbb{R}$ gibt mit $q(x) \le \gamma$ (bzw. $q(x) \ge \gamma$) fast überall; γ heißt dann eine *wesentliche obere* (bzw. *untere) Schranke* von q. Man zeige:

a) Das Infimum aller wesentlichen oberen Schranken von q ist eine wesentliche obere Schranke von q; man nennt sie *wesentliches Supremum* von q und bezeichnet sie mit wes sup q. Existiert keine wesentliche obere Schranke von q, so setzt man wes sup q = ∞. Entsprechend definiert man das *wesentliche Infimum* von q, in Zeichen wes inf q.

b) Der Operator Q von (27) ist genau dann beschränkt, wenn $|q|$ wesentlich nach oben beschränkt ist, und zwar ist dann $||Q|| = $ wes sup $|q|$.

c) Ist q reell, so gilt $\gamma_+(Q) = $ wes sup q und $\gamma_-(Q) = $ wes inf q (vgl. (33) und (34)).

12. a) Man beweise die Eigenschaften (11) bis (13) für die durch (30) gegebene Norm in $B(\mathfrak{H}_1, \mathfrak{H}_2)$.

   b) Ist (A_j) eine Folge aus $B(\mathfrak{H}_1, \mathfrak{H}_2)$ mit $||A_j - A_k|| \to 0$ für j, k $\to \infty$ und erklärt man den Operator A durch $Af = \lim A_j f$ für alle f aus $\mathfrak{H}_1$, so ist A aus $B(\mathfrak{H}_1, \mathfrak{H}_2)$ und $||A_j - A|| \to 0$ für j $\to \infty$.

   c) Jedem A aus $B(\mathfrak{H}_1, \mathfrak{H}_2)$ ist genau ein A^* aus $B(\mathfrak{H}_2, \mathfrak{H}_1)$ zugeordnet derart, daß $\langle Af|g\rangle = \langle f|A^*g\rangle$ ist für alle f aus $\mathfrak{H}_1$ und g aus $\mathfrak{H}_2$; A^* heißt der zu A *adjungierte* Operator. Es gilt $(A^*)^* = A$, $||A^*|| = ||A||$, $(aA + bB)^* = a^*A^* + b^*B^*$ für A, B aus $B(\mathfrak{H}_1, \mathfrak{H}_2)$ und a, b aus $\mathbb{C}$, und $(AB)^* = B^*A^*$ für A aus $B(\mathfrak{H}_2, \mathfrak{H}_3)$, B aus $B(\mathfrak{H}_1, \mathfrak{H}_2)$. Anleitung: (31).

13. Ein Operator A von $\mathfrak{H}_1$ in $\mathfrak{H}_2$ heißt n-*dimensional*, wenn $\mathfrak{M}(A)$ n-dimensional ist. Man zeige: Ein Operator A aus $B(\mathfrak{H}_1, \mathfrak{H}_2)$ ist genau dann n-dimensional, wenn es linear unabhängige Elemente $u_1, \dots, u_n$ von $\mathfrak{H}_1$ und linear unabhängige Elemente $v_1, \dots, v_n$ von $\mathfrak{H}_2$ gibt derart, daß

$$Af = \sum_{j=1}^{n} \langle u_j|f\rangle v_j$$

ist für alle f aus $\mathfrak{H}_1$. Anleitung: Man wähle eine Orthonormalbasis $\{v_1, \dots, v_n\}$ von $\mathfrak{M}(A)$, entwickle Af und wende (31) an.

14. a) Für K aus $K(\mathfrak{H}_1, \mathfrak{H}_2)$, A aus $B(\mathfrak{H}_2, \mathfrak{H}_3)$, B aus $B(\mathfrak{H}_0, \mathfrak{H}_1)$ ist AK aus $K(\mathfrak{H}_1, \mathfrak{H}_3)$ und KB aus $K(\mathfrak{H}_0, \mathfrak{H}_2)$.

   b) Für K, L aus $K(\mathfrak{H}_1, \mathfrak{H}_2)$ und a, b aus $\mathbb{C}$ ist $aK + bL$ aus $K(\mathfrak{H}_1, \mathfrak{H}_2)$.

   c) Ist (K_j) eine Folge in $K(\mathfrak{H}_1, \mathfrak{H}_2)$, K aus $B(\mathfrak{H}_1, \mathfrak{H}_2)$ und $K_j \to K$ (d.h. $||K_j - K|| \to 0$), so ist K aus $K(\mathfrak{H}_1, \mathfrak{H}_2)$.

   d) Jeder endlich-dimensionale Operator A aus $B(\mathfrak{H}_1, \mathfrak{H}_2)$ ist kompakt (vgl. Aufgabe 13).

   e) Mit c) und d) beweise man (38). Anleitung: Man setze $K_n f = \sum_{j=1}^{n} \langle u_j|f\rangle Ku_j$ mit den Elementen u_j aus (37).

15. a) Für zwei Hilbert-Schmidt-Operatoren K und L in $\mathfrak{H}$ hat

$$\langle K|L\rangle = \sum_{j=1}^{\infty} \langle Ku_j|Lu_j\rangle \quad \text{für jede Orthonormalbasis } \{u_1, u_2, \ldots\} \text{ von } \mathfrak{H}$$

denselben endlichen Wert. Anleitung: Man wähle zuerst L = K und $\{u_j\}$ gemäß (37); man entwickle Ku_j nach einer anderen Orthonormalbasis $\{v_k\}$ und benutze Aufgabe 12,c).

b) Die Menge $H(\mathfrak{H})$ aller Hilbert-Schmidt-Operatoren in $\mathfrak{H}$ mit dem inneren Produkt $\langle K|L\rangle$ ist ein Hilbertraum. Es gilt K^* aus $H(\mathfrak{H})$ für alle K aus $H(\mathfrak{H})$ und $\langle K|L\rangle = \langle L^*|K^*\rangle$ für alle K, L aus $H(\mathfrak{H})$.

c) Sei $|||K||| = \langle K|K\rangle^{1/2}$, dann gilt $||K|| \leq |||K|||$ für alle K aus $H(\mathfrak{H})$.

Literatur zu Kapitel I: R. Courant und D. Hilbert [2],
J. von Neumann [7],
F. Riesz und B. Sz.-Nagy [11],
M. Stone [12],
B. Sz.-Nagy [13].

Kapitel II

Spektralzerlegung symmetrischer Operatoren

§ 1. Eigenpakete

Der Operator T definiert durch

$$Tu = -u'' \quad \text{mit } \mathcal{D}(T): \quad 1) \ u, \ u', \ u'' \text{ stetig in } -\infty < x < +\infty \ ,$$

$$2) \ \int_{-\infty}^{+\infty} |u|^2 \, dx < \infty \ , \qquad \int_{-\infty}^{+\infty} |u''|^2 \, dx < \infty \ ,$$

im Hilbertraum $\mathcal{H} = \mathcal{L}_2(\mathrm{IR})$ ist symmetrisch, wie in I, § 3.1 gezeigt wurde, und hat trotzdem keinen Eigenwert und keine Eigenfunktion; denn es gibt kein $u \neq 0$ in $\mathcal{D}(T)$, zu welchem eine reelle Zahl λ existieren würde mit $-u'' = \lambda u$. Die Lösungen der Differentialgleichung $-u'' = \lambda u$ verhalten sich sehr verschieden, je nachdem ob λ negativ oder positiv ist. Wenn $\lambda < 0$ ist, hat die allgemeine Lösung die Gestalt

$$u(x) = a \, \exp(\sqrt{-\lambda}\, x) + b \, \exp(-\sqrt{-\lambda}\, x) \ ,$$

und keine außer der identisch verschwindenden Lösung bleibt in $-\infty < x < \infty$ beschränkt. Ist $\lambda = 0$, so ist die allgemeine Lösung

$$u(x) = a \, x + b \ ;$$

es gibt also beschränkte und unbeschränkte Lösungen. Für $\lambda > 0$ gilt

$$u(x) = a \, \exp(i\sqrt{\lambda}\, x) + b \, \exp(-i\sqrt{\lambda}\, x) \ ,$$

es ist also $|u(x)|$ beschränkt in $-\infty < x < \infty$. In allen Fällen existiert jedoch $\int_{-\infty}^{\infty} |u|^2 \, dx$ nicht; daher ist u nicht in $\mathcal{H}$, also auch nicht in $\mathcal{D}(T)$. Das ist der Grund dafür, daß u für kein λ Eigenfunktion von T ist.

Bildet man

$$v_\lambda(x) = v(x,\lambda) = \begin{cases} \displaystyle\int_0^\lambda \exp(i\sqrt{s}\,x)\,d\sqrt{s} = -ix^{-1}\left[\exp(i\sqrt{\lambda}\,x) - 1\right] & \text{für } \lambda > 0, \\[2ex] 0 \text{ für } \lambda \le 0, \end{cases}$$

$$w_\lambda(x) = w(x,\lambda) = \begin{cases} \displaystyle\int_0^\lambda \exp(-i\sqrt{s}\,x)\,d\sqrt{s} = ix^{-1}\left[\exp(-i\sqrt{\lambda}\,x) - 1\right] & \text{für } \lambda > 0, \\[2ex] 0 \text{ für } \lambda \le 0, \end{cases}$$

so hat man in v_λ und w_λ (bei festem λ) zwei Funktionen von x, die in $\bigcirc(T)$ liegen.

Natürlich ist $v(x,\lambda)$ (und ebenso $w(x,\lambda)$) eine stetige Funktion der beiden Veränderlichen x, λ in $-\infty < x < \infty$, $-\infty < \lambda < \infty$. Aber es hängt auch v_λ, aufgefaßt als eine Schar von Elementen des Hilbertraumes im Sinne der Norm $||\cdot||$, stetig ab vom Scharparameter λ. Es ist nützlich, das nicht nur für unser Beispiel, sondern etwas allgemeiner zu zeigen.

<u>Hilfssatz 1.</u>
<u>Voraussetzungen</u>: 1) $v(x,\lambda)$ *sei stetig in* $-\infty < x, \lambda < +\infty$,

2) *das Integral* $\displaystyle\int_{-\infty}^{+\infty}|v(x,\lambda)|^2\,dx$ *konvergiere gleichmäßig in* λ *für jedes endliche*

Intervall $\lambda_1 \le \lambda \le \lambda_2$.

<u>Behauptung</u>: *Es ist* $\displaystyle\lim_{\mu\to\lambda} \int_{-\infty}^{+\infty}|v(x,\mu) - v(x,\lambda)|^2\,dx = 0$ *für jedes* λ *aus*

$-\infty < \lambda < +\infty$.

Der Beweis ist evident.

Wenn v_λ eine stetige Schar von Elementen eines Hilbertschen Raumes $\mathfrak{H}$ ist,

dann kann man $\displaystyle\int_a^b v_s\,ds$ analog zum gewöhnlichen, Riemannschen Integral wie folgt er-

klären: Sei durch $a = s_{0,n} < s_{1,n} < s_{2,n} < \cdots < s_{m_n,n} = b$ eine Zerlegungsfolge von $a \le s \le b$ gegeben mit

$$\lim_{n \to \infty} \max_{\nu=1,\ldots,m_n} |s_{\nu,n} - s_{\nu-1,n}| = 0,$$

so definiere man

$$\int_a^b v_s \, ds = \lim_{n \to \infty} \sum_{k=1}^{m_n} v_{s_{k,n}} (s_{k,n} - s_{k-1,n}) \, ,$$

wobei der Grenzwert im Sinne der Metrik des Hilbertschen Raumes $\mathfrak{H}$ existiert, d.h.

$$\lim_{n \to \infty} \left\| \int_a^b v_s \, ds - \sum_{k=1}^{m_n} v_{s_{k,n}} (s_{k,n} - s_{k-1,n}) \right\| = 0 \, .$$

Es gelten die Rechenregeln für das bestimmte Integral bei sinngemäßer Übertragung, z.B. hat man $\left\| \int_a^b v_s ds \right\| \leq |b - a| \cdot C$, wenn $\|v_s\| \leq C$ in $a \leq s \leq b$ gilt.

Wenn $\mathfrak{H} = \mathcal{L}_2(\mathrm{IR})$ ist, dann ist $v_\lambda(x) = v(x,\lambda)$ eine Funktion von x und λ. Es kann nun sein, daß die Funktion $v(x,\lambda)$ der beiden Variablen x,λ in $-\infty < x,\lambda < \infty$ stetig ist. Dann kann man auch das gewöhnliche, bestimmte Integral $\int_a^b v(x,s) \, ds = g(x)$ berechnen und erhält eine Funktion $g(x)$ in $-\infty < x < +\infty$. Stellt diese Funktion $g(x)$ das oben erklärte Element $\int_a^b v_s \, ds$ des Hilbertschen Raumes $\mathfrak{H}$ dar? Die Antwort heißt ja; die Begründung ist diese: Da $v(x,\lambda)$ stetig ist, ist es in jedem abgeschlossenen Intervall gleichmäßig stetig. Bei geeigneter Zerlegungsfolge $a = s_{0,n} < s_{1,n} < \ldots < s_{m_n,n} = b$ ist daher

$$\lim_{n \to \infty} \left| \int_a^b v(x,s) \, ds - \sum_{k=1}^{m_n} v(x,s_{k,n})(s_{k,n} - s_{k-1,n}) \right| = 0$$

gleichmäßig in $-N \leq x \leq +N$, wenn $N > 0$ beliebig vorgegeben ist; also folgt

$$\lim_{n \to \infty} \int_{-N}^{+N} \left| \int_a^b v(x,s) \, ds - \sum_{k=1}^{m_n} v(x,s_{k,n})(s_{k,n} - s_{k-1,n}) \right|^2 dx = 0 \, .$$

Nun ist

$$\sum_{k=1}^{m_n} v(x,s_{k,n})(s_{k,n} - s_{k-1,n}) = \left(\sum_{k=1}^{m_n} v_{s_{k,n}} (s_{k,n} - s_{k-1,n}) \right)(x)$$

für fast alle x und

$$\lim_{n \to \infty} \int_{-N}^{+N} \left| \int_a^b v_s\, ds - \sum_{k=1}^{m_n} v_{s_{k,n}} (s_{k,n} - s_{k-1,n}) \right|^2 dx = 0 \ ,$$

weil diese Relation sogar gilt, wenn man N durch ∞ ersetzt. Also wird

$$\int_a^b v(x,s)\, ds = \left(\int_a^b v_s\, ds \right)(x) \quad \text{fast überall in} \ -N < x < +N \ .$$

Da N beliebig war, gilt die Gleichheit (bis auf eine x-Menge vom Maße Null) in $-\infty < x < +\infty$, wie behauptet. Wir fassen das Ergebnis zusammen in dem

<u>Hilfssatz 2.</u>

<u>Voraussetzungen</u>: 1) $v(x,\lambda)$ *sei stetig in* $-\infty < x,\lambda < +\infty$.

2) *Für jedes* λ *aus* $-\infty < \lambda < +\infty$ *sei* $\int_{-\infty}^{+\infty} |v(x,\lambda)|^2 dx < \infty$, *also* v_λ *ein Element des Hilbertraumes* $\mathcal{H} = \mathcal{L}_2(\mathrm{IR})$.

3) $\lim\limits_{\mu \to \lambda} ||v_\mu - v_\lambda|| = 0$ *gelte für jedes* λ *aus* $-\infty < \lambda < +\infty$.

<u>Behauptung</u>: *Für alle* x *aus* $-\infty < x < +\infty$ *(bis auf eine Menge vom Maße Null) gilt*

$$\int_a^b v(x,\lambda)\, d\lambda = \left(\int_a^b v_\lambda\, d\lambda \right)(x) \ ,$$

wobei das Integral rechts im Sinne der Metrik des Hilbertschen Raumes $\mathcal{H}$ *erklärt ist.*

Unsere Funktionenschar $v_\lambda(x) = \int_0^\lambda \exp(i\sqrt{s}\, x)\, d\sqrt{s}$ für $\lambda > 0$ und Null sonst liegt für jedes λ im Definitionsbereich $\mathcal{D}(T)$ des Operators $Tu = -u''$. Es ist

68

$$Tv_\lambda(x) = \int_0^\lambda s \, \exp(i\sqrt{s}\, x) \, d\sqrt{s} = \int_0^\lambda s \, d_s v(x,s) \; .$$

Das letzte Integral ist bei festem x als Stieltjesintegral (vgl. [3], § 8) hinsichtlich s gemeint. Natürlich kann man den Begriff des Stieltjesintegrals an dieser Stelle auch vermeiden, indem man die Beziehung

$$\int_0^\lambda s \, d_s v(x,s) = \lambda v(x,\lambda) - \int_0^\lambda v(x,s) \, ds$$

als Definition von $\int_0^\lambda s \, d_s v(x,\lambda)$ auffaßt. Denkt man sich $v(x,\lambda)$ als Schar von Elementen des Hilbertschen Raumes $\mathcal{H}$, so kann man nach Hilfssatz 2 für die rechte Seite auch $\lambda v_\lambda - \int_0^\lambda v_s \, ds$ schreiben, wo das Integral jetzt im Sinne der Metrik des Hilbertschen Raumes gemeint ist. Wir schreiben auch

$$\int_0^\lambda s \, dv_s = \lambda v_\lambda - \int_0^\lambda v_s \, ds \; .$$

Dabei kann man das Integral $\int_0^\lambda s \, dv_s$ entweder durch diese Zeile definieren oder direkt durch

$$\int_0^\infty s \, dv_s = \lim_{n \to \infty} \sum_{k=1}^{m_n} s_{k,n} \left(v_{s_{k,n}} - v_{s_{k-1,n}} \right) \, ,$$

$$0 = s_{0,n} < s_{1,n} < \ldots < s_{m_n,n} = \lambda \, ,$$

wobei der Limes im Sinne der Metrik des Hilbertschen Raumes gemeint ist.

Es ergibt sich also $Tv_\lambda = \int_0^\lambda s \, dv_s$, wofür wir gelegentlich auch symbolisch $T \, dv_\lambda = \lambda dv_\lambda$ schreiben wollen. Ebenso ist w_λ Element von $\mathcal{V}(T)$ und es gilt $Tw_\lambda = \int_0^\lambda s \, dw_\lambda$. Offensichtlich ist auch $T^n v_\lambda$ ein Element aus $\mathcal{V}(T)$ für $n = 1,2,\ldots$, und es ist

$$T^n v_\lambda(x) = \int_0^\lambda s^n \exp(i\sqrt{s}\, x)\, d\sqrt{s} = \left(\int_0^\lambda s^n\, dv_s \right)(x) \ .$$

Entsprechendes gilt für w_λ.

Wir nennen v_λ ein Eigenpaket des Operators T. Wir sagen außerdem, v_λ sei ein Eigenpaket zum Intervall $[0,\lambda]$ und nennen allgemeiner $v_{\lambda_2} - v_{\lambda_1}$ ein *Eigenpaket zum Intervall* $\lambda_1 \leq \lambda \leq \lambda_2$. Dabei ist nach Definition von v_λ

$$(v_{\lambda_2} - v_{\lambda_1})(x) = \begin{cases} \int_{\lambda_1}^{\lambda_2} \exp(i\sqrt{s}\, x)\, d\sqrt{s}\ , & \text{wenn } 0 \leq \lambda_1 \leq \lambda_2\ , \\[2ex] \int_0^{\lambda_2} \exp(i\sqrt{s}\, x)\, d\sqrt{s}\ , & \text{wenn } \lambda_1 \leq 0 \leq \lambda_2\ , \\[2ex] 0 & , \text{wenn } \lambda_1 \leq \lambda_2 \leq 0 \text{ ist.} \end{cases}$$

Ein anderes Eigenpaket von T ist w_λ. Allgemein definieren wir:

Es sei A ein symmetrischer Operator eines Hilbertschen Raumes. Dann heißt v_λ ein *Eigenpaket* des Operators A, wenn für $-\infty < \lambda < +\infty$ folgendes gilt:

1) Es ist v_λ ein Element aus $\mathcal{V}(A)$ und es liegen Av_λ, $A^2 v_\lambda$, ... ad infinitum in $\mathcal{V}(A)$. Es ist $v_0 = 0$.
2) Es ist v_λ stetig in λ, d.h. es gilt $\lim\limits_{\mu \to \lambda} ||v_\mu - v_\lambda|| = 0$.

4) Es gilt $Av_\lambda = \int_0^\lambda s\, dv_s = \lambda v_\lambda - \int_0^\lambda v_s\, ds$ und allgemeiner $A^n v_\lambda = \int_0^\lambda s^n\, dv_s$, $n = 1, 2, ...$ (symbolisch: $A^n dv_\lambda = \lambda^n\, dv_\lambda$, $n = 1, 2, ...$) .

§ 2. Die Orthogonalität der Eigenpakete eines symmetrischen Operators

Bedeutet Δ das Intervall $k_1 \leq k \leq k_2$, Δ' das Intervall $k_1' \leq k' \leq k_2'$ und $m(\Delta \cap \Delta')$ die Länge (das "Maß") des Durchschnittes von Δ und Δ', so gilt die grundlegende Beziehung

$$\int_{-\infty}^{\infty} \left\{ \int_{\Delta'} \exp(-2\pi i k' x)\, dk' \ \int_{\Delta} \exp(2\pi i k x)\, dk \right\} dx = m(\Delta \cap \Delta')\ ,$$

deren elementaren Beweis wir beiseite lassen (vgl. § 8.6, Aufgabe 6).

Für das im vorigen Paragraphen erklärte Eigenpaket

$$v_\lambda = \int_0^\lambda \exp(i\sqrt{s}\,x)\,d\sqrt{s} \quad \text{für} \quad \lambda > 0,\; v_\lambda = 0 \quad \text{für} \quad \lambda \leq 0$$

ergibt sich daraus $\langle v_b - v_a | v_q - v_p \rangle = 0$, wenn die beiden Intervalle $a \leq \lambda \leq b$ und $p \leq \lambda \leq q$ keinen oder höchstens einen Punkt gemeinsam haben. Denn wenn $b \leq 0$ ist, dann ist $v_b = 0$, $v_a = 0$, also gilt die Behauptung. Wenn $b > 0$, $a \leq 0$ ist, dann ist $v_b - v_a = v_b - v_0$. Wir dürfen also $0 \leq a < b \leq p < q$ annehmen. Dann wird

$$\langle v_b - v_a | v_q - v_p \rangle = \int_{-\infty}^{+\infty} \left\{ \int_a^b \exp(-i\sqrt{s}\,x)\,d\sqrt{s} \int_p^q \exp(i\sqrt{s}\,x)\,d\sqrt{s} \right\} dx$$

$$= \frac{1}{4\pi^2} \int_{-\infty}^{+\infty} \left\{ \int_{k_1'}^{k_2'} \exp(-2\pi i k' x)\,dk' \int_{k_1}^{k_2} \exp(2\pi i k x)\,dk \right\} dx$$

mit $k_1' = \sqrt{a}/2\pi$, $k_2' = \sqrt{b}/2\pi$, $k_1 = \sqrt{p}/2\pi$, $k_2 = \sqrt{q}/2\pi$. Das Integral rechts verschwindet aber, weil die Intervalle $k_1' \leq k' \leq k_2'$ und $k_1 \leq k \leq k_2$ höchstens einen Punkt gemeinsam haben, die Länge ihres Durchschnittes also Null ist.

Diese Eigenschaft der Orthogonalität kommt jedem Eigenpaket eines symmetrischen Operators zu. Es gilt nämlich der Satz:

Sind v_λ und w_λ Eigenpakete eines symmetrischen Operators A, und sind $a \leq \lambda \leq b$, $p \leq \lambda \leq q$ zwei Intervalle, die höchstens einen Punkt gemeinsam haben, dann ist $\langle v_b - v_a | w_p - w_q \rangle = 0$.

Dieser Satz ist insbesondere richtig, wenn $w_\lambda = v_\lambda$ in $-\infty < \lambda < +\infty$ gilt. Für den Beweis setzen wir $a < b \leq p < q$ voraus. Es ist

$$A(w_y - w_p) = \int_p^y s\,dw_s = \int_p^y s\,d_s(w_s - w_p)$$

und

$$A(v_x - v_a) = \int_a^x s\,dv_s = \int_a^x s\,d_s(v_s - v_a)\ .$$

Daher wird

$$0 = \langle v_x - v_a | A(w_y - w_p) \rangle - \langle A(v_x - v_a) | w_y - w_p \rangle$$

$$= \langle v_x - v_a | \int_p^y s \, d_s(w_s - w_p) \rangle - \langle \int_a^x s \, d_s(v_s - v_a) | w_y - w_p \rangle$$

$$= y\langle v_x - v_a | w_y - w_p \rangle - \langle v_x - v_a | \int_p^y (w_s - w_p) \, ds \rangle - x\langle v_x - v_a | w_y - w_p \rangle$$

$$+ \langle \int_a^x (v_s - v_a) \, ds | w_y - w_p \rangle \; .$$

Mit der Abkürzung

$$f(x,y) = \langle v_x - v_a | w_y - w_p \rangle$$

ist $f(x,y)$ eine in $-\infty < x,y < +\infty$ stetige Lösung der Funktionalgleichung

$$(y - x) \, f(x,y) + \int_a^x f(s,y) \, ds - \int_p^y f(x,s) \, ds = 0 \; .$$

Wir zeigen jetzt, daß jede für alle x, y stetige Lösung dieser Gleichung in
$a \leq x \leq p$, $p \leq y < \infty$ verschwindet. Wegen der Stetigkeit von $f(x,y)$ genügt es,
$f(x,y) = 0$ zu beweisen in $a \leq x \leq b'$, $p \leq y \leq q'$ für jedes Paar b', q' mit
$a < b' < p < q' < \infty$. Sei also für den folgenden Beweis $a \leq x \leq b'$, $p \leq y \leq q'$,
$y - x \geq p - b' = d > 0$ und

$$M = \max \{ |f(x,y)| \, | \, a \leq x \leq b', \; p \leq y \leq q' \} \; .$$

Wir finden

$$|f(x,y)| \; \leq \; \frac{M}{d} \, (x - a + y - p) \; .$$

Wir wollen

$$|f(x,y)| \; \leq \frac{2^{n-1} \, M}{d^n \, n!} \, (x - a + y - p)^n \; , \qquad n = 1, 2, \ldots$$

zeigen. Das ist richtig für $n = 1$. Wenn es richtig ist für $n = k$, dann folgt aus
der Funktionalgleichung

$$|f(x,y)| \leq \frac{1}{d} \frac{2^{k-1} M}{d^k \, k!} \left\{ \int_a^x (s - a + y - p)^k \, ds + \int_p^y (x - a + s - p)^k \, ds \right\}$$

$$\leq \frac{2^k M}{d^{k+1} \, (k+1)!} (x - a + y - p)^{k+1} \, ,$$

also die Ungleichung für $n = k + 1$ und damit für jedes n. Aus ihr ergibt sich

$$M \leq \frac{2^{n-1} M}{d^n \, n!} (b' - a + q' - p)^n$$

und hieraus folgt für genügend großes n sofort $M \leq \frac{1}{2} M$, also $M = 0$, $f(x,y) = 0$ in $a \leq x \leq b'$, $p \leq y \leq q'$. Dies gilt für beliebiges b', q' mit $a < b' < p < q' < \infty$, also hat man unter Beachtung der Stetigkeit von $f(x,y)$ das Verschwinden von $f(x,y)$ in $a \leq x \leq b$, $p \leq y < \infty$. Damit ist der behauptete Orthogonalitätssatz bewiesen.

Weiter gilt:

Wenn u ein Eigenelement und v_λ ein Eigenpaket eines symmetrischen Operators A ist, dann ist $\langle u | v_\lambda \rangle = 0$ für alle λ.

<u>Beweis</u>. Es gibt eine reelle Zahl a mit der $Au = au$ ist. Daher wird

$$a\langle u | v_\lambda \rangle = \langle Au | v_\lambda \rangle = \langle u | Av_\lambda \rangle = \langle u | \int_0^\lambda s \, dv_s \rangle = \lambda \langle u | v_\lambda \rangle - \int_0^\lambda \langle u | v_s \rangle \, ds \, .$$

Mit $f(\lambda) = \langle u | v_\lambda \rangle$ haben wir $(\lambda - a) f(\lambda) = \int_0^\lambda f(s) \, ds$. Daher existiert $f'(\lambda)$ für $\lambda \neq a$ und es wird $f'(\lambda) = 0$. Da $f(\lambda)$ in $- \infty < \lambda < + \infty$ stetig ist, muß $f(\lambda)$ konstant sein, also $f(\lambda) = f(0) = 0$ gelten.

Für jedes Eigenpaket v_λ eines symmetrischen Operators und jedes a, b mit $a < b$ ist

$$a\langle v_b - v_a | v_b - v_a \rangle \leq \langle v_b - v_a | \int_a^b s \, dv_s \rangle \leq b\langle v_b - v_a | v_b - v_a \rangle \, .$$

<u>Beweis</u>. Sei $a = s_{0,n} < s_{1,n} < \ldots < s_{m_n,n} = b$. Dann wird wegen der Orthogonalitätseigenschaft

$$\left\langle v_b - v_a \;\middle|\; \sum_{k=1}^{m_n} s_{k,n} \left(v_{s_{k,n}} - v_{s_{k-1,n}}\right) \right\rangle$$

$$= \sum_{j,k=1}^{m_n} \left\langle v_{s_{j,n}} - v_{s_{j-1,n}} \;\middle|\; s_{k,n} \left(v_{s_{k,n}} - v_{s_{k-1,n}}\right) \right\rangle$$

$$= \sum_{k=1}^{m_n} \left\langle v_{s_{k,n}} - v_{s_{k-1,n}} \;\middle|\; s_{k,n} \left(v_{s_{k,n}} - v_{s_{k-1,n}}\right) \right\rangle$$

$$\leq b \sum_{k=1}^{m_n} \left\langle v_{s_{k,n}} - v_{s_{k-1,n}} \;\middle|\; v_{s_{k,n}} - v_{s_{k-1,n}} \right\rangle$$

$$= b \sum_{j,k=1}^{m_n} \left\langle v_{s_{j,n}} - v_{s_{j-1,n}} \;\middle|\; v_{s_{k,n}} - v_{s_{k-1,n}} \right\rangle = b \left\langle v_b - v_a \;\middle|\; v_b - v_a \right\rangle .$$

Entsprechend folgt

$$\left\langle v_b - v_a \;\middle|\; \sum_{k=1}^{m_n} s_{k,n} \left(v_{s_{k,n}} - v_{s_{k-1,n}}\right) \right\rangle \geq a \left\langle v_b - v_a \;\middle|\; v_b - v_a \right\rangle .$$

Der Grenzübergang $n \to \infty$ liefert die Behauptung.

Zu diesem und den vorangehenden Paragraphen vgl. E. Hellinger, Neue Begründung der Theorie quadratischer Formen von unendlich vielen Veränderlichen, Journal für die reine und angewandte Mathematik, Bd. 136, S. 210-271 (1909).

§ 3. Das Spektrum eines symmetrischen Operators

Für einen symmetrischen Operator A definieren wir[1]:

Das *Punktspektrum* sei die Gesamtheit der Eigenwerte λ (gelegentlich zur

---

[1] Anmerkung des Bearbeiters: Die folgenden Definitionen sind in dieser Form heute nur noch für selbstadjungierte Operatoren (vgl. § 7 und § 8.4) üblich. Insbesondere definiert man das Spektrum als das Komplement der Resolventenmenge (vgl. § 8.4). Mit dieser Definition wäre das Resultat dieses Paragraphen nur für selbstadjungierte Operatoren richtig. Anstatt der Bezeichnungen "Streckenspektrum" bzw. "kontinuierliches Spektrum" werden heute die Bezeichnungen "stetiges Spektrum" bzw. "wesentliches Spektrum" benutzt.

Deutlichkeit auch als Punkteigenwerte bezeichnet), d.h. die Gesamtheit der (reellen) Zahlen, zu denen es ein Element $u \neq 0$ aus $\mathcal{V}(A)$ mit $Au = \lambda u$ gibt.

Das *Streckenspektrum* sei die Gesamtheit der reellen Zahlen λ_0, zu denen es ein Eigenpaket v_λ und ein $\varepsilon > 0$ derart gibt, daß $v_b - v_a \neq 0$ wird für alle Zahlen a, b mit $a < \lambda_0 < b$ und $b - a < \varepsilon$.

Das *kontinuierliche Spektrum* sei die Vereinigung von Streckenspektrum und denjenigen Häufungspunkten des Punktspektrums, die nicht selbst zum Punktspektrum gehören.

Das *Spektrum* sei die Vereinigung von Punktspektrum und kontinuierlichem Spektrum.

Wenn zu einem symmetrischen Operator A eine reelle Zahl p existiert, mit der $p\langle u|u\rangle \leq \langle u|Au\rangle$ *für alle u aus* $\mathcal{V}(A)$ *ist, dann liegt kein Punkt des Spektrums von A unterhalb von p . Wenn ein reelles q existiert mit* $\langle u|Au\rangle \leq q\langle u|u\rangle$ *für alle u aus* $\mathcal{V}(A)$*, dann liegt kein Punkt des Spektrums von A oberhalb von q.*

<u>Beweis.</u> Es genügt, den Beweis für den Fall $p\langle u|u\rangle \leq \langle u|Au\rangle$ zu führen, weil der Fall $\langle u|Au\rangle \leq q\langle u|u\rangle$ durch Übergang von A zu $-A$ in den ersten Fall übergeht. Sei also $p\langle u|u\rangle \leq \langle u|Au\rangle$ für alle u aus $\mathcal{V}(A)$. Für jeden Eigenwert λ_0 gibt es ein $u \neq 0$ aus $\mathcal{V}(A)$ mit $Au = \lambda_0 u$, also folgt $p\langle u|u\rangle \leq \langle u|\lambda_0 u\rangle = \lambda_0\langle u|u\rangle$, d.h. $p \leq \lambda_0$. Dieselbe Ungleichung gilt dann auch für jeden Häufungspunkt λ_0 des Punktspektrums.

Wäre weiter λ_0 ein Punkt des Streckenspektrums mit $\lambda_0 < p$, dann gäbe es ein Eigenpaket v_λ und Zahlen a, b mit $a < \lambda_0 < b < p$ und $v_b - v_a \neq 0$. Es ist

$$A(v_b - v_a) = \int_a^b s\, dv_s \, ,$$

also würde folgen

$$p\langle v_b - v_a|v_b - v_a\rangle \leq \langle v_b - v_a| \int_a^b s\, dv_s\rangle \leq b\langle v_b - v_a|v_b - v_a\rangle$$

nach der am Ende des vorigen Paragraphen bewiesenen Ungleichung. Wegen $v_b - v_a \neq 0$ ergäbe dieses einen Widerspruch zu $p > b$. Unser Satz muß daher richtig sein.

Der am Anfang von § 1 definierte Operator T ist ein Beispiel für einen symmetrischen Operator mit reinem Streckenspektrum, das alle Zahlen $\lambda \geq 0$ umfaßt.

Sei nämlich $\lambda_0 \geq 0$; für das Eigenpaket

$$v_\lambda(x) = \begin{cases} \int\limits_0^\lambda \exp(i\sqrt{s}\, x)\, d\sqrt{s} & \text{für } \lambda \geq 0, \\ \\ 0 & \text{für } \lambda < 0 \end{cases}$$

und irgendein Zahlenpaar a, b mit $a < \lambda_0 < b$ ist

$$v_b - v_a = \int\limits_a^b \exp(i\sqrt{s}\, x)\, d\sqrt{s}\, , \quad \text{wenn } a \geq 0 \text{ ist,}$$

und

$$v_b - v_a = \int\limits_0^b \exp(i\sqrt{s}\, x)\, d\sqrt{s}\, , \quad \text{wenn } a < 0 \text{ ist.}$$

Also wird gewiß $v_b - v_a \neq 0$, d.h. λ_0 gehört zum Streckenspektrum.

Da $\langle u|Tu\rangle = \int\limits_{-\infty}^{+\infty} |u'|^2\, dx \geq 0$ ist (vgl. I, § 3.1), gibt es keinen Punkt $\lambda_0 < 0$ des Streckenspektrums. Punkteigenwerte gibt es keine, weil die Gleichung $-u'' = \lambda u$ in $\mathcal{D}(T)$ nur $u = 0$ als Lösung hat. Der Operator T hat also ein reines Streckenspektrum $\lambda \geq 0$. Sein kontinuierliches Spektrum fällt mit dem Streckenspektrum zusammen.

Zur weiteren Erläuterung der gewählten Definitionen geben wir noch ein Beispiel: Sei u_1, u_2, ... eine Orthonormalbasis des Hilbertschen Raumes $\mathcal{H}$, und sei A mit $\mathcal{D}(A) = \mathcal{H}$ derjenige (symmetrische) Operator, für den $Au_n = \frac{1}{n} u_n$, n = 1, 2, ... ist. Dann besteht das kontinuierliche Spektrum von A aus der Zahl Null. Das Streckenspektrum ist leer, das Punktspektrum besteht aus den Zahlen 1, $\frac{1}{2}$, $\frac{1}{3}$, ... , das Spektrum aus den Zahlen 0, 1, $\frac{1}{2}$, $\frac{1}{3}$, ... (obwohl Null nicht Eigenwert ist; denn aus $Au = 0$ folgt $\langle u_j|u\rangle = 0$ für alle j, also u = 0).

§ 4. Zerlegbare Operatoren

Es sei A symmetrisch und $\{ u, v_{\lambda_2} - v_{\lambda_1} \}$ die Menge seiner Eigenelemente und Eigenpakete zu Intervallen $\lambda_1 \leq \lambda \leq \lambda_2$. Diese Menge ist offenbar genau dann total, wenn zu jedem f aus $\mathcal{H}$ und jedem $\varepsilon > 0$ Eigenelemente u_1, ... , u_n , Eigenpakete $v_\lambda^{(1)}$, ... , $v_\lambda^{(n)}$, komplexe Zahlen c_1, ... , c_n , k_{11}, k_{12}, ... , k_{nn} und Intervalle $a_1 \leq \lambda \leq b_1$, ... , $a_n \leq \lambda \leq b_n$ existieren mit

$$\|f - \sum_{i=1}^{n} c_i u_i - \sum_{i,j=1}^{n} k_{ij} (v_{b_j}^{(i)} - v_{a_j}^{(i)})\| < \varepsilon.$$

<u>Definition.</u> Ein Operator heißt *spektral zerlegbar*, kürzer *zerlegbar*, wenn er symmetrisch ist, und wenn die Menge $\{ u, v_{\lambda_2} - v_{\lambda_1} \}$ total ist. (Dieser Begriff ist hier etwas weiter gefaßt als in F. Rellich [9].)

Ein symmetrischer Operator braucht keineswegs zerlegbar zu sein. Es gibt sogar symmetrische Operatoren ohne Eigenelemente und ohne Eigenpakete, abgesehen vom identisch verschwindenden Eigenpaket. Ein Beispiel wäre der Operator $Au = -u''$ im Hilbertraum $\mathcal{L}_2(0,1)$ mit

$$\mathcal{D}(A): \quad 1) \ u, u', u'' \text{ stetig in } 0 \le x \le 1,$$
$$2) \ u(0) = u'(0) = u(1) = u'(1) = 0.$$

Natürlich gibt es kein Eigenelement u von A, weil u Lösung von $u'' + \lambda u = 0$ sein müßte und daher wegen $u(0) = u'(0) = 0$ identisch verschwände. Daß es auch kein Eigenpaket v_λ (außer $v_\lambda \equiv 0$) gibt, kann man so einsehen: Sei $u_n = \sin n\pi x$, $n = 1$, 2, ... und $\lambda_n = n^2\pi^2$. (Diese u_n liegen nicht in $\mathcal{D}(A)$, wohl aber in $\mathcal{L}_2(0,1)$). Es ist

$$\lambda_n \langle u_n | v_\lambda \rangle = - \int_0^1 (u_n'')^* v_\lambda dx = \int_0^1 u_n^* (-v_\lambda'') dx = \langle u_n | A v_\lambda \rangle$$

$$= \langle u_n | \lambda v_\lambda - \int_0^\lambda v_s \, ds \rangle = \lambda \langle u_n | v_\lambda \rangle - \int_0^\lambda \langle u_n | v_s \rangle \, ds \ .$$

Mit $h(\lambda) = \langle u_n | v_\lambda \rangle$ wird $(\lambda - \lambda_n) \, h(\lambda) = \int_0^\lambda h(s) \, ds$, woraus $h(\lambda) = 0$ folgt. Also ist $\langle u_n | v_\lambda \rangle = 0$ für $n = 1, 2, \ldots$ und damit auch $v_\lambda = 0$.

Eine Hauptaufgabe der Spektraltheorie ist es anzugeben, welche symmetrischen Operatoren spektral zerlegbar sind. Der Lösung dieser Aufgabe wollen wir näher kommen durch sorgfältige Betrachtung der klassischen Sturm-Liouvilleschen Eigenwertaufgabe.

§ 5. Das reguläre Sturm-Liouvillesche Eigenwertproblem

In diesem Paragraphen wird $a \le x \le b$ ein beschränktes Intervall sein, in dem gelten wird

a) $p(x)$, $p'(x)$ sind stetig, $q(x)$, $k(x)$ sind stückweise stetig[1],

b) $p(x)$, $q(x)$, $k(x)$ sind reelle Funktionen, und es ist $p(x) > 0$, $k(x) > 0$ (wenn $k(x)$ an der Stelle x nicht stetig ist, dann soll $k(x) > 0$ bedeuten $k(x+) > 0$, $k(x-) > 0$).

Wir betrachten das Eigenwertproblem

$$- (pu')' + qu = \lambda k u \quad \text{im Intervall} \quad a \leq x \leq b$$

mit den Randbedingungen

$$\alpha_0 u(a) + \alpha_1 p(a)\, u'(a) = 0 \ ,$$

$$\beta_0 u(b) + \beta_1 p(b)\, u'(b) = 0 \ ,$$

wobei α_0, α_1, β_0, β_1 reell sein sollen und weder $\alpha_0 = \alpha_1 = 0$ noch $\beta_0 = \beta_1 = 0$ gelten soll.

Wir erklären einen Operator A im Hilbertraum $\mathcal{H} = \mathcal{L}_2(a,b;k)$ (vgl. I, § 5.4, Aufgabe 4) durch

$$Au = \frac{1}{k}\{ -(pu')' + qu\}$$

für u aus

$\mathcal{D}(A)$: 1) u, u' sei stetig, u'' stückweise stetig in $a \leq x \leq b$,

$\quad\quad\quad$ 2) u erfülle die Randbedingungen.

Dann haben wir in obigem Eigenwertproblem das Eigenwertproblem des Operators A vor uns.

Die Differentialgleichung $-(pu')' + qu = \lambda k u$ ist *formal selbstadjungiert*, worunter wir nichts weiter verstehen als die Eigenschaft, daß der Koeffizient von u' gleich der Ableitung des Koeffizienten von u'' ist. Dieses hat zur Folge, daß für alle Funktionen u, v, die stetige erste und stückweise stetige zweite Ableitungen haben, der Ausdruck

$$\int_a^b v^* \left[-(pu')' + qu\right] dx - \int_a^b \left[-(pv')' + qv\right]^* u\, dx = \left[p(v')^* u - v^* pu'\right]_a^b$$

---

[1] Eine Funktion $f(x)$ heißt stückweise stetig in einem abgeschlossenen, beschränkten Intervall $a \leq x \leq b$, wenn sie dort stetig ist mit Ausnahme einer endlichen Anzahl von Punkten y $(a < y < b)$, für welche der rechtsseitige Grenzwert $f(y+)$ und der linksseitige Grenzwert $f(y-)$ existieren und endlich (aber nicht gleich) sind; dabei sei stets entweder $f(y) = f(y+)$ oder $f(y) = f(y-)$.

nur von den Randwerten abhängt.

Insbesondere für u, v aus $\mathcal{V}(A)$ wird $\langle v|Au\rangle - \langle Av|u\rangle = 0$, weil wegen der Randbedingungen der Ausdruck $p(v')^*u - v^*pu'$ für $x = a$ und $x = b$ verschwindet. Da offenbar $\mathcal{L}_0^\infty(a,b)$ Teilmenge von $\mathcal{V}(A)$ ist und da $\mathcal{L}_0^\infty(a,b)$ in $\mathcal{L}_2(a,b;k)$ dicht ist (vgl. I, § 5.4, Aufgabe 5), ist $\mathcal{V}(A)$ dicht und somit A symmetrisch.

Wie zeigt man, daß A ein totales System von Eigenfunktionen besitzt? Der klassische Weg führt über eine *Integralgleichung*. Man sucht zunächst die *Reziproke* von A, d.h. man stellt sich die Aufgabe, die Gleichung $Au = f$ bei gegebenem f aus $\mathcal{H}$ durch ein u aus $\mathcal{V}(A)$ zu lösen. Diese Aufgabe ist sicher unlösbar, wenn $\lambda = 0$ ein Eigenwert von A ist. Denn wenn es ein $u_0 \neq 0$ in $\mathcal{V}(A)$ mit $Au_0 = 0$ gibt, dann muß $\langle u_0|f\rangle = \langle u_0|Au\rangle = \langle Au_0|u\rangle = 0$ sein, f ist *nicht* willkürlich vorschreibbar. Deshalb suchen wir nicht die Reziproke von A, sondern die Reziproke von $A - z$, und bemühen uns, die Zahl z so zu bestimmen, daß z nicht Eigenwert von A ist ($A - z$ ist der durch $\mathcal{V}(A-z) = \mathcal{V}(A)$ und $(A-z)u = Au - zu$ definierte Operator). Da A symmetrisch ist, ist $z = i$ sicher nicht Eigenwert; daher fragen wir nach den Lösungen u aus $\mathcal{V}(A)$ von $Au - iu = f$ bei stückweise stetig vorgegebenem f, d.h. nach den Funktionen u aus $\mathcal{V}(A)$, für die

$$-(pu')' + qu - iku = kf$$

gilt.

Man gelangt zu einem solchen u so: Seien $\phi(x)$ und $\psi(x)$ zwei nichttriviale Lösungen der (homogenen) Gleichung

$$-(pv')' + qv - ikv = 0\ ,$$

und sei

$$\alpha_0\phi(a) + \alpha_1p(a)\ \phi'(a) = 0\ ,$$
$$\beta_0\psi(b) + \beta_1p(b)\ \psi'(b) = 0\ .$$

Die Lösungen ϕ und ψ sind linear unabhängig; andernfalls wäre nämlich $\phi(x) = c\ \psi(x)$ mit einer Konstanten $c \neq 0$, folglich $\beta_0\phi(b) + \beta_1p(b)\ \phi'(b) = 0$, d.h. ϕ wäre Element von $\mathcal{V}(A)$ und Eigenfunktion von A zum Eigenwert i, was nicht möglich ist. Für beliebige Lösungen v und w der homogenen Gleichung ist die Funktion $p(v'w - vw')$, die modifizierte *Wronskideterminante*, konstant; v und w sind genau dann linear unabhängig, wenn diese Konstante nicht Null ist. Also können wir annehmen, daß $p(\phi'\psi - \phi\psi') = 1$ ist. Dann ist, wie man leicht nachprüft, für jedes stückweise stetige f die Funktion

$$u(x) = \psi(x) \int_a^x \phi(y)\, f(y)\, k(y)\, dy + \phi(x) \int_x^b \psi(y)\, f(y)\, k(y)\, dy$$

ein Element von $\mathcal{V}(A)$ und es gilt $(A-i)u = f$. Durch $u = R_i f$ definieren wir einen Operator R_i, dessen Definitionsbereich $\mathcal{V}(R_i)$ der dichte Teilraum der in $a \leq x \leq b$ stückweise stetigen Funktionen ist, und dessen Wertebereich $\mathcal{W}(R_i)$ in $\mathcal{V}(A)$ enthalten ist derart, daß $(A-i)R_i f = f$ ist für alle f aus $\mathcal{V}(R_i)$.

Umgekehrt ist für jedes u aus $\mathcal{V}(A)$ die Funktion $f = (A-i)u$ stückweise stetig. Es gilt $u = R_i f$, weil $(A-i)(u-R_i f) = 0$ ist, und weil i nicht Eigenwert von A ist. Also gilt $\mathcal{W}(A-i) = \mathcal{V}(R_i)$ und $R_i(A-i)u = u$ für alle u aus $\mathcal{V}(A)$. Der Operator $A-i$ bildet den Teilraum $\mathcal{V}(A)$ eineindeutig auf $\mathcal{V}(R_i)$ ab und seine Reziproke $(A-i)^{-1}$ ist der Operator R_i.

Der Operator R_i ist ein Integraloperator. Man kann schreiben

$$R_i f(x) = \int_a^b G(x,y)\, f(y)\, k(y)\, dy$$

mit

$$G(x,y) = \begin{cases} \psi(x)\phi(y) & \text{in } a \leq y \leq x\,, \\ \phi(x)\psi(y) & \text{in } x \leq y \leq b\,. \end{cases}$$

$G(x,y)$ ist die *Greensche Funktion* des Randwertproblems $(A-i)u = f$.

Ebenso findet man die Reziproke von $A+i$ als einen Integraloperator R_{-i} mit dem durch $G(x,y)^*$ gegebenen Kern. Wir fassen zusammen:

Der Operator A hat folgende Eigenschaften:

1) *Er ist symmetrisch.*
2) $A-i$ *und* $A+i$ *bilden* $\mathcal{V}(A)$ *auf dichte Teilräume des Hilbertschen Raumes eineindeutig ab.*
3) $R_i = (A-i)^{-1}$ *und* $R_{-i} = (A+i)^{-1}$ *sind Integraloperatoren in* $\mathcal{L}_2(a,b;k)$ *mit stetigem Kern.*

Aus diesen drei Eigenschaften folgt, wie die von Hilbert entwickelte Eigenwerttheorie der Integralgleichungen lehrt, daß A ein totales System von Eigenfunktionen u_n besitzt, deren zugehörige Eigenwerte λ_n sich nirgends im Endlichen häufen, d.h. *der Operator A ist zerlegbar.*

Die dritte Eigenschaft ist eine spezielle Eigenschaft unseres regulären Sturm-Liouvilleschen Differentialoperators. Die zweite Eigenschaft aber ist wesentlich für symmetrische Operatoren, die eine Spektralzerlegung zulassen.

§ 6. Wesentlich selbstadjungierte Operatoren

<u>Definition</u>. Ein linearer Operator A im Hilbertschen Raum $\mathfrak{H}$ heißt *wesentlich selbstadjungiert*, wenn

1) A symmetrisch ist und

2) A-i und A+i den Teilraum $\mathfrak{D}$(A) auf dichte Teilräume von $\mathfrak{H}$ abbilden.

Der vorangehende Paragraph macht klar, warum man diese Definition gewählt hat. Geben wir ein Beispiel eines symmetrischen Operators, der *nicht* wesentlich selbstadjungiert ist. Das ist der in § 4 angeführte Operator Au = -u'' in $\mathcal{L}_2$(0,1) mit

$\mathfrak{D}$(A):   1) u, u', u'' stetig in $0 \leq x \leq 1$,

  2) u(0) = u'(0) = u(1) = u'(1) = 0 .

A ist symmetrisch. Die Menge der Funktionen f = (A-i)u, die man erhält, wenn u den Definitionsbereich $\mathfrak{D}$(A) durchläuft, ist *nicht dicht*. Sei nämlich $z(x) \neq 0$ eine in $0 \leq x \leq 1$ zweimal stetig differenzierbare Lösung von z'' - iz = 0. Dann liegt z zwar nicht in $\mathfrak{D}$(A), aber wohl in $\mathcal{L}_2$(0,1). Es wird

$$\langle z|f \rangle = \langle z|(A-i)u\rangle = - \int_0^1 z^*(u''+iu)dx$$

$$= \left[-z^*u' + (z')^*u\right]_0^1 - \int_0^1 (z''-iz)^*u\,dx = 0 \ ;$$

die Randglieder fallen weg, weil u in $\mathfrak{D}$(A) liegt; das Integral verschwindet, weil z'' - iz = 0 ist. Jedes f ist orthogonal zu z. Die Menge dieser f liegt daher *nicht dicht* in $\mathcal{L}_2$(0,1). Also ist A nicht wesentlich selbstadjungiert.

<u>Definition</u>. Es sei S ein linearer (nicht notwendig symmetrischer) Operator eines Hilbertschen Raumes. Es sei Null nicht Eigenwert von S, d.h. es sei $Su \neq 0$ für jedes $u \neq 0$ aus $\mathfrak{D}$(S). Dann gibt es zu jedem f aus dem Wertebereich $\mathfrak{M}$(S) von S genau ein u aus $\mathfrak{D}$(S) mit Su = f. Ordnet man jedem f aus $\mathfrak{M}$(S) dieses u zu, so ergibt sich ein linearer Operator R, den man die *Reziproke* oder *Inverse* von S nennt: Man schreibt R = S^{-1}. Der Definitionsbereich von R ist der Wertebereich von S, und der Wertebereich von R ist der Definitionsbereich von S. Es ist RSu = u für jedes u aus $\mathfrak{D}$(S) und SRf = f für jedes f aus $\mathfrak{D}$(R).

Wenn A symmetrisch ist, so existiert $R_z = (A-z)^{-1}$ für jede nichtreelle Zahl z und für jede reelle Zahl z, die nicht Eigenwert von A ist; es gilt

$\langle f|R_z g\rangle = \langle R_{z^*} f|g\rangle$ für alle g aus $\mathcal{V}(R_z)$ und für alle f aus $\mathcal{V}(R_{z^*})$. Ist z reell und $\mathcal{V}(R_z)$ dicht, so ist R_z symmetrisch.

Man wird vielleicht erstaunt sein, daß die einzige Bedingung für die Existenz der Reziproken eines Operators S die Forderung ist, aus $Su = 0$ für u aus $\mathcal{V}(S)$ möge $u = 0$ folgen. Man weiß zwar, daß im endlichdimensionalen Hilbertschen Raum diese Bedingung ausreicht. Man erwartet aber im Unendlichdimensionalen größere Schwierigkeiten, weil ja die Frage nach der Existenz der Reziproken eine Grundfrage der Analysis ist. Die Erklärung liegt darin, daß der Begriff der Reziproken so allgemein gefaßt wurde, daß über die Natur dieser Reziproken fast nichts ausgesagt ist. Z.B. braucht der Definitionsbereich der Reziproken nicht einmal dicht zu sein.

Wenn A symmetrisch ist, dann hat $R = (A-i)^{-1}$ eine wichtige Eigenschaft. Setzt man $Rf = u$ für f aus $\mathcal{V}(R)$, so wird $f = (A-i)u$, $\langle f|f\rangle = \langle Au|Au\rangle + \langle u|u\rangle$, also $\langle u|u\rangle \leq \langle f|f\rangle$ oder $||Rf|| \leq ||f||$ für alle f aus $\mathcal{V}(R)$. Der Operator R ist also ein *beschränkter* Operator, wenn man mit Hilbert definiert: Ein Operator R eines Hilbertschen Raumes heißt *beschränkt*, wenn es eine reelle Zahl k gibt, mit der $||Rf|| \leq k||f||$ ist für alle f aus $\mathcal{V}(R)$. Jede Zahl k mit dieser Eigenschaft heißt eine *Schranke* von R (vgl. I, § 5.3).

Zum Beweis der wesentlichen Selbstadjungiertheit symmetrischer Operatoren ist gelegentlich folgendes Kriterium nützlich:

Der symmetrische Operator A ist wesentlich selbstadjungiert, wenn es eine reelle Zahl c gibt so, daß A-c eine beschränkte Reziproke R mit dichtem Definitionsbereich besitzt.

<u>Beweis</u>. Wir müssen zeigen, daß $A-i$ und $A+i$ dichte Wertebereiche haben. Wir werden sogar zeigen, daß $A-z$ mit $z = x + iy$; x, y reell und $y \neq 0$ einen dichten Wertebereich besitzt. Angenommen, der Wertebereich von $A-z$ wäre für irgendein solches z nicht dicht, dann gäbe es ein $h \neq 0$ des Hilbertschen Raumes mit $\langle h|(A-z)u\rangle = 0$ für alle u aus $\mathcal{V}(A)$. Da der Wertebereich von $A-c$ dicht liegt, gibt es eine Folge u_n aus $\mathcal{V}(A)$, so daß für $h_n = (A-c)u_n$ die Beziehung $\lim\limits_{n\to\infty}||h_n - h|| = 0$ gilt. Es ist

$$0 = \langle h|(A-z)u_n\rangle = \langle h|(A-c)u_n\rangle + (c-z)\langle h|u_n\rangle$$
$$= \langle h|h_n\rangle + (c-z)\langle h|Rh_n\rangle .$$

Wegen der Beschränktheit von R ist nicht nur h_n, sondern auch Rh_n eine konvergente Folge, und man erhält $\langle h_n|h_n\rangle + (c-z)\langle h_n|Rh_n\rangle \to 0$ für $n \to \infty$. Daher ist auch der Imaginärteil von $\langle h_n|h_n\rangle + (c-z)\langle h_n|Rh_n\rangle$ eine Nullfolge. Da R symmetrisch ist, ist $\langle h_n|Rh_n\rangle$ reell, der Imaginärteil wird $-y\langle h_n|Rh_n\rangle$; wegen $y \neq 0$ folgt somit

$\lim\limits_{n \to \infty} \langle h_n | R h_n \rangle = 0$. Also wird $\lim\limits_{n \to \infty} \langle h_n | h_n \rangle = ||h||^2 = 0$, d.h. $h = 0$. Das ist ein Widerspruch. Der Wertebereich von $A-z$ ist folglich dicht, und das Kriterium ist damit bewiesen.

Man darf in diesem Kriterium die Formulierung "beschränkte Reziproke" nicht durch "Reziproke" ersetzen.

<u>Gegenbeispiel</u>. $Au = \frac{1}{i} u'$ in $\mathcal{L}_2(0,\infty)$ mit

$\mathcal{V}(A)$: 1) u stetig, u' stückweise stetig in $0 \leq x < \infty$,

2) $u(0) = 0$, $u(x) = 0$ für alle genügend großen x .

Dieser Operator ist symmetrisch. Die Reziproke $A^{-1} = R$ existiert, weil die Gleichung $\frac{1}{i} u' = 0$ in $\mathcal{V}(A)$ nur die Lösung $u(x) \equiv 0$ besitzt. Wir zeigen, daß R einen dichten Definitionsbereich hat. Wäre das nicht der Fall, dann gäbe es ein $f \neq 0$ aus $\mathcal{L}_2(0,\infty)$ mit

$$\int_0^\infty f(x) \cdot \frac{1}{i} u'(x)\, dx = 0$$

für alle u aus $\mathcal{V}(A)$. Nun wählen wir für $s < t$

$$u(x) = \begin{cases} x & \text{in} & 0 \leq x \leq s \ , \\ s & \text{in} & s \leq x \leq t \ , \\ s+t-x & \text{in} & t \leq x \leq s+t \ , \\ 0 & \text{in} & s+t \leq x < \infty \end{cases}$$

(vgl. Figur 4) und erhalten

$$\int_0^s f(x)\, dx - \int_t^{t+s} f(x)\, dx = 0 \ .$$

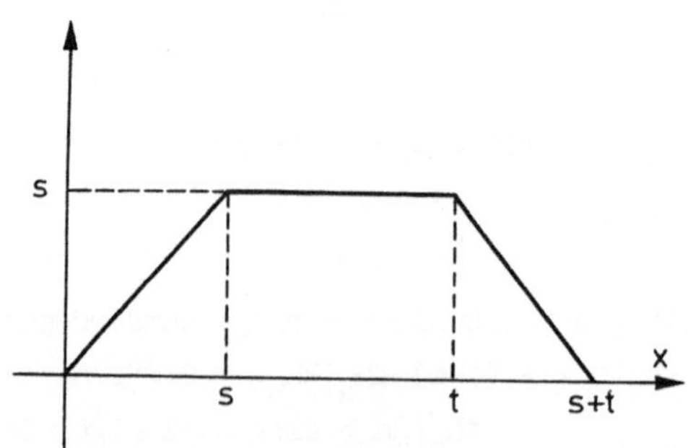

Figur 4

Es gilt

$$\left| \int_{t}^{t+s} f(x)\ dx \right| \le s^{1/2} \left\{ \int_{t}^{t+s} |f(x)|^2\ dx \right\}^{1/2} \to 0 \quad \text{für}\quad t \to \infty$$

wegen $\int_{0}^{\infty} |f|^2\ dx < \infty$. Damit erhält man $\int_{0}^{s} f(x)\ dx = 0$ für alle $s > 0$. Durch

Differentiation folgt daraus $f(x) = 0$ fast überall, d.h. $f = 0$ im Widerspruch zur
Annahme $f \ne 0$.

Der Operator A besitzt also eine Reziproke mit dichtem Definitionsbereich. Er
ist aber nicht wesentlich selbstadjungiert. Sei nämlich $f(x)$ eine Lösung von
$\frac{1}{i} f' - if = 0$, etwa $f(x) = e^{-x}$, $0 \le x < \infty$. Für jedes u aus $\mathcal{V}(A)$ wird

$$\langle f | (A+i)u \rangle = \int_{0}^{\infty} f^*(\tfrac{1}{i} u' + iu)dx = \int_{0}^{x_0} f^*(\tfrac{1}{i} u' + iu)dx\ ,$$

wenn $u(x) = 0$ in $x \ge x_0$ gilt. Also erhält man

$$\langle f | (A+i)u \rangle = \left[f^* \tfrac{1}{i} u \right]_{0}^{x_0} + \int_{0}^{x_0} (\tfrac{1}{i} f' - if)^* u\ dx = 0\ .$$

Die Funktion $f \ne 0$ aus $\mathcal{L}_2(0,\infty)$ ist orthogonal zum Wertebereich von A+i, dieser
ist nicht dicht, also A nicht wesentlich selbstadjungiert.

Das Kriterium ist nicht immer anwendbar; es gibt wesentlich selbstadjungierte
Operatoren A, zu denen keine reelle Zahl c gefunden werden kann so, daß A-c eine
beschränkte Reziproke mit dichtem Definitionsbereich hat.

<u>Beispiel</u>. $Qu = xu$ in $\mathcal{L}_2(-\infty,\infty)$ mit

$\mathcal{V}(Q)$:   1) $u(x)$ stetig in $-\infty < x < \infty$,

        2) $\int_{-\infty}^{+\infty} x^2 |u(x)|^2\ dx < \infty$.

Der Wertebereich von $Q \mp i$ besteht aus dem Teilraum aller stetigen Funktionen aus
$\mathcal{L}_2(-\infty,\infty)$. Da dieser Teilraum dicht liegt, ist Q wesentlich selbstadjungiert. Wenn
c eine reelle Zahl ist, dann existiert $(Q - c)^{-1} = R$ (weil es kein $u \ne 0$ aus $\mathcal{V}(Q)$
gibt mit $Qu = cu$) und $\mathcal{V}(R)$ besteht aus allen s aus $\mathcal{L}_2(-\infty,\infty)$, für welche $\frac{s(x)}{x-c}$
in $-\infty < x < \infty$ stetig ist. $\mathcal{V}(R)$ ist zwar dicht, aber R ist nicht beschränkt, weil
es keine Konstante k gibt, mit der

84

$$\int\limits_{-\infty}^{+\infty} \left|\frac{s(x)}{x-c}\right|^2 \, dx \leq k^2 \int\limits_{-\infty}^{+\infty} |s(x)|^2 \, dx$$

wäre für alle s aus $\mathcal{Y}(R)$.

Wir betrachten den Operator $T_0 u = -u''$ in $H = \mathcal{L}_2(-\infty,\infty)$ mit

$\mathcal{Y}(T_0)$:   1) $u(x)$ beliebig oft differenzierbar in $-\infty < x < \infty$,

2) $u(x) = 0$ für alle genügend großen $|x|$,

und beweisen, daß er wesentlich selbstadjungiert ist. Offenbar ist T_0 symmetrisch. Wir wenden unser Kriterium an mit $c = -1$ und zeigen, daß $T_0 + 1$ eine beschränkte Reziproke R mit dichtem Definitionsbereich $\mathcal{Y}(R)$ hat. Die Existenz von $R = (T_0 + 1)^{-1}$ ergibt sich sofort aus der Tatsache, daß $-u'' + u = 0$ keine Lösung u in $\mathcal{Y}(T_0)$ hat. Der Teilraum $\mathcal{Y}(R)$ besteht aus allen s aus H, für welche es ein u aus $\mathcal{Y}(T_0)$ gibt mit $-u'' + u = s$. Offenbar hat jede Funktion $s(x)$ aus $\mathcal{Y}(R)$ die Eigenschaften: $s(x)$ ist beliebig oft differenzierbar mit $s(x) = 0$ für genügend große $|x|$, und es gilt

$$\int\limits_{-\infty}^{\infty} e^x \, s(x) \, dx = 0 \; , \qquad \int\limits_{-\infty}^{\infty} e^{-x} \, s(x) \, dx = 0 \; .$$

$\mathcal{J}$ bezeichne die Gesamtheit der s mit diesen Eigenschaften. $\mathcal{J}$ ist ein Teilraum von $\mathcal{H}$. Man zeigt leicht, daß $\mathcal{J}$ dicht ist (vgl. den Hilfssatz in III, § 3; man beachte, daß keine nichttriviale Linearkombination der Funktionen e^x und e^{-x} in $\mathcal{H}$ liegt). Wir wollen $\mathcal{J} = \mathcal{Y}(R)$ zeigen. Dazu muß zu jedem s aus $\mathcal{J}$ ein u aus $\mathcal{Y}(T_0)$ gefunden werden, für welches $-u'' + u = s$ ist. Ein solches u ist

$$u(x) = \frac{1}{2} e^{-x} \int\limits_{-\infty}^{x} e^y \, s(y) \, dy + \frac{1}{2} e^x \int\limits_{x}^{\infty} e^{-y} \, s(y) \, dy$$

$$= \frac{1}{2} \int\limits_{-\infty}^{+\infty} \exp(-|x - y|) \, s(y) \, dy \; .$$

In der Tat ist das so erklärte $u(x)$ beliebig oft differenzierbar und erfüllt die Gleichung $-u'' + u = s$. Wenn $s(x) = 0$ ist für $x \geq x_0$, dann ist

$$u(x) = \frac{1}{2} e^{-x} \int\limits_{-\infty}^{x_0} e^y \, s(y) \, dy \quad \text{für} \quad x \geq x_0 \; ,$$

also auch

$$u(x) = \frac{1}{2} e^{-x} \int_{-\infty}^{+\infty} e^{y} \, s(y) \, dy = 0$$

wegen $\int_{-\infty}^{+\infty} e^{y} \, s(y) \, dy = 0$. Entsprechend folgt $u(x) = 0$ für $x \leq - x_0$. Also ist

$$Rs(x) = \frac{1}{2} \int_{-\infty}^{+\infty} \exp(- |x - y|) \, s(y) \, dy \ .$$

Schließlich folgt

$$||s||^2 = ||(T_0+1)u||^2 = ||T_0u||^2 + 2\langle u|T_0u\rangle + ||u||^2 \geq ||u||^2 \ ,$$

da

$$\langle u|T_0u\rangle = \int_{-\infty}^{+\infty} |u'|^2 \, dx \geq 0$$

ist; daher gilt $||Rs|| \leq ||s||$, und somit ist R beschränkt.

Damit ist der Nachweis für die wesentliche Selbstadjungiertheit von T_0 geführt.

Wir zeigen: *Jeder zerlegbare Operator A ist wesentlich selbstadjungiert.*

Dazu betrachten wir die in § 4 definierte Menge $\{ u, v_{\lambda_2} - v_{\lambda_1} \}$ zum Operator A. Nach der Definition der Zerlegbarkeit ist diese Menge total. Zu zeigen haben wir, daß auch die Mengen $\{ (A-i)u, (A-i)(v_{\lambda_2} - v_{\lambda_1}) \}$ und $\{ (A+i)u, (A+i)(v_{\lambda_2} - v_{\lambda_1}) \}$ total sind. Dazu wiederum genügt es zu zeigen, daß jedes Element der Menge $\{ u, v_{\lambda_2} - v_{\lambda_1} \}$ durch endliche Linearkombinationen von Elementen aus der Menge $\{(A-i)u, (A-i)(v_{\lambda_2} -v_{\lambda_1}) \}$ bzw. $\{(A+i)u, (A+i)(v_{\lambda_2} -v_{\lambda_1}) \}$ approximiert werden kann. Wenn $Au = \lambda u$ ist, so wird $(A-i)u = (\lambda-i)u$, also $u = (\lambda-i)^{-1}(A-i)u$, weil $\lambda-i \neq 0$ ist. Jedes Eigenelement u ist also von der Form $(\lambda-i)^{-1}(A-i)u$. Sei nun v_{λ} ein Eigenpaket von A und sei $a = s_0 < s_1 < \ldots < s_n = b$. Dann wird

$$v_b - v_a - \sum_{k=1}^{n} \frac{1}{s_k-i} \int_{s_{k-1}}^{s_k} (s-i) \, dv_s = \sum_{k=1}^{n} \frac{1}{s_k-i} \int_{s_{k-1}}^{s_k} (s_k-s) \, dv_s \ .$$

Mit einer Schlußweise, analog zu der am Ende von § 2 verwendeten, folgt

$$\sum_{j,k=1}^{n} \frac{1}{(s_j-i)(s_k+i)} < \int_{s_{j-1}}^{s_j} (s_j-s)\, dv_s \ \Big| \int_{s_{k-1}}^{s_k} (s_k-s)\, dv_s >$$

$$= \sum_{k=1}^{n} \frac{1}{s_k^2 + 1} < \int_{s_{k-1}}^{s_k} (s_k-s)\, dv_s \ \Big| \int_{s_{k-1}}^{s_k} (s_k-s)\, dv_s >$$

$$\leq \varepsilon^2 < v_b - v_a | v_b - v_a > \ ,$$

wenn $\varepsilon \geq s_k - s_{k-1}$ für alle $k = 1, \ldots, n$ gilt. Berücksichtigt man noch, daß

$$\int_{s_{k-1}}^{s_k} (s-i)\, dv_s = (A-i) \int_{s_{k-1}}^{s_k} dv_s = (A-i)v_{s_k} - (A-i)v_{s_{k-1}}$$

ist, so wird

$$|| v_b - v_a - \sum_{k=1}^{n} \frac{1}{s_k-1} \big[(A-i)v_{s_k} - (A-i)v_{s_{k-1}} \big] || \leq \varepsilon || v_b - v_a ||.$$

Man kann also $v_b - v_a$ durch endliche Linearkombinationen von Elementen aus $\{(A-i)u, (A-i)(v_{\lambda_2} - v_{\lambda_1})\}$ beliebig gut approximieren. Da dasselbe für $\{(A+i)u, (A+i)(v_{\lambda_2} - v_{\lambda_1})\}$ gilt, ist damit die Behauptung bewiesen.

Ist umgekehrt jeder wesentlich selbstadjungierte Operator A auch zerlegbar? Die Antwort heißt zwar "nein", wie das folgende Gegenbeispiel lehrt. Ein einfacher Prozeß der *"Fortsetzung"* führt indessen von jedem wesentlich selbstadjungierten Operator zu einem zerlegbaren Operator. Zunächst das *Gegenbeispiel*:

Wir betrachten im Hilbertschen Raum $\mathcal{L}_2(-\infty,\infty)$ den Operator K definiert durch

$$Ku(x) = \int_{-\infty}^{+\infty} \exp(-|x| - |y|)\, u(y)\, dy$$

mit $\mathcal{D}(K)$: 1) $u(x)$ stetig in $-\infty < x < +\infty$,
2) $u(x) = 0$ für genügend große $|x|$.

Offenbar ist K symmetrisch. Da K außerdem beschränkt ist, ist es auch wesentlich selbstadjungiert. Es gilt nämlich der wichtige, leicht zu beweisende Satz, daß *jeder symmetrische beschränkte Operator wesentlich selbstadjungiert ist.* Jede Funktion $u \neq 0$ aus $\mathcal{D}(K)$ mit $\int_{-\infty}^{+\infty} e^{-|x|} u(x)\, dx = 0$ ist Eigenfunktion von K mit dem

Eigenwert Null. Seien $u_1(x)$, $u_2(x)$, ... orthogonale und normierte Funktionen aus $\mathcal{G}(K)$ mit $\int\limits_{-\infty}^{+\infty} e^{-|x|} u_n(x)\, dx = 0$, $n = 1, 2, \ldots$, welche zusammen mit $u_0(x) = e^{-|x|}$ auch total sind. Es ist zwar $\int\limits_{-\infty}^{+\infty} \exp(-|x| - |y|)\, u_0(y)\, dy = u_0(x)$. Aber u_0 ist trotzdem nicht Eigenfunktion von K, weil es nicht in $\mathcal{G}(K)$ liegt. Wenn nun u irgendein Eigenelement von K ist, so gilt jedenfalls $u = a_0 u_0 + a_1 u_1 + \ldots$. Wenn u nicht zum Eigenwert Null gehörte, dann wäre $\langle u_n | u \rangle = a_n = 0$ für $n = 1, 2, \ldots$, also $u = a_0 u_0$, also $a_0 = 0$, weil u_0 nicht zu $\mathcal{G}(K)$ gehört. Also folgt $u = a_1 u_1 + a_2 u_2 + \ldots$. Wenn v_λ ein Eigenpaket ist, dann ist es orthogonal zu allen Eigenelementen von K (vgl. § 2), insbesondere zu u_1, u_2, ... Also ergibt sich $v_\lambda = c_0 u_0$ und wieder folgt $c_0 = 0$, $v_\lambda = 0$, weil u_0 nicht in $\mathcal{G}(K)$ liegt. Die zu dem Operator K gehörende Menge $\{u, v_{\lambda_2} - v_{\lambda_1}\}$ spannt also denselben Raum auf wie die u_1, u_2, ... ; also ist sie nicht total, und daher ist K nicht zerlegbar.

§ 7. Fortsetzung von Operatoren, selbstadjungierte Operatoren

Einen linearen Operator A in einem Hilbertschen Raum $\mathcal{H}$ *fortsetzen* heißt, einen Operator B in einem $\mathcal{G}(A)$ umfassenden Teilraum $\mathcal{G}(B)$ von $\mathcal{H}$ so zu erklären, daß $Bu = Au$ für alle u aus $\mathcal{G}(A)$ gilt. Der Operator B heißt dann *Fortsetzung von* A.

Der Prozeß der Fortsetzung ist im allgemeinen nicht eindeutig. Es gibt aber einige besonders wichtige Fälle, in denen er eindeutig ist. Zum Beispiel gilt:

Sei R ein beschränkter Operator in $\mathcal{H}$ mit dichtem Definitionsbereich $\mathcal{G}(R)$. Dann gibt es genau eine beschränkte Fortsetzung $\overline{R}$ von R derart, daß $\mathcal{G}(\overline{R}) = \mathcal{H}$ ist. Jede Schranke k von R ist auch Schranke von $\overline{R}$.

<u>Beweis.</u> Sei f ein Element von $\mathcal{H}$; dann gibt es eine Folge (u_n) aus $\mathcal{G}(R)$ mit $u_n \to f$. Ist k eine Schranke von R, so folgt

$$||Ru_n - Ru_m|| \leq k\, ||u_n - u_m|| \to 0 \quad \text{für } n, m \to \infty .$$

Also gibt es ein g aus $\mathcal{H}$ mit $Ru_n \to g$. Das Element g hängt nur von f, nicht von der Folge (u_n) ab: Ist nämlich (v_n) eine andere Folge mit $v_n \to f$, so ist

$$||Ru_n - Rv_n|| \leq k\, ||u_n - v_n|| \to 0 \quad \text{für } n \to \infty$$

und daher $\lim\limits_{n \to \infty} Rv_n = \lim\limits_{n \to \infty} Ru_n = g$.

Jedem f aus $\mathcal{H}$ ist auf diese Weise eindeutig ein Element $g = \overline{R}f$ zugeordnet, und damit ist ein Operator $\bar{R}$ mit $\mathcal{V}(\bar{R}) = \mathcal{H}$ erklärt (man überzeugt sich leicht davon, daß $\bar{R}$ linear ist). Für f aus $\mathcal{V}(R)$ wählt man die konstante Folge (u_n) mit $u_n = f$ für alle n und erhält $\bar{R}f = Rf$; also ist $\bar{R}$ eine Fortsetzung von R. Aus $||Ru_n|| \leq k||u_n||$ folgt schließlich $||\bar{R}f|| \leq k||f||$, d.h. $\bar{R}$ ist beschränkt, und k ist eine Schranke von $\bar{R}$.

Es bleibt die Eindeutigkeit der Fortsetzung zu beweisen. Sei S eine beschränkte Fortsetzung von R mit $\mathcal{V}(S) = \mathcal{H}$ und mit Schranke k'. Ist f aus $\mathcal{H}$ und (u_n) eine Folge aus $\mathcal{V}(R)$ mit $u_n \to f$, so gilt $||Su_n - Sf|| \leq k'||u_n - f|| \to 0$ und daher $Sf = \lim_{n \to \infty} Su_n = \lim_{n \to \infty} Ru_n = \bar{R}f$. Also ist $S = \bar{R}$.

Als Beispiel betrachten wir den in § 6 aufgetretenen Operator R in $\mathcal{H} = \mathcal{L}_2(-\infty,\infty)$, definiert durch

$$Ru(x) = \frac{1}{2} \int_{-\infty}^{+\infty} \exp(-|x - y|)\, u(y)\, dy$$

mit $\mathcal{V}(R)$: 1) $u(x)$ in $-\infty < x < +\infty$ beliebig oft differenzierbar, $u(x) = 0$ für genügend große $|x|$,

2) $\int_{-\infty}^{+\infty} e^x u(x)\, dx = 0$, $\int_{-\infty}^{+\infty} e^{-x} u(x)\, dx = 0$.

Wir wissen, daß R beschränkt ist (mit Schranke 1) und daß $\mathcal{V}(R)$ dicht in $\mathcal{H}$ ist. Es gibt also genau eine beschränkte Fortsetzung $\bar{R}$ von R mit $\mathcal{V}(\bar{R}) = \mathcal{H}$ und zwar ist $\bar{R}f = \lim_{n \to \infty} Ru_n$ für jede Folge (u_n) aus $\mathcal{V}(R)$ mit $u_n \to f$. Setzen wir $h_x(y) = \frac{1}{2}\exp(-|x - y|)$, so ist $h_x(y)$ für jedes x als Funktion von y quadratisch integrierbar, stellt also ein Element h_x von $\mathcal{H}$ dar, und es ist $||h_x|| = 1$. Daher gilt

$$|Ru_n(x) - \langle h_x|f\rangle| = |\langle h_x|u_n - f\rangle| \leq ||u_n - f|| \to 0$$

und folglich $Ru_n(x) \to \langle h_x|f\rangle$ für $n \to \infty$ gleichmäßig bezüglich x in $-\infty < x < \infty$. Für jedes $a > 0$ folgt daraus

$$\lim_{n \to \infty} \int_{-a}^{a} |Ru_n(x) - \langle h_x|f\rangle|^2\, dx = 0 \ .$$

Aus $Ru_n \to \bar{R}f$ folgt aber auch

$$\lim_{n \to \infty} \int_{-a}^{a} |Ru_n(x) - \bar{R}f(x)|^2\, dx = 0 \ .$$

Also ist

$$\overline{R}f(x) = \langle n_x | f \rangle = \frac{1}{2} \int_{-\infty}^{\infty} \exp(-\,|x - y|)\, f(y)\, dy$$

fast überall in $-a < x < a$; da dies für alle $a > 0$ richtig ist, gilt die Gleichung fast überall in $-\infty < x < \infty$.

Auch bei symmetrischen Operatoren A ist eine symmetrische Fortsetzung B insofern eindeutig bestimmt, als jede andere symmetrische Fortsetzung B', die in *demselben Definitionsbereich* $\mathcal{D}(B)$ erklärt ist, mit B übereinstimmt. (Für alle u aus $\mathcal{D}(A)$ und jedes f aus $\mathcal{D}(B)$ ist $\langle u|(B - B')f \rangle = \langle (B - B')u|f \rangle = 0$. Da $\mathcal{D}(A)$ dicht ist, muß $(B - B')f = 0$ sein.) Diese Eindeutigkeit besagt aber nicht viel, da ja $\mathcal{D}(B)$ nicht eindeutig festgelegt ist.

Jede Mehrdeutigkeit entfällt aber bei einer besonders einfachen Art der Fortsetzung, die man als Fortsetzung durch Abschließen oder kurz als triviale Fortsetzung bezeichnet, gemäß der folgenden Definition:

Die Fortsetzung B eines symmetrischen Operators A heißt eine *triviale Fortsetzung*, wenn zu jedem u aus $\mathcal{D}(B)$ eine Folge $u_1, u_2, \ldots$ aus $\mathcal{D}(A)$ existiert mit $u_n \to u$, $Au_n \to Bu$ für $n \to \infty$.

Man erkennt, daß jede triviale Fortsetzung eines symmetrischen Operators selbst symmetrisch ist. Denn seien u, v zwei Elemente aus dem Definitionsbereich der trivialen Fortsetzung B des symmetrischen Operators A, und seien u_n, v_n, $n = 1, 2,$ $\ldots$ zwei Folgen aus $\mathcal{D}(A)$ mit $u_n \to u$, $v_n \to v$, $Au_n \to Bu$, $Av_n \to Bv$. Dann folgt aus $\langle v_n|Au_n \rangle = \langle Av_n|u_n \rangle$ durch Grenzübergang die Behauptung $\langle v|Bu \rangle = \langle Bv|u \rangle$.

<u>Beispiel einer trivialen Fortsetzung.</u>

Im Hilbertschen Raum $\mathcal{H} = \mathcal{L}_2(-\infty,\infty)$ betrachten wir die beiden Operatoren $T_0 u = -\,u''$ mit $\mathcal{D}(T_0) = \mathcal{L}_0^{\infty}(\mathbb{R})$, und

$Tu \;= -\,u''$ mit $\mathcal{D}(T)$: 1) u, u', u'' stetig in $-\infty < x < +\infty$,

$$2) \int_{-\infty}^{+\infty} |u|^2\, dx < \infty \; , \qquad \int_{-\infty}^{+\infty} |u''|^2\, dx < \infty \; .$$

Offenbar ist T_0 ein symmetrischer Operator und T eine Fortsetzung von T_0. Wir zeigen, daß es eine triviale Fortsetzung ist. Dazu sei u ein Element von $\mathcal{D}(T)$. Dann ist $-\,u'' + u = f$ eine stetige Funktion aus $\mathcal{H}$. In § 6 wurde gezeigt, daß $R = (T_0 + 1)^{-1}$ dicht definiert und beschränkt ist. Sei (s_n) eine Folge aus $\mathcal{D}(R)$ mit $s_n \to f$. Wir definieren $u_n = Rs_n$ für $n = 1, 2, \ldots$; dann liegen die u_n in $\mathcal{D}(T_0)$ und es ist $T_0 u_n = -\,u_n'' = -\,u_n + s_n$. Nun strebt u_n gegen $v = \overline{R}f$. Nach obiger Bemerkung ist

$$v(x) = \frac{1}{2} \int_{-\infty}^{+\infty} \exp(-\,|x - y|)\, f(y)\, dy$$

$$= \frac{1}{2}\, e^{-x} \int_{-\infty}^{x} e^{y}\, f(y)\, dy + \frac{1}{2}\, e^{x} \int_{x}^{\infty} e^{-y}\, f(y)\, dy \;,$$

$$-v'(x) = \frac{1}{2}\, e^{-x} \int_{-\infty}^{x} e^{y}\, f(y)\, dy - \frac{1}{2}\, e^{x} \int_{x}^{\infty} e^{-y}\, f(y)\, dy \;.$$

Die Funktion $v(x)$ liegt also in $\mathcal{Y}(T)$ und es ist $-v'' + v = f$. Für $w = v - u$ ist aber $w'' - w = 0$, also $w = ae^{x} + be^{-x}$. Da w in $\mathcal{Y}(T)$ liegt, muß $\int |w|^{2}\, dx < \infty$ sein, also gilt $a = b = 0$, d.h. $v = u$.

Wir wissen also, daß $\lim\limits_{n \to \infty} u_{n} = u$ und $\lim\limits_{n \to \infty} T_{0}u_{n} = -u + f = Tu$ ist, d.h. T ist eine triviale Fortsetzung von T_{0}. Wir haben nirgends benutzt, daß T symmetrisch sei. Wir haben es aber mit bewiesen, weil jede triviale Fortsetzung eines symmetrischen Operators auch symmetrisch ist (vgl. den nicht ganz einfachen Beweis für den symmetrischen Charakter von T in I, § 3.1).

Beispiel einer nichttrivialen Fortsetzung.

Im Hilbertschen Raum $\mathcal{L}_{2}(0,1)$ betrachten wir die beiden Operatoren

$Au = -u''$ mit $\mathcal{Y}(A)$: 1) u, u', u'' stetig in $0 \leq x \leq 1$,

$\qquad\qquad\qquad\qquad\quad$ 2) $u(0) = u'(0) = u(1) = u'(1) = 0$

und

$Bu = -u''$ mit $\mathcal{Y}(B)$: 1) u, u', u'' stetig in $0 \leq x \leq 1$,

$\qquad\qquad\qquad\qquad\quad$ 2) $u(0) = u(1) = 0$.

B ist eine (sogar symmetrische) Fortsetzung des symmetrischen Operators A, aber keine triviale Fortsetzung. Denn wäre die Fortsetzung trivial, dann gäbe es zu jedem $u(x)$ aus $\mathcal{Y}(B)$ eine Folge $u_{n}(x)$, $n = 1, 2, \ldots$ aus $\mathcal{Y}(A)$ mit

$$\lim_{n \to \infty} \int_{0}^{1} |u(x) - u_{n}(x)|^{2}\, dx = 0 \;, \qquad \lim_{n,m \to \infty} \int_{0}^{1} |u_{m}''(x) - u_{n}''(x)|^{2}\, dx = 0 \;.$$

Es folgt aber wegen $u_{n}'(0) = 0$, $n = 1, 2, \ldots$ sofort

$$|u_{m}'(x) - u_{n}'(x)| = |\int_{0}^{x} [u_{m}''(s) - u_{n}''(s)]\, ds|$$

$$\leq \left\{ x \int_{0}^{1} |u_{m}''(x) - u_{n}''(x)|^{2}\, dx \right\}^{1/2} \leq \left\{ \int_{0}^{1} |u_{m}''(x) - u_{n}''(x)|^{2}\, dx \right\}^{1/2} \;,$$

daher wäre $u_n'(x)$ gleichmäßig in $0 \leq x \leq 1$ konvergent. Da $u_n(x)$ selbst mindestens im Punkt $x = 0$ konvergiert, ist $\lim\limits_{n \to \infty} u_n'(x) = u'(x)$. Daraus folgt jedoch $u'(0) = u'(1) = 0$ für jedes u aus $\mathcal{Y}(B)$, was gewiß falsch ist. Eine andere symmetrische, aber nicht triviale Fortsetzung von A ist

$$B'u = -u'' \text{ mit } \mathcal{Y}(B'): \quad 1)\ u,\ u',\ u'' \text{ stetig in } 0 \leq x \leq 1\ ,$$
$$2)\ u'(0) = u'(1) = 0\ .$$

Die beiden Operatoren B und B' sind hinsichtlich ihrer Spektralzerlegung wesentlich verschieden. Beide besitzen ein diskretes Spektrum. Aber der kleinste Eigenwert von B ist π^2, der kleinste Eigenwert von B' dagegen Null.

Wenn A symmetrisch ist, dann sei die *Abschließung von* A der Operator $\overline{A}$, der folgendermaßen erklärt ist: $\mathcal{Y}(\overline{A})$ ist die Gesamtheit der Elemente u aus $\mathcal{H}$, zu denen es eine Folge u_1, u_2, ... aus $\mathcal{Y}(A)$ gibt, für die $\lim\limits_{n \to \infty} ||u_n - u|| = 0$ gilt und so, daß die Folge (Au_n) konvergent ist. Man erklärt $\overline{A}u = \lim\limits_{n \to \infty} Au_n$. Man sieht leicht, daß damit ein symmetrischer Operator $\overline{A}$ definiert ist. Er ist eine triviale Fortsetzung von A (vgl. § 8.6, Aufgabe 11).

Wenn B eine triviale Fortsetzung von A ist, dann ist $\mathcal{Y}(B)$ in $\mathcal{Y}(\overline{A})$ enthalten und $\overline{A}$ ist eine triviale Fortsetzung auch von B. Wenn nun A wesentlich selbstadjungiert ist, dann ist die Abschließung $\overline{A}$ ein symmetrischer Operator, für welchen $(\overline{A} + i)^{-1}$ und $(\overline{A} - i)^{-1}$ beschränkte Operatoren mit dem Definitionsbereich H sind.

Solche Operatoren heißen *selbstadjungiert*. Es gilt der fundamentale Satz (D. Hilbert für beschränkte Operatoren, J. v. Neumann und M. H. Stone für nicht notwendig beschränkte Operatoren):

Jeder selbstadjungierte Operator ist zerlegbar.

Ein Beweis dieses Satzes wird in § 8.4, (27) gegeben.

§ 8. Zusätze und Aufgaben

Im folgenden werden die Begriffe *Eigenelement* und *Eigenpaket* eines symmetrischen Operators A zu dem allgemeinen Begriff der *Eigenschar* von A zusammengefaßt. Der am Ende von § 7 erwähnte Satz über die Zerlegbarkeit der selbstadjungierten Operatoren wird durch Konstruktion von hinreichend vielen Eigenscharen bewiesen, und es wird schließlich die Äquivalenz dieser Version des Spektralsatzes und der üblichen Formulierung mit Hilfe der *Spektralschar* gezeigt.

1. Eigenscharen symmetrischer Operatoren

Die folgenden Betrachtungen beruhen auf dem Begriff der *schwachen Konvergenz*, den wir nur knapp behandeln, indem wir alle Einzelheiten in die Aufgaben verlegen. Eine Folge (u_j) im Hilbertraum $\mathcal{H}$ heißt *schwach konvergent*, wenn es ein u aus $\mathcal{H}$ gibt, so daß für jedes f aus $\mathcal{H}$ gilt $\langle f|u_j\rangle \to \langle f|u\rangle$; u heißt *(schwacher) Grenzwert* der Folge (u_j); wir schreiben $u_j \to u$ zur Abkürzung. Eine Folge (u_j) im Hilbertraum heißt *schwache Cauchyfolge*, wenn für jedes f aus $\mathcal{H}$ die Folge $(\langle f|u_j\rangle)$ konvergiert. Jede schwache Cauchyfolge ist *beschränkt*, d.h. es gibt eine Zahl $\gamma > 0$ derart, daß $||u_j|| \leq \gamma$ ist für alle j (6, Aufgabe 1). Jede schwache Cauchyfolge ist schwach konvergent, und zwar ist der Grenzwert u eindeutig bestimmt durch $\langle f|u\rangle = \lim \langle f|u_j\rangle$ (6, Aufgabe 2, a). Aus $u_j \to u$ folgt $u_j \to u$; die Umkehrung gilt im allgemeinen nicht (Aufgabe 2, d). Ist (u_j) eine beschränkte Folge und $(\langle f|u_j\rangle)$ konvergent für alle f aus einer totalen Teilmenge M von $\mathcal{H}$, so ist die Folge schwach konvergent (Aufgabe 3, a). Jede beschränkte Folge enthält eine schwach konvergente Teilfolge (Aufgabe 3, b).

Es sei u eine Funktion auf dem Intervall $[a,b]$ mit Werten in $\mathcal{H}$, also $(u(t)|a \leq t \leq b)$ eine Familie von Elementen des Hilbertraums $\mathcal{H}$. Die Funktion u heiße *beschränkt*, wenn es ein $\gamma > 0$ gibt mit $||u(t)|| \leq \gamma$ für $a \leq t \leq b$; u heißt *schwach integrierbar*, wenn für jedes f aus $\mathcal{H}$ die komplexe Funktion $\langle f|u(t)\rangle$ im Sinne von Lebesgue integrierbar ist. Für beschränkte, schwach integrierbare Funktionen u definieren wir das *schwache Integral* $\int_a^b u(t)\,dt$ durch

$$(1) \qquad \langle f|\int_a^b u(t)\,dt\rangle = \int_a^b \langle f|u(t)\rangle\,dt \quad \text{für alle f aus } \mathcal{H}.$$

Diese Definition ist sinnvoll, denn durch $Lf = \left(\int_a^b \langle f|u(t)\rangle\,dt\right)^*$ ist offenbar ein lineares Funktional L auf $\mathcal{H}$ erklärt. Wegen $||u(t)|| \leq \gamma$ ist $|Lf| \leq \int_a^b |\langle f|u(t)\rangle|\,dt \leq (b-a)\,\gamma||f||$, also ist L beschränkt. Nach dem Satz von F. Riesz (I, § 5.3, (31)) gibt es genau ein g aus $\mathcal{H}$ mit $Lf = \langle g|f\rangle$ für alle f aus $\mathcal{H}$; dieses Element ist das durch (1) erklärte Integral. Aus $||g|| = ||L|| \leq (b-a)\gamma$ folgt die Ungleichung

$$(2) \qquad ||\int_a^b u(t)\,dt|| \leq (b-a)\,\sup\left\{||u(t)||\,\Big|\,a \leq t \leq b\right\}.$$

Die Funktion u heißt *schwach rechtsstetig*, wenn für jedes f aus $\mathcal{H}$ die komplexe Funktion $\langle f|u(t)\rangle$ rechtsstetig ist, d.h. wenn $\lim_{s \to t+} \langle f|u(s)\rangle = \langle f|u(t)\rangle$ für $a \leq t < b$ gilt. Mit Hilfe der schwachen Konvergenz kann man dies auch durch u(s) $\to$ u(t) für s $\to$ t+ ausdrücken (oder: für jede Folge (t_n) in (t,b] mit $t_n \to t$ gilt $u(t_n) \to u(t))$.

Eine beschränkte, rechtsstetige komplexe Funktion ϕ auf [a,b] ist integrierbar: Sei Z = $(t_0, t_1, \ldots , t_n)$ eine Zerlegung des Intervalls [a,b], d.h. es sei a = $t_0 < t_1 < \ldots < t_n$ = b, und sei

$$|Z| = \max\{ t_j - t_{j-1} | j = 1, \ldots , n\}$$

die *Feinheit* der Zerlegung. Wir definieren $\phi_Z(t) = \phi(t_j)$ für $t_{j-1} < t \le t_j$, j = 1, 2, $\ldots$, n sowie $\phi_Z(a) = \phi(a)$. Ist $|\phi(t)| \le \gamma$ für a $\le$ t $\le$ b, so ist auch $|\phi_Z(t)| \le \gamma$ für a $\le$ t $\le$ b. Es gilt $\phi_Z(t) \to \phi(t)$ für $|Z| \to 0$, a $\le$ t $\le$ b. Das ist klar für t = a und t = b wegen $\phi_Z(a) = \phi(a)$ und $\phi_Z(b) = \phi(b)$. Ist a < t < b und $\varepsilon > 0$, so gibt es ein $\delta > 0$ mit $\delta \le$ b $-$ t derart, daß $|\phi(s) - \phi(t)| < \varepsilon$ ist für t $\le$ s < t + δ; ist $|Z| < \delta$, so ist $\phi_Z(t) = \phi(t')$ für ein t' mit t $\le$ t' < t + δ, also $|\phi_Z(t) - \phi(t)| = |\phi(t') - \phi(t)| < \varepsilon$. Nach dem Satz von Lebesgue (vgl. [1], S.65 und [3], S.172) ist ϕ integrierbar und es gilt $\int_a^b \phi_Z(t)\, dt \to \int_a^b \phi(t)\, dt$ für $|Z| \to 0$. Wendet man das auf die Funktion $\phi(t) = \langle f|u(t)\rangle$ an, so erhält man:

(3) *Die Funktion u auf [a,b] mit Werten in $\mathscr{H}$ sei beschränkt und schwach rechts-stetig; dann ist u schwach integrierbar. Für jede Zerlegung Z = $(t_0, t_1, \ldots, t_n)$ von [a,b] sei $u_Z(t) = u(t_j)$ für $t_{j-1} < t \le t_j$, j = 1, 2, $\ldots$, n sowie $u_Z(a) = u(a)$. Dann gilt $u_Z(t) \to u(t)$ für $|Z| \to 0$, a $\le$ t $\le$ b, sowie*

$$\int_a^b u_Z(t)\, dt \to \int_a^b u(t)\, dt \quad \text{*für*} \quad |Z| \to 0 \ .$$

Hierin ist u_Z als stückweise konstante Funktion offenbar schwach integrierbar und das Integral ist

(4) $$\int_a^b u_Z(t)\, dt = \sum_{j=1}^{n} (t_j - t_{j-1})u(t_j) \ .$$

Eine Funktion u auf IR mit Werten in $\mathscr{H}$ heißt *lokal beschränkt*, wenn sie auf jedem kompakten Intervall [a,b] beschränkt ist.

(5) <u>Definition.</u> Eine Funktion u auf IR mit Werten in $\mathscr{H}$ heißt *Eigenschar* des symmetrischen Operators A in $\mathscr{H}$, wenn folgendes gilt:
   a) u ist lokal beschränkt und schwach rechtsstetig.
   b) Für jedes kompakte Intervall [a,b] ist u(b) - u(a) in $\mathscr{V}(A)$ und

$$A[u(b) - u(a)] = bu(b) - au(a) - \int_a^b u(t)\, dt \ .$$

Das Integral in (5,b) ist das schwache Integral; es existiert wegen (5,a) und (3).

(6) *Es sei v ein Eigenelement des symmetrischen Operators A zum Eigenwert λ. Dann ist durch u(t) = v für t $\geq \lambda$ und u(t) = 0 für t $< \lambda$ eine Eigenschar von A erklärt.*

Beweis. u ist beschränkt ($||u(t)|| \leq ||v||$ für alle t) und rechtsstetig ($u(s) \to u(t)$ für $s \to t+$), also auch schwach rechtsstetig. Für jedes Intervall [a,b] ist u(b) - u(a) entweder gleich v oder gleich 0, also in $\overset{\circ}{\mathscr{D}}(A)$. Für $a < \lambda \leq b$ ist

$$\int_a^b u(t)\, dt = (b - \lambda)v = bv - Av = bu(b) - au(a) - A[u(b) - u(a)] \ .$$

Für $\lambda > b$ ist diese Gleichung trivialerweise erfüllt, und für $\lambda \leq a$ ist

$$\int_a^b u(t)\, dt = (b - a)v = bu(b) - au(a) - A[u(b) - u(a)] \ .$$

(7) *Es sei v_λ ein Eigenpaket des symmetrischen Operators A im Sinne der in § 1 enthaltenen Definition. Dann ist durch u(t) = v_t eine Eigenschar von A erklärt.*

Beweis. Nach Eigenschaft 2) der Eigenpakete (vgl. Ende von § 1) ist u stetig, also auch lokal beschränkt, d.h. (5,a) gilt. Nach Eigenschaft 1) ist u(t) aus $\overset{\circ}{\mathscr{D}}(A)$ für alle t, und nach Eigenschaft 3) gilt

$$A[u(b) - u(a)] = bu(b) - \int_0^b u(t)\, dt - au(a) + \int_0^a u(t)\, dt$$

$$= bu(b) - au(a) - \int_a^b u(t)\, dt \ ,$$

d.h. (5,b) ist erfüllt.

(8) *Es seien v und w Eigenscharen des symmetrischen Operators A und (a,b], (c,d] beschränkte links offene Intervalle mit leerem Durchschnitt. Dann ist*

$$\langle v(b) - v(a) | w(d) - w(c) \rangle = 0 \ .$$

Der Beweis ist derselbe wie für den entsprechenden Satz für Eigenpakete in § 2 mit dem einzigen Unterschied, daß

$$f(x,y) = <v(x) - v(a)|w(y) - w(c)>$$

nicht stetig, sondern beschränkt und bezüglich jeder Variablen rechtsstetig ist. Dabei beweist man die Orthogonalitätsrelation zunächst für $a < b < c < d$ und benutzt dann die Rechtsstetigkeit.

(9) *Ist u Eigenschar eines symmetrischen Operators und $c \leq a < b \leq d$, so gilt*

$$||u(b) - u(a)|| \leq ||u(d) - u(c)|| \ .$$

Beweis. Die Intervalle $(c,a]$, $(a,b]$ und $(b,d]$ haben paarweise einen leeren Durchschnitt; nach (8) sind die Elemente $u(a) - u(c)$, $u(b) - u(a)$ und $u(d) - u(b)$ paarweise orthogonal, und ihre Summe ist $u(d) - u(c)$. Also ist

$$||u(d) - u(c)||^2 = ||u(a) - u(c)||^2 + ||u(b) - u(a)||^2 + ||u(d) - u(b)||^2$$
$$\geq ||u(b) - u(a)||^2 \ .$$

Ein Operator A im Hilbertraum $\mathcal{H}$ heißt *abgeschlossen*, wenn gilt: Ist (u_j) eine konvergente Folge mit u_j aus $\mathcal{V}(A)$ für alle j derart, daß auch die Folge (Au_j) konvergiert, so ist $u = \lim u_j$ aus $\mathcal{V}(A)$ und $Au = \lim Au_j$ (für Erläuterungen und Beispiele vgl. 6, Aufgaben 9 und 10). Ein Operator heißt *abschließbar*, wenn er eine abgeschlossene Fortsetzung besitzt; jeder symmetrische Operator ist abschließbar; ist A abschließbar, so existiert die in § 7 (für symmetrische Operatoren) erklärte Abschließung $\overline{A}$; $\overline{A}$ ist die kleinste abgeschlossene Fortsetzung von A (6, Aufgabe 11).

Als wichtige Folgerung aus dem Orthogonalitätssatz (8) zeigen wir nun:

(10) *Sei u eine Eigenschar des symmetrischen Operators A. Für jedes λ aus IR besitzt u einseitige Grenzwerte $u(\lambda+) = \lim\limits_{t \to \lambda+} u(t)$ und $u(\lambda-) = \lim\limits_{t \to \lambda-} u(t)$. Es gilt $u(\lambda+) = u(\lambda)$; $v = u(\lambda) - u(\lambda-)$ ist entweder Null oder Eigenelement von $\overline{A}$ zum Eigenwert λ. An höchstens abzählbar vielen Stellen λ aus IR ist u unstetig, d.h. $u(\lambda-) \neq u(\lambda)$. Für $t \to \infty$ (bzw. $t \to -\infty$) gilt entweder $||u(t)|| \to \infty$, oder $u(\infty) = \lim\limits_{t \to \infty} u(t)$ (bzw. $u(-\infty) = \lim\limits_{t \to -\infty} u(t)$) existiert.*

Beweis. Sei $t_1 < t_2 < \ldots$ und $t_j \to \lambda$. Dann sind die Intervalle $(t_j, t_{j+1}]$ paarweise fremd und die Elemente $u(t_{j+1}) - u(t_j)$ sind paarweise orthogonal nach (8). Mit (9) folgt

$$\sum_{j=1}^{n} ||u(t_{j+1}) - u(t_j)||^2 = ||u(t_{n+1}) - u(t_1)||^2 \leq ||u(\lambda) - u(t_1)||^2$$

für alle n. Zu jedem $\varepsilon > 0$ gibt es daher ein n_0 mit

$$\sum_{j=n_0}^{n} ||u(t_{j+1}) - u(t_j)||^2 < \varepsilon^2 \qquad \text{für alle } n \geq n_0 \ .$$

Ist nun (s_j) eine Folge mit $s_j < \lambda$ und $s_j \to \lambda$, so gibt es ein j_0 derart, daß $s_j \geq t_{n_0}$ ist für alle $j \geq j_0$, und aus (9) folgt mit geeignetem $n > n_0$

$$||u(s_j) - u(s_k)|| \leq ||u(t_{n+1}) - u(t_{n_0})||$$

$$= \left\{ \sum_{i=n_0}^{n} ||u(t_{i+1}) - u(t_i)||^2 \right\}^{1/2} < \varepsilon$$

für alle $j,k \geq j_0$, d.h. die Folge $(u(s_j))$ ist konvergent. Also existiert $u(\lambda-) = \lim_{t \to \lambda-} u(t)$; entsprechend zeigt man die Existenz von $u(\lambda+) = \lim_{t \to \lambda+} u(t)$. Aus $u(t) \to u(\lambda+)$ für $t \to \lambda+$ folgt $u(t) \rightharpoonup u(\lambda+)$ (vgl. Aufgabe 2,b); andererseits gilt $u(t) \rightharpoonup u(\lambda)$ nach (5,a). Also ist $u(\lambda+) = u(\lambda)$.

Sei $v = u(\lambda) - u(\lambda-)$; dann gilt $u(\lambda) - u(\lambda - h) \to v$ für $h \to 0+$, und aus (5,b) folgt

$$||A[u(\lambda) - u(\lambda - h)] - \lambda v||$$

$$= ||\lambda[u(\lambda-) - u(\lambda - h)] + h\, u(\lambda - h) - \int_{\lambda-h}^{\lambda} u(t)\, dt||$$

$$\leq |\lambda|\ ||u(\lambda-) - u(\lambda - h)|| + h||u(\lambda - h)|| + h \sup\{||u(t)||\,|\,\lambda - h \leq t \leq \lambda\}$$

mit Benützung von (2). Daraus folgt $A[u(\lambda) - u(\lambda - h)] \to \lambda v$. Nach Definition von $\overline{A}$ (vgl. § 7 oder Aufgabe 11,c) ist nun v aus $\mathcal{D}(\overline{A})$ und $\overline{A}v = \lambda v$, d.h. entweder ist $v = 0$, also u stetig an der Stelle λ, oder $v \neq 0$ ist Eigenelement von $\overline{A}$ zum Eigenwert λ.

Für $0 \leq t_1 \leq t_2$ und für $t_2 \leq t_1 \leq 0$ gilt nach (8)

$$||u(t_2) - u(t_1)||^2 = ||u(t_2) - u(0)||^2 - ||u(t_1) - u(0)||^2 \ ;$$

also ist jede Unstetigkeitsstelle von u eine Unstetigkeitsstelle der Funktion

$||u(t) - u(0)||$. Diese ist nach (9) in $(-\infty, 0]$ nichtwachsend und in $[0, \infty)$ nichtfallend. Somit ist die Menge der Unstetigkeitsstellen von u höchstens abzählbar.

Da $||u(t) - u(0)||$ in $[0, \infty)$ nicht abnehmend ist, gilt entweder $||u(t) - u(0)||$
$\to \infty$ und daher auch $||u(t)|| \to \infty$ für $t \to \infty$, oder $||u(t) - u(0)||$ und daher auch
$||u(t)||$ ist beschränkt in $[0, \infty)$. Wie am Anfang des Beweises zeigt man nun, daß
für jede Folge (t_j) mit $t_j \to \infty$ die Folge $(u(t_j))$ konvergent ist, d.h. $u(\infty) =$
$\lim_{t \to \infty} u(t)$ existiert. Ebenso zeigt man, daß entweder $||u(t)|| \to \infty$ für $t \to -\infty$ gilt,
oder daß $u(-\infty) = \lim_{t \to -\infty} u(t)$ existiert.

2. Integration bezüglich einer Eigenschar

Im folgenden werden einige Begriffe und Ergebnisse der Integrationstheorie benötigt;
wir stützen uns dabei auf die schon mehrfach genannten Lehrbücher [1] und [3].
Wir betrachten eine Eigenschar u eines symmetrischen Operators A im Hilbertraum
$\mathcal{H}$, auf die sich alle folgenden Aussagen erstrecken.

(11) *Durch*

$$\rho(t) = \begin{cases} ||u(t) - u(0)||^2 & \text{für } t \geq 0 \\ -||u(t) - u(0)||^2 & \text{für } t < 0 \end{cases}$$

ist eine nicht abnehmende und rechtsstetige reelle Funktion ρ auf IR erklärt,
und es gilt

$$\rho(b) - \rho(a) = ||u(b) - u(a)||^2$$

für jedes Intervall $[a,b]$ aus IR.

Zum Beweis verifiziert man die angegebene Darstellung von $\rho(b) - \rho(a)$ mit Hilfe
von (8); daraus folgt die Monotonie von ρ und mit Hilfe von (10) auch die Rechtsstetigkeit. Die Funktion ρ erzeugt ein Maß auf den Borelmengen von IR, das wir auch
mit ρ bezeichnen und das durch $\rho((a,b]) = \rho(b) - \rho(a)$ für alle Intervalle $(a,b]$
eindeutig festgelegt ist (vgl. [1], § 5 und [3], § 9 und § 10). Es sei $\mathcal{L}_2(IR;\rho)$
der Hilbertraum der Äquivalenzklassen von bezüglich ρ meßbaren quadratintegrierbaren komplexen Funktionen auf IR; die Äquivalenzrelation ist die Gleichheit ρ-fast
überall auf IR. Wie üblich identifizieren wir die Klassen mit ihren Repräsentanten,
fassen also $\mathcal{L}_2(IR;\rho)$ als Raum der ρ-quadratintegrierbaren Funktionen auf; das
innere Produkt der Elemente ϕ, ψ ist dann durch

(12) $<\phi|\psi>_\rho = \int \phi(t)^* \, \psi(t) \, d\rho(t)$

gegeben.

Es seien $t_0 < t_1 < \ldots < t_n$ und $\phi_1, \ldots, \phi_n$ aus $\mathbb{C}$ gegeben; wir definieren ϕ aus $\mathcal{L}_2(\mathrm{IR};\rho)$ durch $\phi(t) = \phi_j$ für $t_{j-1} < t \le t_j$, $j = 1, \ldots, n$ und $\phi(t) = 0$ für $t \le t_0$ sowie für $t > t_n$. Eine solche Funktion heißt *Treppenfunktion* auf IR. Man beachte, daß wir die Treppenfunktionen *linksstetig* definiert haben. Die Menge $\mathcal{Y}(\mathrm{IR})$ der Treppenfunktionen ist ein dichter Teilraum von $\mathcal{L}_2(\mathrm{IR};\rho)$ ([3], Theorem 13.23). Für eine Treppenfunktion ϕ erklären wir das *Integral von ϕ bezüglich der Eigenschar u* durch

$$(13) \qquad \int \phi(t) \, du(t) = \sum_{j=1}^{n} \phi_j \left[u(t_j) - u(t_{j-1}) \right] .$$

Ist ψ eine andere Treppenfunktion, so gilt

$$(14) \qquad \langle \int \phi(t)du(t) \,|\, \int \psi(t)du(t) \rangle = \langle \phi | \psi \rangle_\rho .$$

Zum Beweis darf man annehmen, daß ϕ und ψ auf denselben Intervallen $(t_{j-1}, t_j]$ konstante Werte ϕ_j und ψ_j haben; aus (13) und der entsprechenden Darstellung von $\int \psi(t)du(t)$ folgt dann mit (8), (11) und (12)

$$\langle \int \phi(t)du(t) \,|\, \int \psi(t)du(t) \rangle = \sum_{j=1}^{n} \phi_j^* \, \psi_j \, ||\, u(t_j) - u(t_{j-1}) ||^2$$

$$= \sum_{j=1}^{n} \phi_j^* \, \psi_j \, \rho((t_{j-1}, t_j]) = \int \phi(t)^* \, \psi(t) \, d\rho(t) = \langle \phi | \psi \rangle_\rho .$$

(15) *Es gibt genau einen isometrischen Operator J von $\mathcal{L}_2(\mathrm{IR};\rho)$ in den Hilbertraum $\mathcal{H}$ derart, daß $J\phi = \int \phi(t)du(t)$ ist für alle Treppenfunktionen ϕ.*

<u>Beweis.</u> Erklärt man J_0 durch $\mathcal{V}(J_0) = \mathcal{Y}(\mathrm{IR})$ und $J_0\phi = \int \phi(t)du(t)$, so folgt aus (13), daß J_0 ein linearer Operator von $\mathcal{L}_2(\mathrm{IR};\rho)$ in $\mathcal{H}$ ist, und aus (14), daß $\langle J_0\phi | J_0\psi \rangle = \langle \phi | \psi \rangle_\rho$ für alle ϕ, ψ aus $\mathcal{Y}(\mathrm{IR})$ gilt. Insbesondere ist J_0 beschränkt. Das in § 7 beschriebene Verfahren der Abschließung (das offenbar auf beschränkte Operatoren von einem Hilbertraum in einen anderen angewandt werden kann, vgl. 6, Aufgabe 11,e) liefert einen eindeutig bestimmten Operator J von $\mathcal{L}_2(\mathrm{IR};\rho)$ in $\mathcal{H}$ mit $\mathcal{V}(J) = \mathcal{L}_2(\mathrm{IR};\rho)$, $J\phi = J_0\phi$ für alle ϕ aus $\mathcal{Y}(\mathrm{IR})$, mit $\langle J\phi | J\psi \rangle = \langle \phi | \psi \rangle_\rho$ für alle ϕ, ψ aus $\mathcal{L}_2(\mathrm{IR};\rho)$.

Wir schreiben $\int \phi(t)du(t) = J\phi$ für alle ϕ aus $\mathcal{L}_2(\mathrm{IR};\rho)$; dieses *Integral von ϕ bezüglich u* hat dann die Eigenschaft (14) für alle ϕ, ψ aus $\mathcal{L}_2(\mathrm{IR};\rho)$. Wir bezeichnen mit $\xi_{(a,b]}$ die charakteristische Funktion von $(a,b]$. Für jedes ϕ aus

$\mathcal{L}_2(\mathrm{IR};\rho)$ und jedes Intervall $(a,b]$ ist $\xi_{(a,b]}\phi$ aus $\mathcal{L}_2(\mathrm{IR};\rho)$; für das Integral dieser Funktion schreiben wir

$$(16) \qquad \int_{(a,b]} \phi(t)du(t) = \int \xi_{(a,b]}(t)\,\phi(t)\,du(t)\ .$$

Diese Definition bleibt auch für $a = -\infty$ sinnvoll. Ist $(a,b]$ ein endliches Intervall und ϕ eine stetige komplexe Funktion (nicht notwendig aus $\mathcal{L}_2(\mathrm{IR};\rho)$), so ist das Integral (16) ebenfalls erklärt; denn es gibt eine Folge (ϕ_n) von Treppenfunktionen derart, daß $\phi_n(t)$ gleichmäßig für t in $[a,b]$ gegen $\phi(t)$ strebt, woraus

$$\xi_{(a,b]}\,\phi_n \to \xi_{(a,b]}\,\phi \quad \text{in} \quad \mathcal{L}_2(\mathrm{IR};\rho)$$

folgt, also auch

$$\int_{(a,b]} \phi_n(t)du(t) \to \int_{(a,b]} \phi(t)du(t)\ .$$

Wählt man insbesondere $\phi(t) = t$, so folgt, daß die Summen

$$\sum_{j=1}^{n} t_{j-1}\,[u(t_j) - u(t_{j-1})]$$

gegen $\int_{(a,b]} tdu(t)$ streben, wenn die Zerlegung $a = t_0 < t_1 < \ldots < t_n = b$ von $[a,b]$ beliebig verfeinert wird. Es ist aber

$$\sum_{j=1}^{n} t_{j-1}\,[u(t_j) - u(t_{j-1})] = bu(b) - au(a) - \sum_{j=1}^{n} (t_j - t_{j-1})\,u(t_j)\ ,$$

und die letzte Summe konvergiert schwach gegen $\int_a^b u(t)dt$ nach (3). Also gilt:

(17) *Für jedes Intervall $[a,b]$ ist*

$$\int_{(a,b]} tdu(t) = bu(b) - au(a) - \int_a^b u(t)dt\ .$$

Wir kommen nun zum Hauptresultat dieses Abschnitts:

(18,a) *Für jedes ϕ aus $\mathcal{L}_2(\mathrm{IR};\rho)$ ist durch*

$$v(s) = \int_{(-\infty,s]} \phi(t)du(t)$$

eine Eigenschar v *von* $\overline{A}$ *definiert;* v *ist beschränkt und hat Grenzwerte*
$v(-\infty) = 0$ *und* $v(\infty) = \int\phi(t)du(t)$.

(b) *Für jedes Intervall* $[a,b]$ *gilt*

$$\overline{A}\,[v(b) - v(a)] = \int_{(a,b]} t\,\phi(t)du(t) \;.$$

(c) *Ist* $t\,\phi(t)$ *quadratintegrierbar bezüglich* ρ, *so ist* $v(s)$ *aus* $\smile(\overline{A})$ *für alle*
s *aus* $\mathbb{R}$ *und für* $s = \infty$, *und es gilt*

$$\overline{A}v(s) = \int_{(-\infty,s]} t\,\phi(t)du(t) \;, \qquad \overline{A}v(\infty) = \int t\,\phi(t)du(t) \;.$$

(d) *Ist* ϕ *eine Treppenfunktion, so ist* v *eine Eigenschar von* A.

Beweis. Wir beginnen mit (d): Ist $\phi = \xi_{(c,d]}$ die charakteristische Funktion
des Intervalls $(c,d]$, so folgt aus (13) und (16)

$$v(s) = \begin{cases} 0 & \text{für} \quad s \leq c \;, \\ u(s) - u(c) & \text{für} \quad c < s \leq d \;, \\ u(d) - u(c) & \text{für} \quad d < s \;. \end{cases}$$

Also ist v beschränkt und rechtsstetig mit $v(-\infty) = 0$ und $v(\infty) = u(d) - u(c) =$
$= \int\phi(t)du(t)$. Ferner ist $v(s)$ aus $\smile(A)$ für alle s und aus (5,b) und (17) folgt

$$Av(s) = \begin{cases} 0 & \text{für} \quad s \leq c \;, \\ \int_{(c,s]} tdu(t) & \text{für} \quad c < s \leq d \;, \\ \int_{(c,d]} tdu(t) & \text{für} \quad d < s \end{cases} = \int_{(-\infty,s]} t\,\phi(t)du(t) \;.$$

Also gilt

$$(*) \qquad A[v(b) - v(a)] = \int_{(a,b]} t\,\phi(t)du(t) = \int_{(a,b]\cap(c,d]} tdu(t) \;.$$

Mit (17) erhält man daraus (5,b) für v, d.h. v ist Eigenschar von A. Jede Treppen-
funktion ϕ ist von der Form $\phi = \sum_{j=1}^{n} c_j\,\phi_j$, worin die ϕ_j charakteristische Funktionen
disjunkter Intervalle $(t_{j-1},t_j]$ sind; also ist

$$v(s) = \int_{(-\infty,s]} \phi(t)du(t) = \sum_{j=1}^{n} c_j \int_{(-\infty,s]} \phi_j(t)du(t)$$

eine endliche Linearkombination von Eigenscharen von A, d.h. v ist Eigenschar von A. Aus (*) folgt

$$(**) \qquad A[v(b) - v(a)] = \int\limits_{(a,b]} t\, \phi(t)du(t)$$

für jedes Intervall $[a,b]$.

Sei nun ϕ aus $\mathcal{L}_2(\mathrm{IR};\rho)$ und (ϕ_n) eine Folge von Treppenfunktionen mit $\phi_n \to \phi$ in $\mathcal{L}_2(\mathrm{IR};\rho)$. Setzt man

$$v_n(s) = \int\limits_{(-\infty,s]} \phi_n(t)du(t) \,, \qquad v(s) = \int\limits_{(-\infty,s]} \phi(t)du(t) \,,$$

so sind die v_n beschränkte Eigenscharen von A. Es gilt

$$||v_n(s) - v(s)||^2 = \int\limits_{(-\infty,s]} |\phi_n(t) - \phi(t)|^2 \, d\rho(t) \le ||\phi_n - \phi||^2_\rho$$

für alle s, d.h. $v_n(s) \to v(s)$ für $n \to \infty$ gleichmäßig bezüglich s. Also ist v beschränkt und rechtsstetig. Für jedes Intervall $[a,b]$ gilt

$$v_n(b) - v_n(a) \to v(b) - v(a) \,, \qquad v_n(b) - v_n(a) \text{ aus } \mathcal{S}(A)$$

und

$$A[v_n(b) - v_n(a)] = bv_n(b) - av_n(a) - \int\limits_a^b v_n(t)dt$$
$$\to bv(b) - av(a) - \int\limits_a^b v(t)dt$$

wegen (2). Daraus folgt $v(b) - v(a)$ aus $\mathcal{S}(\overline{A})$ und

$$\overline{A}[v(b) - v(a)] = bv(b) - av(a) - \int\limits_a^b v(t)dt \,,$$

d.h. v ist Eigenschar von $\overline{A}$. Aus (**) erhält man

$$\overline{A}[v_n(b) - v_n(a)] = \int\limits_{(a,b]} t\, \phi_n(t)du(t) \to \int\limits_{(a,b]} t\, \phi(t)du(t) \,,$$

d.h. (b) gilt.

Für $s \to -\infty$ gilt $\xi_{(-\infty,s]}\phi \to 0$ in $\mathcal{L}_2(\mathrm{IR};\rho)$ und folglich $v(s) \to 0$; für $s \to \infty$ gilt $\xi_{(-\infty,s]}\phi \to \phi$ in $\mathcal{L}_2(\mathrm{IR};\rho)$ und folglich $v(s) \to \int \phi(t)du(t)$. Damit ist (a) bewiesen.

Ist $\psi(t) = t\,\phi(t)$ quadratintegrierbar bezüglich ρ, so gilt $\xi_{(a,b]}\psi \to \xi_{(-\infty,b]}\psi$ in $\mathcal{L}_2(\mathrm{IR};\rho)$ für $a \to -\infty$; aus (a) und (b) folgt damit $v(b) - v(a) \to v(b)$ und

$$\bar{A}\big[v(b) - v(a)\big] \to \int_{(-\infty,b]} \psi(t)du(t) = \int_{(-\infty,b]} t\,\phi(t)du(t)\ ,$$

also $v(b)$ aus $\mathcal{U}(\bar{A})$ und

$$\bar{A}v(b) = \int_{(-\infty,b]} t\,\phi(t)du(t)\ .$$

Durch Grenzübergang $b \to \infty$ erhält man schließlich $v(\infty)$ aus $\mathcal{U}(\bar{A})$ und

$$\bar{A}v(\infty) = \int t\,\phi(t)du(t)\ .$$

3. Wesentlich zerlegbare Operatoren

Eine Eigenschar u des symmetrischen Operators A heißt *normiert*, wenn u beschränkt ist und der gemäß (10) existierende Grenzwert $u(-\infty)$ gleich Null ist. Der nach (10) ebenfalls existierende Grenzwert $u(\infty)$ heißt die *Spur* der Eigenschar u. Es sei $E(A)$ die Menge aller normierten Eigenscharen von A und $\mathcal{E}(A) = \{\,u(\infty)\,|\,u$ aus $E(A)\}$ die Menge aller Spuren. Dann gilt

(19.a) *Für eine normierte Eigenschar u ist $||u(t)||$ als Funktion von t nicht abnehmend und $||u(t)|| \leq ||u(\infty)||$ für alle t.*

  (b) *Die Menge $E(A)$ aller normierten Eigenscharen ist ein komplexer Vektorraum; die Menge $\mathcal{E}(A)$ aller Spuren ist ein Teilraum von $\mathcal{H}$; jedes u aus $E(A)$ ist durch seine Spur $u(\infty)$ eindeutig bestimmt.*

  (c) *Ist (u_n) eine Folge in $E(A)$ und ist die Folge $(u_n(\infty))$ konvergent, so gilt $u_n(t) \to u(t)$ gleichmäßig bezüglich t, und der Grenzwert $u(t)$ stellt eine normierte Eigenschar u von $\bar{A}$ dar mit $u(\infty) = \lim u_n(\infty)$.*

Beweis. (a) Sei $a < s \leq t$; aus (9) folgt $||u(s) - u(a)|| \leq ||u(t) - u(a)||$ und daraus für $a \to -\infty$ und wegen $u(-\infty) = 0$ die Ungleichung $||u(s)|| \leq ||u(t)||$ für $s \leq t$. Durch Grenzübergang $t \to \infty$ folgt $||u(s)|| \leq ||u(\infty)||$ für alle s.

  (b) Sind u und v aus $E(A)$, so auch $au + bv$ für a, b aus $\mathbb{C}$, d.h. $E(A)$ ist ein komplexer Vektorraum. Die Abbildung $u \mapsto u(\infty)$ von $E(A)$ in $\mathfrak{H}$ ist linear, ihr Wertebereich $\mathfrak{E}(A)$ ist also ein Teilraum von $\mathfrak{H}$. Nach (a) ist $||u(t) - v(t)|| \leq ||u(\infty) - v(\infty)||$ für alle t; aus $u(\infty) = v(\infty)$ folgt also $u = v$.

(c) Wegen $||u_n(t) - u_m(t)|| \leq ||u_n(\infty) - u_m(\infty)||$ ist die Folge $(u_n(t))$ gleichmäßig bezüglich t konvergent. Wie im Beweis von (18) folgt nun, daß durch $u(t) = \lim u_n(t)$ eine normierte Eigenschar von $\overline{A}$ erklärt ist mit $u(\infty) = \lim u_n(\infty)$.

Der symmetrische Operator A heißt *wesentlich zerlegbar*, wenn $\mathfrak{E}(A)$ dichter Teilraum von $\mathfrak{H}$ ist. Der Zusammenhang mit dem in § 4 eingeführten Begriff des zerlegbaren Operators ist folgender: Jeder zerlegbare Operator ist wesentlich zerlegbar; ist A wesentlich zerlegbar, so ist $\overline{A}$ zerlegbar (6, Aufgabe 8), aber im allgemeinen ist A nicht zerlegbar (6, Aufgabe 19). Aus (19,c) folgt

(20)   *Ist A wesentlich zerlegbar, so ist* $\mathfrak{E}(\overline{A}) = \mathfrak{H}$.

In § 6 wurde der Begriff des *wesentlich selbstadjungierten* Operators in $\mathfrak{H}$ eingeführt, und es wurde gezeigt, daß jeder zerlegbare Operator wesentlich selbstadjungiert ist. Darüber hinaus gilt:

(21)   *Jeder wesentlich zerlegbare Operator ist wesentlich selbstadjungiert.*

__Beweis.__ Nach (20) ist $\mathfrak{E}(\overline{A}) = \mathfrak{H}$; zu jedem f aus $\mathfrak{H}$ gibt es also eine normierte Eigenschar u von $\overline{A}$ mit $u(\infty) = f$. Sei z eine nichtreelle Zahl und $\phi(t) = (t - z)^{-1}$ für t aus $\mathbb{R}$. Die Funktion ϕ ist stetig, also ρ-meßbar (ρ ist das in Abschnitt 2 mit Hilfe von u definierte Maß auf den Borelmengen von $\mathbb{R}$). Das Maß ρ ist beschränkt mit $\rho(\mathbb{R}) = ||u(\infty)||^2$, und ϕ ist beschränkt; also ist ϕ aus $\mathcal{L}_2(\mathbb{R};\rho)$. Dasselbe gilt für die durch $\psi(t) = t\,\phi(t)$ definierte Funktion ψ. Nach (18) ist durch $v(s) = \int_{(-\infty,s]} \phi(t)du(t)$ eine normierte Eigenschar v von $\overline{A}$ erklärt, für die $v(\infty) = \int\phi(t)du(t)$ aus $\mathcal{V}(\overline{A})$ und $\overline{A}v(\infty) = \int t\,\phi(t)du(t)$ ist. Also gilt

$$(\overline{A} - z)v(\infty) = \int(t - z)\,\phi(t)\,du(t) = \int du(t) = u(\infty) = f .$$

Nach Definition von $\overline{A}$ (vgl. Aufgabe 11,c) gibt es eine Folge (u_j) in $\mathcal{V}(A)$ mit $u_j \to v(\infty)$ und $Au_j \to \overline{A}v(\infty)$, also mit $(A - z)u_j \to f$, d.h. $A - z$ bildet $\mathcal{V}(A)$ auf einen dichten Teilraum von $\mathfrak{H}$ ab. Das gilt für jedes nichtreelle z; also ist A wesentlich selbstadjungiert.

4. Selbstadjungierte Operatoren

Sei A ein Operator in $\mathfrak{H}$ und z eine komplexe Zahl, die nicht Eigenwert von A ist.

Dann existiert die Inverse $R_z = (A - z)^{-1}$ von $A - z$ und es gilt $\mathcal{D}(R_z) = \mathcal{M}(A - z)$, $\mathcal{M}(R_z) = \mathcal{D}(A)$ (vgl. § 6). Ist A abgeschlossen, so auch R_z, und umgekehrt (6, Aufgabe 9,b und c); ist A abschließbar und z nicht Eigenwert von $\overline{A}$, so ist R_z abschließbar und $\overline{R_z} = (\overline{A} - z)^{-1}$ (6, Aufgabe 11,h). $B(\mathfrak{H})$ ist die Menge aller beschränkten Operatoren in $\mathfrak{H}$ mit Definitionsbereich $\mathfrak{H}$ (vgl. I, § 5.3). Die Menge $\rho(A) = \{z \mid R_z \text{ aus } B(\mathfrak{H})\}$ heiße *Resolventenmenge* von A; $\rho(A)$ ist eine offene Menge nach 6, Aufgabe 12,b; nach 6, Aufgabe 12,c gilt die *Resolventengleichung*

$$(22) \qquad R_z - R_{z'} = (z - z')\, R_z R_{z'} = (z - z')\, R_{z'} R_z$$

für alle z, z' aus $\rho(A)$. Natürlich kann es vorkommen, daß $\rho(A)$ leer ist. Nach 6, Aufgabe 9,a bis c folgt:

(23)   *Ist $\rho(A)$ nicht leer, so ist A abgeschlossen.*

Ein Operator A heißt *wesentlich selbstadjungiert*, wenn er symmetrisch ist und wenn $\mathcal{M}(A - i)$ und $\mathcal{M}(A + i)$ dicht sind (vgl. § 6); A heißt *selbstadjungiert*, wenn A symmetrisch ist und wenn $\mathcal{M}(A - i) = \mathcal{M}(A + i) = \mathfrak{H}$ ist.

(24)   *A ist genau dann wesentlich selbstadjungiert, wenn A abschließbar und $\overline{A}$ selbstadjungiert ist.*

<u>Beweis</u>. 1. Ist A wesentlich selbstadjungiert, so ist A symmetrisch, folglich abschließbar, und die Operatoren R_i und R_{-i} existieren, haben dichte Definitionsbereiche und sind beschränkt (vgl. § 6 oder 6, Aufgabe 13,a). Nach 6, Aufgabe 11,e sind R_i und R_{-i} abschließbar, und $\overline{R_i}$, $\overline{R_{-i}}$ sind aus $B(\mathfrak{H})$; nach 6, Aufgabe 11,h gilt $\overline{R_i} = (\overline{A} - i)^{-1}$, $\overline{R_{-i}} = (\overline{A} + i)^{-1}$, und folglich $\mathcal{M}(\overline{A} - i) = \mathcal{M}(\overline{A} + i) = \mathfrak{H}$, d.h. $\overline{A}$ ist selbstadjungiert. 2. Ist A abschließbar und $\overline{A}$ selbstadjungiert, so ist $\overline{A}$ symmetrisch. Nach 6, Aufgabe 11,c ist $\mathcal{D}(\overline{A}) \subset \overline{\mathcal{D}(A)}$ und $\mathcal{D}(\overline{A})$ ist dicht; also ist $\mathcal{D}(A)$ dicht, und A ist symmetrisch. Ebenfalls nach 6, Aufgabe 11,c ist $\mathfrak{H} = \mathcal{M}(\overline{A} - i) \subset \overline{\mathcal{M}(A - i)}$ und $\mathfrak{H} = \mathcal{M}(\overline{A} + i) \subset \overline{\mathcal{M}(A + i)}$, also sind $\mathcal{M}(A - i)$ und $\mathcal{M}(A + i)$ dicht, d.h. A ist wesentlich selbstadjungiert.

(25)   *Für jeden selbstadjungierten Operator A gilt:*
  (a) *A ist abgeschlossen.*
  (b) *$\rho(A)$ enthält die Menge $\mathbb{C}\backslash\mathbb{R}$ aller nichtreellen Zahlen.*
  (c) *Für jedes z aus $\rho(A)$ ist z^* aus $\rho(A)$ und $R_{z^*} = R_z^*$ (vgl. 6, Aufgabe 14 oder I, § 5.4, Aufgabe 12,c für die Definition der Adjungierten).*
  (d) *Für f aus $\mathfrak{H}$ sei $F(z) = \langle f \mid R_z f\rangle$ für alle z aus $\rho(A)$ erklärt. F ist analytisch, und es gilt für alle z aus $\rho(A)$:*

$$F(z^*) = F(z)^*, \quad \text{Im } F(z) = ||R_z f||^2 \text{ Im } z \quad und \quad |F(z)| \leq |\text{Im } z|^{-1} ||f||^2 .$$

<u>Beweis</u>. Da A symmetrisch ist, existieren R_i und R_{-i} und sind beschränkt, (6, Aufgabe 13,a). Nach Definition der Selbstadjungiertheit ist $\mathcal{V}(R_i) = \mathcal{V}(R_{-i}) = \mathcal{H}$, d.h. i und -i gehören zu $\rho(A)$. Mit (23) folgt daraus Behauptung (a), und mit 6, Aufgabe 13,b folgt (b). Für z aus $\rho(A)$ ist z^* aus $\rho(A)$ nach (b). Es gilt

$$\langle(A - z)u|v\rangle = \langle u|(A - z^*)v\rangle \quad \text{für alle u, v aus } \mathcal{V}(A) ;$$

Setzt man $u = R_z f$, $v = R_{z*}g$, so folgt

$$\langle f|R_{z*}g\rangle = \langle R_z f|g\rangle \quad \text{für alle } f, g \text{ aus } \mathcal{H} ,$$

d.h. $R_{z*} = R_z^*$ nach Definition der Adjungierten (vgl. 6, Aufgabe 14). Sei f aus $\mathcal{H}$ und $F(z) = \langle f|R_z f\rangle$ für alle z aus $\rho(A)$. Nach 6, Aufgabe 12,b ist

$$F(z) = \sum_{n=0}^{\infty} (z - z_0)^n \langle f|R_{z_0}^{n+1} f\rangle$$

für z_0 aus $\rho(A)$ und für alle z mit $|z - z_0| < ||R_{z_0}||^{-1}$, d.h. F ist analytisch. Es gilt

$$F(z^*) = \langle f|R_{z*}f\rangle = \langle f|R_z^*f\rangle = \langle R_z f|f\rangle = F(z)^*$$

nach (c). Setzt man $z' = z^*$ in (22), so erhält man

$$2i \text{ Im } F(z) = F(z) - F(z)^* = F(z) - F(z^*)$$

$$= \langle f|(R_z - R_{z*})f\rangle = (z - z^*) \langle f|R_{z*} R_z f\rangle$$

$$= 2i \text{ Im } z \langle f|R_z^* R_z f\rangle = 2i \text{ Im } z \, ||R_z f||^2 .$$

Aus 6, Aufgabe 13,a folgt schließlich

$$|F(z)| = |\langle f|R_z f\rangle| \leq ||R_z|| \, ||f||^2 \leq |\text{Im } z|^{-1} ||f||^2 .$$

(26)   *Es sei F eine analytische Funktion auf* $\Omega = \{z|z \text{ aus } \mathbb{C}, \text{ Im } z > 0\}$ *mit* $\text{Im } F(z) \geq 0$ *und* $\text{Im } z \, |F(z)| \leq M$ *für alle z aus* Ω. *Dann gibt es eine reelle Funktion* w *auf* IR *mit den Eigenschaften:*

   (a) w *ist nichtabnehmend und rechtsstetig,*

(b) $w(t) \to 0$ *für* $t \to -\infty$ *und* $0 \le w(t) \le M$ *für alle* t *aus* $\mathbb{R}$,

(c) $F(z) = \int \frac{dw(t)}{t - z}$ *für alle* z *aus* Ω.

(d) *Die Funktion* w *ist durch* (a), (b) *und* (c) *eindeutig bestimmt und es gilt für alle* t

$$w(t) = \lim_{\delta \to 0+} \lim_{\varepsilon \to 0+} \frac{1}{\pi} \int_{-\infty}^{t+\delta} \operatorname{Im} F(s + i\varepsilon) \, ds \ .$$

<u>Beweis</u>. Es seien $r > 0$, $0 < \varepsilon < r$ und Γ die geschlossene positiv orientierte Kurve bestehend aus dem Kreisbogen $|z| = r$, $\operatorname{Im} z \ge \varepsilon$ und der Strecke $\operatorname{Im} z = \varepsilon$, $|z| \le r$. Für alle z im Inneren von Γ liegt $z^* + 2i\varepsilon$ im Äußeren von Γ; aus dem Cauchyschen Integralsatz folgt

$$F(z) = \frac{1}{2\pi i} \int_\Gamma \left\{ \frac{1}{\zeta - z} - \frac{1}{\zeta - z^* - 2i\varepsilon} \right\} F(\zeta) \, d\zeta \ .$$

Nach Voraussetzung ist $|F(\zeta)| \le \varepsilon^{-1} M$ für alle ζ aus Γ. Aus der Gleichung

$$\left| \frac{1}{\zeta - z} - \frac{1}{\zeta - z^* - 2i\varepsilon} \right| = \left| \frac{2i(\operatorname{Im} z - \varepsilon)}{(\zeta - z)(\zeta - z^* - 2i\varepsilon)} \right|$$

folgt, daß der Integrand auf dem Kreisbogen $|\zeta| = r$, $\operatorname{Im} \zeta \ge \varepsilon$ durch Cr^{-2} abgeschätzt werden kann und folglich das Integral über den Kreisbogen durch $\frac{1}{2}Cr^{-1}$. Durch Grenzübergang $r \to \infty$ erhält man also

$$F(z) = \frac{1}{2\pi i} \int \left\{ \frac{1}{t + i\varepsilon - z} - \frac{1}{t - z^* - i\varepsilon} \right\} F(t + i\varepsilon) \, dt$$

$$= \frac{1}{\pi} \int \frac{y - \varepsilon}{(x - t)^2 + (y - \varepsilon)^2} F(t + i\varepsilon) \, dt$$

für alle $z = x + iy$ mit $y > \varepsilon$. Wir setzen $F(z) = u(z) + iv(z)$; dann ist

$$v(z) = \frac{1}{\pi} \int \frac{y - \varepsilon}{(x - t)^2 + (y - \varepsilon)^2} v(t + i\varepsilon) \, dt$$

für $y > \varepsilon$. Nach Voraussetzung gilt $v(z) \ge 0$ und $yv(z) \le M$, also auch

$$(y - \varepsilon) v(z) = \frac{1}{\pi} \int \frac{(y - \varepsilon)^2}{(x - t)^2 + (y - \varepsilon)^2} v(t + i\varepsilon) \, dt \le M \ .$$

Der Integrand ist nichtnegativ und strebt gegen $v(t + i\varepsilon)$ für $y \to \infty$ und für alle t. Nach dem Lemma von Fatou ([1], S. 63 und [3], S. 172) ist die Grenzfunktion integrierbar und

$$(*) \qquad \frac{1}{\pi} \int v(t + i\varepsilon) \, dt \leq M \; .$$

Aus der Abschätzung

$$\left| \frac{y - \varepsilon}{(x - t)^2 + (y - \varepsilon)^2} - \frac{y}{(x - t)^2 + y^2} \right| \leq \varepsilon \left\{ \frac{1}{y^2} + \frac{1}{y(y - \varepsilon)} \right\}$$

folgt damit

$$\left| v(z) - \frac{1}{\pi} \int \frac{y}{(x - t)^2 + y^2} v(t + i\varepsilon) dt \right| \leq \varepsilon M \left\{ \frac{1}{y^2} + \frac{1}{y(y - \varepsilon)} \right\} \; ,$$

d.h.

$$(**) \qquad v(z) = \lim_{\varepsilon \to 0+} \frac{1}{\pi} \int \frac{y}{(x - t)^2 + y^2} v(t + i\varepsilon) \, dt \; .$$

Für jedes $\varepsilon > 0$ ist durch

$$\rho_\varepsilon((a,b]) = \frac{1}{\pi} \int_a^b v(t + i\varepsilon) \, dt$$

ein Maß ρ_ε auf den Borelmengen von IR eindeutig bestimmt; nach (*) ist das Maß endlich, und zwar ist $\rho_\varepsilon(\text{IR}) \leq M$ für alle $\varepsilon > 0$. Eine beschränkte Menge von Borelmaßen auf IR ist "vag" kompakt (vgl. [1], § 46); da der Raum der Borelmaße auf IR mit der "vagen" Topologie metrisierbar ist (vgl. [1], Satz 46.4), gibt es also eine Folge (ε_n) mit $\varepsilon_n > 0$ und $\varepsilon_n \to 0$ für $n \to \infty$ derart, daß die Folge von Maßen (ρ_{ε_n}) "vag" konvergiert, d.h. es gibt ein Borelmaß ρ auf IR mit $\rho(\text{IR}) \leq M$ derart, daß

$$\int f(t) d\rho_{\varepsilon_n}(t) \; \to \; \int f(t) d\rho(t)$$

gilt für jede stetige Funktion f aus IR mit $f(t) \to 0$ für $|t| \to \infty$ ([1], Satz 45.5). Da die Maße ρ_{ε_n} nichtnegativ sind, ist auch ρ ein nichtnegatives Maß. Setzen wir

$$w(t) = \rho((-\infty,t]) \, ,$$ so hat w die Eigenschaften (a) und (b) der Behauptung, und aus (**) folgt

$$v(z) = \int \frac{y}{(x - t)^2 + y^2} \, dw(t)$$

für alle z aus Ω. Dies ist der Imaginärteil von

$$F(z) = \int \frac{dw(t)}{t - z} + c \, ,$$

worin die reelle Zahl c noch zu bestimmen ist. Aus der Voraussetzung $y|F(z)| \leq M$ und aus

$$y \left| \int \frac{dw(t)}{t - z} \right| \leq \int \frac{y}{|t - z|} \, dw(t) \leq \int dw(t) \leq M$$

folgt $y|c| \leq 2M$, also $c = 0$. Damit ist auch (c) bewiesen. Zum Beweis von (d) sei w eine Funktion mit den Eigenschaften (a), (b) und (c). Aus (a) und (b) folgt, daß w ein endliches Borelmaß ρ auf IR erzeugt mit $\rho((-\infty,t]) = w(t)$; aus (c) folgt

$$\mathrm{Im}\, F(s + i\varepsilon) = \int \frac{\varepsilon}{(s - t)^2 + \varepsilon^2} \, dw(t)$$

und daraus

$$\frac{1}{\pi} \int_{-\infty}^{b} \mathrm{Im}\, F(s + i\varepsilon)\,ds = \int \frac{\varepsilon}{\pi} \int_{-\infty}^{b} \frac{ds}{(s - t)^2 + \varepsilon^2} \, dw(t)$$

$$= \int \left\{ \frac{1}{\pi} \arctan \frac{b - t}{\varepsilon} + \frac{1}{2} \right\} dw(t)$$

mit Hilfe des Satzes von Fubini ([1], S. 101 und [3], S. 386). Nun gilt

$$\lim_{\varepsilon \to 0+} \left\{ \frac{1}{\pi} \arctan \frac{b - t}{\varepsilon} + \frac{1}{2} \right\} = \begin{cases} 1 & \text{für } t < b \, , \\ \frac{1}{2} & \text{für } t = b \, , \\ 0 & \text{für } t > b \, , \end{cases}$$

und der Integrand ist gleichmäßig bezüglich ε beschränkt; der Satz von Lebesgue ([1], S. 65 und [3], S. 172) liefert daher

$$\lim_{\varepsilon \to 0+} \frac{1}{\pi} \int_{-\infty}^{b} \mathrm{Im}\, F(s + i\varepsilon)\,ds = \int_{(-\infty,b)} dw(t) + \frac{1}{2}[w(b) - w(b-)]$$

$$= \frac{1}{2}[w(b) + w(b-)] \, .$$

Mit b = t + δ und für δ → O+ folgt aus (a) die Behauptung.

Wir können nun den am Ende von § 7 genannten Satz über die Zerlegbarkeit der selbstadjungierten Operatoren beweisen:

(27)   *Jeder selbstadjungierte Operator A ist zerlegbar. Für jedes f aus $\mathcal{H}$ ist die normierte Eigenschar u von A mit u(∞) = f gegeben durch*

$$\langle g|u(t)\rangle = \lim_{\delta \to O+} \lim_{\varepsilon \to O+} \frac{1}{2\pi i} \int_{-\infty}^{t+\delta} \langle g|(R_{s+i\varepsilon} - R_{s-i\varepsilon})f\rangle \, ds$$

für alle t aus IR *und alle g aus* $\mathcal{H}$.

<u>Beweis</u>. Nach (25,a) ist A abgeschlossen; nach 6, Aufgabe 8,b genügt es daher zu zeigen, daß A wesentlich zerlegbar ist, und nach (20) ist das genau dann der Fall, wenn zu jedem f aus $\mathcal{H}$ eine normierte Eigenschar u von A mit u(∞) = f existiert. Zur Konstruktion dieser Eigenschar setzen wir $F_g(z) = \langle g|R_z g\rangle$ mit $R_z = (A - z)^{-1}$ für z aus ρ(A) und für g aus $\mathcal{H}$. Nach (25,d) genügt F_g den Voraussetzungen von (26); es gilt also

$$\langle g|R_z g\rangle = \int \frac{dw(t,g)}{t - z}$$

für alle nichtreellen z (wegen $F_g(z^*) = F_g(z)^*$) mit

$$w(t,g) = \lim_{\delta \to O+} \lim_{\varepsilon \to O+} \frac{1}{\pi} \int_{-\infty}^{t+\delta} \text{Im} \langle g|R_{s+i\varepsilon} g\rangle \, ds$$

$$= \lim_{\delta \to O+} \lim_{\varepsilon \to O+} \frac{1}{2\pi i} \int_{-\infty}^{t+\delta} \langle g|(R_{s+i\varepsilon} - R_{s-i\varepsilon})g\rangle \, ds$$

für alle t. Als Funktion von t ist w(t,g) nicht abnehmend, rechtsstetig, und es gilt w(t,g) → O für t → -∞ sowie $0 \leq w(t,g) \leq ||g||^2$ für alle t. Nach I, § 5.4, Aufgabe 1,b gilt

$$4\langle g|R_z f\rangle = F_{g+f}(z) - F_{g-f}(z) + i\,F_{g-if}(z) - i\,F_{g+if}(z) \; .$$

Definiert man daher w(t,g,f) durch

$$4w(t,g,f) = w(t,g+f) - w(t,g-f) + iw(t,g-if) - iw(t,g+if) \; ,$$

110

so folgt

(28) $\qquad \langle g|R_z f\rangle = \int \dfrac{dw(t,g,f)}{t - z}$

für alle nichtreellen z und

(29) $\qquad w(t,g,f) = \lim\limits_{\delta \to 0+} \; \lim\limits_{\varepsilon \to 0+} \; \dfrac{1}{2\pi i} \int\limits_{-\infty}^{t+\delta} \langle g|(R_{s+i\varepsilon} - R_{s-i\varepsilon})f\rangle \, ds$

für alle t aus IR. Als Funktion von t ist $w(t,g,f)$ rechtsstetig, von beschränkter Variation, und es gilt $w(t,g,f) \to 0$ für $t \to -\infty$. Aus (29) folgt, daß $w(t,g,f)$ für festes t eine nichtnegative Sesquilinearform ist mit quadratischer Form $w(t,g,g) = w(t,g)$. Aus I, § 5.1, (6) folgt die Ungleichung

$$|w(t,g,f)| \leq \left[w(t,g) \, w(t,f)\right]^{1/2} \leq ||f|| \; ||g|| \; .$$

Also gibt es für jedes t aus IR ein eindeutig bestimmtes Element $u(t)$ aus $\mathcal{H}$ mit $w(t,g,f) = \langle g|u(t)\rangle$ für alle g aus $\mathcal{H}$, und es gilt $||u(t)|| \leq ||f||$. Die Funktion u ist also beschränkt; da w als Funktion von t rechtsstetig ist, ist u schwach rechtsstetig. Aus $w(t,g,f) \to 0$ für $t \to -\infty$ folgt $u(t) \to 0$ für $t \to -\infty$. Aus (28) folgt

$$iy\langle g|R_{-iy}f\rangle = \int \frac{iy}{t + iy} \, dw(t,g,f) \;\to\; \int dw(t,g,f)$$

für $y \to \infty$ nach dem Satz von Lebesgue; also gilt auch $\langle g|R_{-iy}f\rangle \to 0$ für $y \to \infty$. Für g aus $\mathcal{D}(A)$ ist $R_{iy}(A - iy)g = g$ und daher

$$\langle g|f\rangle = \langle (A - iy)g|R_{-iy}f\rangle$$

$$= \langle Ag|R_{-iy}f\rangle + iy\langle g|R_{-iy}f\rangle \;\to\; \int dw(t,g,f)$$

für $y \to \infty$, d.h.

$$\langle g|f\rangle = \int dw(t,g,f) = \lim\limits_{t \to \infty} w(t,g,f) = \lim\limits_{t \to \infty} \langle g|u(t)\rangle$$

für alle g aus $\mathcal{D}(A)$. Da $\mathcal{D}(A)$ dicht ist und $||u(t)|| \leq ||f||$, folgt daraus $u(t) \to f$ für $t \to \infty$ nach 6, Aufgabe 3,a.

Aus (29) folgt für g aus $\mathcal{D}(A)$ und für jedes Intervall $[a,b]$

$$\langle Ag \mid u(b) - u(a)\rangle = w(b,Ag,f) - w(a,Ag,f)$$

$$= \lim_{\delta \to 0+} \lim_{\varepsilon \to 0+} \frac{1}{2\pi i} \int_{a+\delta}^{b+\delta} \langle Ag \mid (R_{s+i} - R_{s-i})f\rangle \, ds \ .$$

Nun ist aber $AR_z = I + zR_z$ und daher

$$\langle Ag \mid R_z f\rangle = \langle g \mid AR_z f\rangle = \langle g \mid f\rangle + z\langle g \mid R_z f\rangle \ .$$

Damit und mit (28) erhält man

$$\langle Ag \mid u(b) - u(a)\rangle$$

$$= \lim_{\delta \to 0+} \lim_{\varepsilon \to 0+} \frac{1}{2\pi i} \int_{a+\delta}^{b+\delta} \left\{ (s + i\varepsilon)\,\langle g \mid R_{s+i\varepsilon}f\rangle - (s - i\varepsilon)\,\langle g \mid R_{s-i\varepsilon}f\rangle \right\} ds$$

$$= \lim_{\delta \to 0+} \lim_{\varepsilon \to 0+} \frac{1}{\pi} \int_{a+\delta}^{b+\delta} \left\{ \int \frac{\varepsilon t}{(t - s)^2 + \varepsilon^2} \, dw(t,g,f) \right\} ds$$

$$= \lim_{\delta \to 0+} \lim_{\varepsilon \to 0+} \frac{1}{\pi} \int \left\{ \arctan \frac{b + \delta - t}{\varepsilon} - \arctan \frac{a + \delta - t}{\varepsilon} \right\} t \, dw(t,g,f)$$

$$= \lim_{\delta \to 0+} \left\{ \int_{(a+\delta,b+\delta)} t \, dw(t,g,f) + \frac{b + \delta}{2} \left[w(b+\delta,g,f) - w(b+\delta-,g,f) \right] \right.$$

$$\left. + \frac{a + \delta}{2} \left[w(a+\delta,g,f) - w(a+\delta-,g,f) \right] \right\}$$

$$= \int_{(a,b]} t \, dw(t,g,f)$$

$$= b\,w(b,g,f) - a\,w(a,g,f) - \int_a^b w(t,g,f) \, dt$$

$$= \langle g \mid b\,u(b) - a\,u(a) - \int_a^b u(t) \, dt\rangle \ .$$

Dies gilt für alle g aus $\mathscr{D}(A)$; nach 6, Aufgabe 14,a ist $u(b) - u(a)$ aus $\mathscr{D}(A^*)$, und nach 6, Aufgabe 14,h ist $A^* = A$. Also ist $u(b) - u(a)$ aus $\mathscr{D}(A)$ und

$$A\left[u(b) - u(a)\right] = b\,u(b) - a\,u(a) - \int_a^b u(t) \, dt \ ,$$

d.h. u ist Eigenschar von A. u ist beschränkt und hat daher Grenzwerte u(∞), u($-\infty$) nach (10). Wegen u(t) $\to$ 0 für t $\to$ $-\infty$ ist u($-\infty$) = 0, und wegen u(t) $\to$ f für t $\to$ ∞ ist u(∞) = f, d.h. u ist die gesuchte normierte Eigenschar von A. Formel (29) ist die behauptete Darstellung von <g|u(t)>.

5. Der Spektralsatz

(30) **Definition.** Eine *Spektralschar* in $\mathcal{H}$ ist eine Funktion E auf IR mit Werten in B($\mathcal{H}$) mit den Eigenschaften:
  (a) E(t) aus B($\mathcal{H}$) ist symmetrisch für alle t aus IR.
  (b) E(t) E(s) = E(s) E(t) = E(s) für s $\leq$ t.
  (c) Für jedes f aus $\mathcal{H}$ ist E(t)f rechtsstetig und es gilt E(t)f $\to$ 0 für
  t $\to$ $-\infty$ und E(t)f $\to$ f für t $\to$ ∞.

Aus (a) und (b) folgt, daß für jedes t aus IR der Wertebereich $\mathcal{W}$(E(t)) abgeschlossen und E(t) die orthogonale Projektion von $\mathcal{H}$ auf $\mathcal{W}$(E(t)) ist (vgl. 6, Aufgabe 15).

(31) **Spektralsatz.** *Zu jedem selbstadjungierten Operator A in* $\mathcal{H}$ *gibt es genau eine Spektralschar E derart, daß gilt:*
  (a) *Für jedes f aus* $\mathcal{H}$ *ist durch* u(t) = E(t)f *die normierte Eigenschar u von A mit u(∞) = f erklärt.*
  (b) $\mathcal{D}$(A) *besteht aus allen Elementen f aus* $\mathcal{H}$, *für die* $\int t^2\, d||E(t)f||^2 < \infty$ *ist.*
  (c) *Für f aus* $\mathcal{D}$(A) *ist Af* = $\int t\, dE(t)f.$

Beweis. Nach (27) gibt es zu jedem f aus $\mathcal{H}$ eine normierte Eigenschar u_f von A mit $u_f(\infty)$ = f; nach (19,b) ist u_f durch f eindeutig bestimmt. Es gilt u_{af+bg} = $au_f + bu_g$ für alle a, b aus $\mathbb{C}$ und für alle f, g aus $\mathcal{H}$. Für jedes t aus IR ist also durch E(t)f = u_f(t) ein linearer Operator E(t) mit Definitionsbereich $\mathcal{H}$ erklärt. Nach (19,a) ist $||E(t)||$ $\leq$ 1, also E(t) aus B($\mathcal{H}$). Die Eigenschaft (30,c) folgt unmittelbar aus der Definition. Nach (8) ist

$$\langle [E(b) - E(a)]f\,|\,[E(d) - E(c)]g\rangle = 0$$

für a < b $\leq$ c < d und für alle f, g aus $\mathcal{H}$. Durch Grenzübergang a $\to$ $-\infty$ und d $\to$ ∞ erhält man

$$\langle E(b)f\,|\,[I - E(c)]g\rangle = \langle [I - E(c)^*]E(b)f\,|\,g\rangle = 0$$

und folglich E(s) = E(t)*E(s) für s $\leq$ t. Insbesondere ist E(t) = E(t)*E(t) symmetrisch, d.h. (30,a) gilt. Wegen $E(t)^* = E(t)$ ist dann auch $E(s) = E(t)$ $E(s) =$ $E(s)$ $E(t)$ (vgl. I, § 5.4, Aufgabe 12,c) für $s \leq t$, d.h. (30,b) gilt. Damit ist gezeigt, daß E eine Spektralschar ist, die die Eigenschaft (31,a) hat und hierdurch eindeutig bestimmt ist. Sei f aus H und $\int t^2 \, d||E(t)f||^2 < \infty$, d.h. t sei quadratintegrierbar bezüglich des von $\rho(t) = ||E(t)f||^2$ erzeugten Maßes. Nach (18,c) mit $\phi = 1$ ist dann $f = u_f(\infty)$ aus $\mathcal{V}(\overline{A})$ und $\overline{A}f = \int t \, dE(t)f$; nach (25,a) ist $\overline{A} = A$, und (31,c) folgt. Sei nun f aus $\mathcal{V}(A)$. Jede nichtreelle Zahl z gehört zu $\rho(A)$ nach (25,b); mit $h = (A - z)f$ gilt also $f = R_z h$. Aus (28) folgt $f = \int (t - z)^{-1} \, dE(t)h$ und daraus

$$E(s)f = \int_{(-\infty, s]} (t - z)^{-1} \, dE(t)h$$

nach (18,a). Nach (18,b) ist

$$\int_{(a,b]} t \, dE(t)f = \int_{(a,b]} t(t - z)^{-1} \, dE(t)h$$

für jedes Intervall $[a,b]$ und folglich

$$\int t^2 \, d||E(t)f||^2 = \int t^2 |t - z|^{-2} \, d||E(t)h||^2 < \infty \ .$$

Damit ist der Satz bewiesen.

(32) *Die Spektralschar von A ist durch (31,b) und (31,c) eindeutig bestimmt, und zwar gilt*

$$\langle g|E(t)f\rangle = \lim_{\delta \to 0+} \lim_{\varepsilon \to 0+} \frac{1}{2\pi i} \int_{-\infty}^{t+\delta} \langle g|(R_{s+i\varepsilon} - R_{s-i\varepsilon})f\rangle \, ds$$

für alle t aus IR *und für alle f, g aus* $\mathcal{H}$.

Beweis. Aus (31,b) und (31,c) folgt mit 6, Aufgabe 16,c,(ii) die Gleichung $R_z f = \int (t - z)^{-1} \, dE(t)f$ für alle nichtreellen z und für alle f aus $\mathcal{H}$. Also gilt auch $\langle f|R_z f\rangle = \int (t - z)^{-1} \, d\langle f|E(t)f\rangle$ und folglich

$$\langle f|E(t)f\rangle = \lim_{\delta \to 0+} \lim_{\varepsilon \to 0+} \frac{1}{\pi} \int_{-\infty}^{t+\delta} \mathrm{Im} \, \langle f|R_{s+i\varepsilon}f\rangle \, ds$$

nach (26,d). Mit $R_{z*} = R_z^*$ und I, § 5.4, Aufgabe 1,b erhält man daraus die Behauptung.

6. Aufgaben

1. Es sei (u_j) eine Folge in $\mathcal{H}$ derart, daß für jedes f aus $\mathcal{H}$ die Folge $(<f|u_j>)$ beschränkt ist. Dann gilt:

    a) Es gibt eine abgeschlossene Kugel $\overline{\mathcal{K}}(v,r)$ in $\mathcal{H}$ mit $r > 0$ und eine Zahl $\gamma' > 0$ derart, daß $|<f|u_j>| \leq \gamma'$ ist für alle f aus $\overline{\mathcal{K}}(v,r)$ und für alle j. Anleitung: Wäre das falsch, so gäbe es Kugeln $\overline{\mathcal{K}}(v_n,r_n)$ mit $\sup_j |<f|u_j>| \geq n$ für alle f aus $\overline{\mathcal{K}}(v_n,r_n)$, $\overline{\mathcal{K}}(v_{n+1},r_{n+1}) \subset \overline{\mathcal{K}}(v_n,r_n)$ und $r_n \to 0$. Daraus ergibt sich ein Widerspruch.

    b) Aus a) folgt: Es gibt eine Zahl $\gamma > 0$ derart, daß $||u_j|| \leq \gamma$ für alle j (Satz von der gleichmäßigen Beschränktheit).

2. Die Folge (u_j) in $\mathcal{H}$ sei eine schwache Cauchyfolge, d.h. für jedes f aus $\mathcal{H}$ konvergiert die Folge $(<f|u_j>)$. Man zeige:

    a) Es gibt genau ein u aus $\mathcal{H}$ mit $<f|u> = \lim <f|u_j>$ für alle f aus $\mathcal{H}$. Anleitung: Aufgabe 1 und I, § 5.3, (31).

    b) Das in a) erklärte Element u heißt *schwacher Grenzwert* der Folge, in Zeichen $u_j \rightharpoonup u$. Aus $u_j \to u$ folgt $u_j \rightharpoonup u$.

    c) Aus $u_j \rightharpoonup u$ folgt $||u|| \leq \lim\inf ||u_j||$.

    d) Für jede orthonormale Folge (u_j) gilt $u_j \rightharpoonup 0$. Anleitung: Besselsche Ungleichung (I, § 2.2).

    e) Aus $u_j \rightharpoonup u$ und $\lim\sup ||u_j|| \leq ||u||$ folgt $u_j \to u$.

3. Es sei (u_j) eine beschränkte Folge in $\mathcal{H}$.

    a) Ist $(<f|u_j>)$ konvergent für alle f aus einer totalen Teilmenge $\mathfrak{M}$, so ist die Folge schwach konvergent.

    b) Die Folge (u_j) enthält eine schwach konvergente Teilfolge. Anleitung: Sei $\mathfrak{M}$ eine abzählbare dichte Teilmenge in $\overline{\mathcal{L}[u_1,u_2,\ldots]}$ (vgl. I, § 5.2, (19)); man wählt die Teilfolge (u_{j_i}) so, daß $(<f|u_{j_i}>)$ für alle f aus $\mathfrak{M}$ konvergiert.

4. Es sei (v_j) eine orthonormale Folge von Eigenelementen des symmetrischen Operators A zu Eigenwerten (λ_j) und (c_j) eine Folge komplexer Zahlen mit $\sum_{j=1}^{\infty} |c_j|^2 < \infty$.

Dann ist durch $u(t) = \sum_{\lambda_j \leq t} c_j v_j$ eine Eigenschar u der Abschließung $\overline{A}$ von A erklärt (wegen $\overline{A}$ vgl. § 7 und Aufgabe 11). Anleitung: Für jedes n ist durch $u_n(t) = \sum_{j \leq n, \lambda_j \leq t} c_j v_j$ eine Eigenschar u_n von A gegeben und es gilt $u_n(t) \to u(t)$ gleichmäßig bezüglich t.

5. Im Hilbertraum $\mathcal{L}_2(\mathbb{R}^m)$ sei Q der symmetrische Operator der Multiplikation mit

einer meßbaren reellen Funktion q (I, § 5.3, (27)). Für jedes t aus $\mathbb{R}$ sei ξ_t die charakteristische Funktion der Menge $\Lambda_t = \{\, x \mid x$ aus $\mathbb{R}^m$, $q(x) \le t\,\}$, und es sei g ein Element von $\mathcal{L}_2(\mathbb{R}^m)$. Man zeige, daß durch $u(t) = \xi_t g$ eine Eigenschar u von Q erklärt ist; u ist beschränkt, rechtsstetig, und es gilt $u(t) \to 0$ für $t \to -\infty$ sowie $u(t) \to g$ für $t \to \infty$. Ist E die Spektralschar von Q, so gilt $u(t) = E(t)g$.

6.   a) Für jedes Paar von Intervallen $[\alpha,\beta]$, $[\gamma,\delta]$ ist

$$\frac{1}{2\pi} \int_{-\infty}^{\infty} (e^{i\delta x} - e^{i\gamma x})^* \, (e^{i\beta x} - e^{i\alpha x}) \, x^{-2} \, dx \quad \text{gleich dem Maß des Durchschnitts der}$$

Intervalle. Anleitung: Man verändert den Integrationsweg in der komplexen Ebene so, daß der Nullpunkt vermieden wird und zerlegt in vier Integrale, die man mit dem Residuenkalkül auswertet.

    b) Mit a) beweise man die Integralformel am Anfang von § 2.

7.   a) Es sei u eine Eigenschar, v ein Eigenelement zum Eigenwert λ für den symmetrischen Operator A. Dann ist $\langle v \mid u(b) - u(a)\rangle = \langle v \mid u(\lambda) - u(\lambda-)\rangle$, falls λ in $(a,b]$ liegt, und $\langle v \mid u(b) - u(a)\rangle = 0$ sonst. Anleitung: Man benützt (6), (8) und (10).

    b) Für jede stetige Eigenschar u von A ist durch $v_\lambda = u(\lambda) - u(0)$ ein Eigenpaket v_λ von A erklärt.

    c) Mit Hilfe von a) beweise man noch einmal den in § 2 bewiesenen Satz: Ist v_λ ein Eigenpaket, w ein Eigenelement von A, so ist $\langle w \mid v_\lambda\rangle = 0$ für alle λ.

8.   a) Ist A zerlegbar, so ist A wesentlich zerlegbar. Anleitung: Man benützt (6) und (18,d).

    b) Ist A wesentlich zerlegbar, so ist $\overline{A}$ zerlegbar. Anleitung: Nach (10) und Aufgabe 7,b kann man $u(t)$ für jedes u aus $E(A)$ und für jedes t aus $\mathbb{R}$ durch Eigenelemente und Eigenpakete von $\overline{A}$ approximieren.

9. Ein linearer Operator A von $\mathfrak{H}_1$ in $\mathfrak{H}_2$ heißt *abgeschlossen*, wenn gilt: Ist (u_j) eine Folge in $\mathcal{D}(A)$ mit $u_j \to u$ und $Au_j \to f$, so ist u aus $\mathcal{D}(A)$ und $Au = f$. Man zeige:

    a) Ein beschränkter Operator A von $\mathfrak{H}_1$ in $\mathfrak{H}_2$ ist genau dann abgeschlossen, wenn $\mathcal{D}(A)$ abgeschlossen ist.

    b) Ist A abgeschlossen und B beschränkt mit $\mathcal{D}(B) \supset \mathcal{D}(A)$, so ist A + B mit $\mathcal{D}(A + B) = \mathcal{D}(A)$ abgeschlossen.

    c) Ist A abgeschlossen und existiert der inverse Operator A^{-1} von $\mathfrak{H}_2$ in $\mathfrak{H}_1$, so ist A^{-1} abgeschlossen.

    d) Der in Kapitel I, § 5.3, (27) erklärte Operator Q in $\mathcal{L}_2(\mathbb{R}^m)$ ist abgeschlossen.

    e) Für einen abgeschlossenen Operator A in $\mathfrak{H}$ und für jede komplexe Zahl λ

ist $N_\lambda(A) = \{u \mid u$ aus $\mathcal{D}(A)$, $Au = \lambda u\}$ abgeschlossen.

f) Es sei $\{v_j\}$ ein Orthonormalsystem in $\mathcal{H}$, und (λ_j) eine beliebige Folge komplexer Zahlen. Dann ist durch $\mathcal{D}(A) = \{u \mid u$ aus $\mathcal{H}$, $\sum_{j=1}^{\infty} |\lambda_j|^2 |\langle v_j | u \rangle|^2 < \infty\}$ und $Au = \sum_{j=1}^{\infty} \lambda_j \langle v_j | u \rangle v_j$ für u aus $\mathcal{D}(A)$ ein abgeschlossener Operator A in $\mathcal{H}$ definiert.

10. Für zwei Hilberträume $\mathcal{H}_1$, $\mathcal{H}_2$ sei die *orthogonale Summe* $\mathcal{H}_1 \oplus \mathcal{H}_2$ gleich der algebraischen direkten Summe von $\mathcal{H}_1$ und $\mathcal{H}_2$ mit dem inneren Produkt $\langle (f,g) | (f',g') \rangle = \langle f | f' \rangle + \langle g | g' \rangle$. Man zeige:

a) $\mathcal{H}_1 \oplus \mathcal{H}_2$ ist ein Hilbertraum; es gilt $(f_j, g_j) \to (f,g)$ in $\mathcal{H}_1 \oplus \mathcal{H}_2$ genau dann, wenn $f_j \to f$ in $\mathcal{H}_1$ und $g_j \to g$ in $\mathcal{H}_2$.

b) Für jeden linearen Operator A von $\mathcal{H}_1$ in $\mathcal{H}_2$ ist der *Graph* $\mathcal{G}(A) = \{(u, Au) \mid u$ aus $\mathcal{D}(A)\}$ ein Teilraum von $\mathcal{H}_1 \oplus \mathcal{H}_2$; A ist genau dann abgeschlossen, wenn $\mathcal{G}(A)$ ein abgeschlossener Teilraum von $\mathcal{H}_1 \oplus \mathcal{H}_2$ ist.

c) Ein Teilraum $\mathcal{T}$ von $\mathcal{H}_1 \oplus \mathcal{H}_2$ ist genau dann Graph eines Operators von $\mathcal{H}_1$ in $\mathcal{H}_2$, wenn gilt: Ist (f,g) aus $\mathcal{T}$ und $f = 0$, so ist $g = 0$.

11. Ein Operator A von $\mathcal{H}_1$ in $\mathcal{H}_2$ heißt *abschließbar*, wenn er eine abgeschlossene Fortsetzung besitzt. Man zeige:

a) A ist genau dann abschließbar, wenn gilt: Ist (u_j) eine Folge in $\mathcal{D}(A)$ mit $u_j \to 0$ und $Au_j \to f$, so ist $f = 0$.

b) A ist genau dann abschließbar, wenn $\overline{\mathcal{G}(A)}$ (die abgeschlossene Hülle von $\mathcal{G}(A)$ in $\mathcal{H}_1 \oplus \mathcal{H}_2$, vgl. Aufgabe 10) Graph eines Operators $\overline{A}$ von $\mathcal{H}_1$ in $\mathcal{H}_2$ ist. $\overline{A}$ heißt *Abschließung* von A.

c) Ist A abschließbar, so ist $\mathcal{D}(\overline{A})$ die Menge aller u aus $\mathcal{H}_1$ derart, daß eine Folge (u_j) in $\mathcal{D}(A)$ existiert mit $u_j \to u$ und (Au_j) konvergent; und zwar ist dann $\overline{A}u = \lim Au_j$.

d) Ist A abschließbar, so ist jede abgeschlossene Fortsetzung von A auch Fortsetzung von $\overline{A}$.

e) Jeder beschränkte Operator A ist abschließbar; $\overline{A}$ ist beschränkt und es gilt $\mathcal{D}(\overline{A}) = \overline{\mathcal{D}(A)}$.

f) Ist A abschließbar und $\mathcal{D}(A)$ abgeschlossen, so ist A abgeschlossen.

g) Jeder symmetrische Operator A in $\mathcal{H}$ ist abschließbar; die Abschließung $\overline{A}$ ist symmetrisch.

h) A sei abschließbar und A^{-1} existiere; A^{-1} ist genau dann abschließbar, wenn $\overline{A}$ eine Inverse besitzt, und zwar ist dann $\overline{A^{-1}} = (\overline{A})^{-1}$.

12. Es sei A ein Operator in $\mathcal{H}$.

a) Existiert $R_{z_0} = (A - z_0)^{-1}$, so sei $S_z = I - (z - z_0) R_{z_0}$ mit $\mathcal{D}(S_z) =$

$\mathcal{D}(R_{z_0}) = \mathfrak{M}(A-z_0)$. Dann ist $A-z = S_z(A-z_0)$ und daher $\mathfrak{M}(S_z) = \mathfrak{M}(A-z)$ für alle z; R_z existiert genau dann, wenn S_z^{-1} existiert und dann gilt $R_z = R_{z_0} S_z^{-1}$.

b) Ist R_{z_0} aus $B(\mathfrak{H})$, d.h. $\mathcal{D}(R_{z_0}) = \mathfrak{H}$ und R_{z_0} beschränkt (vgl. I, § 5.3), so ist R_z aus $B(\mathfrak{H})$ für alle z mit $|z - z_0| < ||R_{z_0}||^{-1}$, es gilt

$$R_z = \sum_{n=0}^{\infty} (z - z_0)^n R_{z_0}^{n+1}$$ und die Reihe konvergiert in $B(\mathfrak{H})$.

c) Für alle z, z' mit R_z, $R_{z'}$ aus $B(\mathfrak{H})$ gilt die *Resolventengleichung* $R_z - R_{z'} = (z - z')R_z R_{z'}$.

13. Es sei A ein symmetrischer Operator in $\mathfrak{H}$.

a) Für alle z mit $\text{Im } z \neq 0$ existiert R_z und es gilt $||R_z|| \leq |\text{Im } z|^{-1}$. Anleitung: Vgl. den Beweis für $||R_i|| \leq 1$ in § 6.

b) Ist R_{z_0} aus $B(\mathfrak{H})$ für ein z_0 mit $\text{Im } z_0 > 0$ (bzw. mit $\text{Im } z_0 < 0$), so ist R_z aus $B(\mathfrak{H})$ für alle z mit $\text{Im } z > 0$ (bzw. mit $\text{Im } z < 0$). Anleitung: Man benützt a) und Aufgabe 12,b.

c) Ist R_{z_0} aus $B(\mathfrak{H})$ für eine reelle Zahl z_0, so ist R_z aus $B(\mathfrak{H})$ für alle z mit $\text{Im } z \neq 0$ und für alle reellen z mit $|z - z_0| < ||R_{z_0}||^{-1}$.

d) Ist A wesentlich selbstadjungiert, $A-z_0$ invertierbar und R_{z_0} beschränkt, so ist z_0 aus $\rho(\overline{A})$. Anleitung: Für reelle z_0 gilt $\mathfrak{M}(\overline{A}-z_0)^{\perp} = \mathfrak{N}_{z_0}(\overline{A})$.

14. Es sei A ein Operator von $\mathfrak{H}_1$ in $\mathfrak{H}_2$ mit dichtem Definitionsbereich. Man zeige:

a) Die Menge aller v aus $\mathfrak{H}_2$, zu denen ein f aus $\mathfrak{H}_1$ existiert derart, daß $\langle v|Au \rangle = \langle f|u \rangle$ ist für alle u aus $\mathcal{D}(A)$, ist ein Teilraum $\mathcal{D}(A^*)$ von $\mathfrak{H}_2$; durch $A^*v = f$ für v aus $\mathcal{D}(A^*)$ ist ein Operator A^* von $\mathfrak{H}_2$ in $\mathfrak{H}_1$ erklärt; A^* heißt der *zu A adjungierte Operator* oder die *Adjungierte von* A.

b) Ist J die durch $J(f,g) = (g,-f)$ definierte Isometrie von $\mathfrak{H}_1 \oplus \mathfrak{H}_2$ auf $\mathfrak{H}_2 \oplus \mathfrak{H}_1$, so ist $\mathcal{G}(A^*) = (J\mathcal{G}(A))^{\perp} = J(\mathcal{G}(A)^{\perp})$.

c) A^* ist abgeschlossen.

d) Ist A abschließbar, so gilt $(\overline{A})^* = A^*$.

e) $\mathcal{D}(A^*)$ ist genau dann dicht, wenn A abschließbar ist. Anleitung: $\mathcal{D}(A^*)$ ist genau dann dicht, wenn gilt: Ist h aus $\mathfrak{H}_2$ und $(h,0) \perp \mathcal{G}(A^*)$, so ist $h = 0$. Nun verwende man b) und I, § 5.4, Aufgabe 6,b.

f) Ist A abschließbar, so existiert $A^{**} = (A^*)^*$ und es gilt $A^{**} = \overline{A}$ sowie $A^{***} = A^*$.

g) Aus $A \subset B$ (d.h. B ist Fortsetzung von A) folgt $B^* \subset A^*$.

h) Im Falle $\mathfrak{H}_1 = \mathfrak{H}_2$ ist A genau dann symmetrisch, wenn $A \subset A^*$ gilt, und genau dann selbstadjungiert, wenn A = A* ist.

15. Ein Operator E aus B($\mathfrak{H}$) heißt eine *Projektion* oder ein *Projektor*, wenn E^2 = E ist. Man zeige:

a) Mit E ist auch I − E eine Projektion.

b) Für jede Projektion E ≠ O ist $||E|| \geq 1$.

c) Für jedes Element f aus dem Wertebereich $\mathfrak{W}(E)$ gilt f = Ef.

d) $\mathfrak{W}(E)$ ist ein abgeschlossener Teilraum von $\mathfrak{H}$; jedes f aus $\mathfrak{H}$ hat eine eindeutige Zerlegung f = g + h mit g aus $\mathfrak{W}(E)$ und h aus $\mathfrak{W}(I − E)$.

e) Ist E symmetrisch, so ist $\mathfrak{W}(I − E) = \mathfrak{W}(E)^{\perp}$ und E ist die orthogonale Projektion auf $\mathfrak{W}(E)$ (vgl. I, § 5.3, (26)).

f) Sind E und F orthogonale Projektionen mit EF = FE, so ist EF die orthogonale Projektion auf den Teilraum $\mathfrak{W}(E) \cap \mathfrak{W}(F)$.

16. Es sei E eine Spektralschar in $\mathfrak{H}$. Man zeige:

a) Für jede stetige komplexe Funktion φ auf IR ist $\mathcal{D}(A(\phi))$ = { f aus $\mathfrak{H}$ | $\int |\phi(t)|^2 \, d||E(t)f||^2 < \infty$} ein dichter Teilraum von $\mathfrak{H}$.

b) Durch $A(\phi)f = \int \phi(t)dE(t)f$ für f aus $\mathcal{D}(A(\phi))$ ist ein abgeschlossener Operator in $\mathfrak{H}$ erklärt.

c) Die Abbildung φ $\mapsto$ A(φ) hat die Eigenschaften:

   (i) $A(a\phi + b\psi)f = aA(\phi)f + bA(\psi)f$ für alle f aus $\mathcal{D}(A(\phi)) \cap \mathcal{D}(A(\psi))$.

   (ii) $A(\phi\psi)f = A(\phi) A(\psi)f$ für alle f aus $\mathcal{D}(A(\psi)) \cap \mathcal{D}(A(\phi\psi))$.

   (iii) $A(\phi)^* = A(\phi^*)$ mit $\mathcal{D}(A(\phi^*)) = \mathcal{D}(A(\phi))$.

   (iv) Ist φ ≥ O, so ist $\langle f|A(\phi)f\rangle \geq O$ für alle f aus $\mathcal{D}(A(\phi))$.

   (v) Ist φ beschränkt, so ist A(φ) aus B($\mathfrak{H}$) und $||A(\phi)|| \leq$ sup { $|\phi(t)||$t aus IR}.

   (vi) A(1) = I.

17. Sei A selbstadjungiert, v_λ ein Eigenpaket, u eine Eigenschar, E die Spektralschar von A.

a) Für t > O sei $g_t = v_t − v_{-t}$. Dann gilt

$$v_\lambda = (E(\lambda) − E(O))g_t \quad \text{für } |\lambda| < t.$$

b) Für t > O sei $h_t = u(t) − u(-t)$. Dann gilt

$$u(\lambda) = u(O) + (E(\lambda) − E(O))h_t \quad \text{für } |\lambda| < t.$$

18. Sei A ein selbstadjungierter Operator in $\mathfrak{H}$.

a) A hat genau dann ein diskretes Spektrum (vgl. I, § 3.3), wenn für ein (und damit alle) $\lambda \in \rho(A)$ der Operator $(A-\lambda)^{-1}$ kompakt ist.

b) Ist B ∈ B($\mathfrak{H}$) symmetrisch, so hat A genau dann ein diskretes Spektrum, wenn dies für A+B gilt. Anleitung: $(A-\lambda)^{-1} − (A+B-\lambda)^{-1} = (A-\lambda)^{-1}B(A+B-\lambda)^{-1}$.

19. Auf IR sei ρ definiert durch

$$\rho(x) = \begin{cases} x & \text{für } x < 0, \\ 1+x & \text{für } 0 \leq x. \end{cases}$$

In $\mathcal{L}_2(\text{IR};\rho)$ sei der Operator A erklärt durch $\mathcal{D}(A) = \mathcal{F}(\text{IR})$ und $Af(x) = xf(x)$. Dieser Operator ist wesentlich zerlegbar, aber nicht zerlegbar (Anleitung: Aufgabe 5; vgl. § 8.2 für die Definition von $\mathcal{F}(\text{IR})$).

<u>Literatur zu Kapitel II</u>: F. Rellich [9], [10].

Kapitel III

Die Weylsche Theorie der singulären Differentialgleichungen zweiter Ordnung

§ 1. Das singuläre Sturm-Liouvillesche Eigenwertproblem

Dieses unterscheidet sich von dem regulären Sturm-Liouvilleschen Problem, das wir
in Kapitel II, § 5 behandelt haben, nur in folgendem:

Das zugrunde gelegte Intervall a < x < b braucht nicht mehr beschränkt zu
sein, a = -∞ und b = +∞ werden zugelassen. Außerdem brauchen die Koeffizienten der
Differentialgleichung die verschiedenen, einschränkenden Voraussetzungen nur im
offenen Intervall a < x < b zu erfüllen, über ihr Verhalten bei Annäherung an die
Randpunkte a und b wird gar nichts vorausgesetzt. Die genauen Voraussetzungen, die
wir in diesem Kapitel durchweg beibehalten, sind also:

In dem offenen, beschränkten oder unbeschränkten Intervall a < x < b soll
gelten:
a) $p(x)$, $q(x)$, $k(x)$ sind reelle Funktionen, und es ist $p(x) > 0$, $k(x) > 0$;
b) $p(x)$ ist stetig, $p'(x)$, $q(x)$, $k(x)$ sind stückweise stetig, d.h.
stückweise stetig in jedem kompakten Teilintervall (vgl. II, § 5).
Die Voraussetzung $k(x) > 0$ soll für eine Sprungstelle x von k bedeuten: $k(x+) > 0$
und $k(x-) > 0$.

Mit diesen Koeffizienten betrachten wir das Eigenwertproblem

$$-(pu')' + qu = \lambda ku \quad \text{im Intervall} \quad a < x < b \,.$$

Während fast kein physikalisch interessantes Eigenwertproblem die Voraussetzungen erfüllt, die wir für das reguläre Sturm-Liouvillesche Problem gefordert
hatten, sind die eben formulierten Voraussetzungen fast immer erfüllt. Z.B. werden
wir bei der Bestimmung der Schrödingerschen Eigenfunktionen eines Teilchens, das
innerhalb einer Kugel vom Radius R frei beweglich ist, auf die Differentialgleichung (vgl. z.B. Courant-Hilbert [2], V, § 12)

$$f'' + \frac{2}{r} f' - \frac{1(1 + 1)}{r^2} f + \lambda f = 0 \,, \qquad 0 < r < R$$

geführt. Diese Gleichung multiplizieren wir mit $-r^2$ und erhalten

$$-(r^2 f')' + 1(1 + 1)f = \lambda r^2 f , \qquad 0 < r < R .$$

Hier ist $x = r$, $p = r^2$, $q = 1(1 + 1)$, $k = r^2$. Die Voraussetzung $p > 0$, $k > 0$ ist zwar in $0 < r < R$ erfüllt, aber nicht in $0 \leq r \leq R$. Obwohl das zugrunde liegende Intervall $0 < r < R$ beschränkt ist, handelt es sich daher um ein singuläres Sturm-Liouvillesches Problem.

Wir erklären einen Operator A im Hilbertraum $\mathcal{H} = \mathcal{L}_2(a,b;k)$ (vgl. I, § 5.4, Aufgabe 4) durch

$$Au = \frac{1}{k} \{ -(pu')' + qu\}$$

für u aus $\mathcal{D}(A)$: 1) u, u' stetig, u'' stückweise stetig in $a < x < b$,

2) u aus $\mathcal{H}$, $\frac{1}{k}\{ -(pu')' + qu\}$ aus $\mathcal{H}$.

Wir wollen eine Spektraltheorie für diesen Operator entwerfen. Wir erwarten nicht, daß A immer zerlegbar oder wesentlich selbstadjungiert ist. Denn beim regulären Sturm-Liouvilleschen Problem, das ja ein Spezialfall des singulären Problems ist, fällt A nicht einmal symmetrisch aus, vielmehr muß $\mathcal{D}(A)$ durch Randbedingungen eingeschränkt werden. Auch für das singuläre Problem ist es eine Hauptaufgabe zu entscheiden, wann zusätzliche Randbedingungen erforderlich sind, und wie diese aussehen.

§ 2. Grenzpunktfall und Grenzkreisfall

Als *Lösung* der Differentialgleichung

$$-(pu')' + qu = zku , \qquad a < x < b$$

mit komplexen z bezeichnen wir eine in $a < x < b$ erklärte, komplexwertige Funktion $u(x)$, für die $u(x)$, $u'(x)$ in $a < x < b$ stetig und $u''(x)$ stückweise stetig ist, und welche dort der Differentialgleichung genügt. Eine Lösung $u(x)$ wird im allgemeinen nicht im Hilbertschen Raum $\mathcal{H}$ liegen; wenn sie es aber tut, dann liegt sie sogar im Raum $\mathcal{D}(A)$.

Über Lösungen der Differentialgleichung hat H. Weyl [15] die beiden bemerkenswerten Sätze bewiesen:

<u>Satz 1</u>. *Wenn z nichtreell ist, dann gibt es nichttriviale Lösungen u_a und u_b mit*

122

$$\int_a^c |u_a(x)|^2 k(x)dx < \infty \, , \qquad \int_c^b |u_b(x)|^2 k(x)dx < \infty$$

für jedes c mit $a < c < b$.

Satz 2. Es seien z und z' zwei komplexe Zahlen und $a < c < b$. *Wenn dann für alle Lösungen* $u(x)$ *von* $-(pu')' + qu = zku$ *gilt* $\int_a^c |u|^2 k(x)dx < \infty$, *dann ist auch* $\int_a^c |v|^2 k(x)dx < \infty$ *für jede Lösung* $v(x)$ *von* $-(pv')' + qv = z'kv$. *Die entsprechende Aussage gilt auch für das rechte Ende* b: *Wenn alle Lösungen* $u(x)$ *für den Wert z des Eigenwertparameters nach b hinein absolut quadratisch integrierbar sind,* $\int_c^b |u|^2 k(x)dx < \infty$, *dann gilt dasselbe auch für alle Lösungen* $v(x)$ *für den Wert z' des Eigenwertparameters.*

Mit H. Weyl sagen wir, es liege am linken Ende a der *Grenzkreisfall* vor, wenn für irgendein z (und damit nach Satz 2 für jedes z) $\int_a^c |u|^2 k(x)dx < \infty$ gilt für alle Lösungen $u(x)$; es liege am linken Ende a der *Grenzpunktfall* vor, wenn zu irgendeinem z (und damit zu jedem z) eine Lösung $u(x)$ existiert mit $\int_a^c |u|^2 k(x)dx = \infty$, $a < c < b$. Entsprechendes definieren wir für das rechte Ende.

Wegen der beiden Weylschen Sätze handelt es sich hier um eine *Alternative*: entweder Grenzkreisfall oder Grenzpunktfall. Ob der eine oder der andere Fall eintritt, hängt nicht von z ab, ist vielmehr durch p, q, k, a bzw. b allein bestimmt.

Beispiele. 1. $-u'' = zu$, $0 < x < 1$.
Sowohl bei $x = 0$, als auch bei $x = 1$ liegt der Grenzkreisfall vor, weil ja alle in $0 < x < 1$ erklärten Lösungen sogar in $0 \le x \le 1$ stetig sind, und daher sowohl $\int_0^{1/2} |u|^2 dx < \infty$, als auch $\int_{1/2}^1 |u|^2 dx < \infty$ für jede Lösung gilt. Offenbar liegt für jedes reguläre Sturm-Liouvillesche Problem an beiden Enden der Grenzkreisfall vor.

2. $-u'' = zu$, $-\infty < x < \infty$.
Zu $z = 0$ gibt es eine Lösung, nämlich $u(x) = 1$, für die

$$\int_{-\infty}^0 |u|^2 dx = \infty \quad \text{und} \quad \int_0^\infty |u|^2 dx = \infty$$

ist. Also hat man den Grenzpunktfall an beiden Enden.

Zum Beweis der Weylschen Sätze benötigen wir einige Identitäten. Für stetig differenzierbare Funktionen u, v definieren wir die *modifizierte Wronskische Determinante*

$$W(u,v;x) = p(x) \left[u(x)v'(x) - u'(x)v(x)\right] \ .$$

Haben u und v stückweise stetige zweite Ableitungen in a < x < b, so gilt die *Lagrangesche Identität*

$$(1) \qquad \int_c^d \{ u[(pv')' - qv] - [(pu')' - qu]v\}dx = W(u,v;d) - W(u,v;c)$$

für alle c, d mit a < c < d < b. Ist u Lösung der Differentialgleichung $-(pu')' + qu = zku$, und setzt man $v = u^*$, so folgt

$$(2) \qquad (z - z^*) \int_c^d |u(x)|^2 k(x)dx = W(u,u^*;d) - W(u,u^*;c) \ .$$

Ist dagegen v eine Lösung derselben Differentialgleichung, so erhält man $W(u,v;d) - W(u,v;c) = 0$, d.h. $W(u,v;x)$ ist konstant; in diesem Fall schreiben wir $W(u,v) = W(u,v;x)$.

Für stetig differenzierbare Funktionen $u_1, \ldots, u_4$ gilt die *Plückersche Identität*

$$(3) \qquad W(u_1,u_2;x)\,W(u_3,u_4;x) + W(u_1,u_3;x)\,W(u_4,u_2;x) + W(u_1,u_4;x)\,W(u_2,u_3;x) = 0 \ ;$$

die linke Seite ist nämlich gleich der Determinante

$$\frac{1}{2}\, p^2 \begin{vmatrix} u_1 & u_2 & u_3 & u_4 \\ u_1' & u_2' & u_3' & u_4' \\ u_1 & u_2 & u_3 & u_4 \\ u_1' & u_2' & u_3' & u_4' \end{vmatrix} \ ,$$

die offensichtlich gleich Null ist.

Beweis von Satz 1. Es sei z nichtreell, a < c < b, und es seien ϕ und ψ Lösungen der Differentialgleichung $-(pu')' + qu = zku$ mit den Anfangswerten

$$\phi(c) = 1, \quad \phi'(c) = 0 \ ,$$
$$\psi(c) = 0, \quad p(c)\psi'(c) = 1 \ .$$

124

Für stetig differenzierbare Funktionen u, v setzen wir

$$\{u,v\}_x = (z - z^*)^{-1} W(u,v^*;x) .$$

Dann gilt $\{u,v\}_x^* = \{v,u\}_x$, und folglich ist $\{u,u\}_x$ reell. Für eine Lösung u der Differentialgleichung $-(pu')' + qu = zku$ gilt

$$(4) \qquad \int_c^x |u(y)|^2 k(y)dy = \{u,u\}_x - \{u,u\}_c , \qquad c \leq x < b ,$$

nach (2). Also wächst $\{u,u\}_x$ monoton mit x; insbesondere sind wegen $\{\phi,\phi\}_c = \{\psi,\psi\}_c = 0$ die Funktionen $\{\phi,\phi\}_x$ und $\{\psi,\psi\}_x$ positiv und monoton wachsend für $c < x < b$. Mit einer komplexen Zahl w ist

$$
\begin{aligned}
(5) \quad & \{w\phi + \psi, w\phi + \psi\}_x \\
& = |w|^2 \{\phi,\phi\}_x + w\{\phi,\psi\}_x + w^*\{\psi,\phi\}_x + \{\psi,\psi\}_x \\
& = \{\phi,\phi\}_x \left[|w - m(x)|^2 - r(x)^2\right]
\end{aligned}
$$

mit

$$m(x) = -\{\psi,\phi\}_x (\{\phi,\phi\}_x)^{-1}$$

und

$$r(x)^2 = \left[|\{\psi,\phi\}_x|^2 - \{\phi,\phi\}_x \{\psi,\psi\}_x\right] (\{\phi,\phi\}_x)^{-2} .$$

In (3) setzen wir $u_1 = \psi$, $u_2 = \psi^*$, $u_3 = \phi$, $u_4 = \phi^*$ und erhalten nach Multiplikation mit $(z - z^*)^{-2}$

$$\{\psi,\psi\}_x \{\phi,\phi\}_x + \{\psi,\phi^*\}_x \{\phi^*,\psi\}_x + \{\psi,\phi\}_x \{\psi^*,\phi^*\}_x = 0 .$$

Nun ist aber $W(\phi,\psi) = 1$, also

$$\{\psi,\phi^*\}_x = (z - z^*)^{-1} W(\psi,\phi) = -(z - z^*)^{-1} ,$$

$$\{\phi^*,\psi\}_x = (z - z^*)^{-1} W(\phi,\psi)^* = (z - z^*)^{-1}$$

und folglich

$$\{\phi,\phi\}_x \{\psi,\psi\}_x - |\{\psi,\phi\}_x|^2 = (z - z^*)^{-2} = -|z - z^*|^{-2} .$$

Wir erhalten damit

$$(6) \qquad r(x) = \left(|z - z^*| \, \{\phi,\phi\}_x \right)^{-1} \, ,$$

und diese Funktion ist positiv und monoton fallend in $c < x < b$. Nach (5) ist die Menge $K(x)$ aller komplexen Zahlen w mit $\{w\phi + \psi, \, w\phi + \psi\}_x \leq 0$ die abgeschlossene Kreisscheibe mit Mittelpunkt $m(x)$ und Radius $r(x)$. Da für jede Lösung der Differentialgleichung $-(pu')' + qu = zku$, also auch für $u = w\phi + \psi$, die Funktion $\{u,u\}_x$ monoton wächst, ist $K(x')$ für $x' > x$ in $K(x)$ enthalten. Der Durchschnitt $K(b)$ aller $K(x)$ für $c < x < b$ ist entweder eine abgeschlossene Kreisscheibe (Grenzkreisfall) oder ein Punkt (Grenzpunktfall). In jedem Fall gibt es ein w_0 mit w_0 aus $K(x)$ für alle x mit $c < x < b$. Setzt man $u_b = w_0\phi + \psi$, so folgt $\{u_b,u_b\}_x \leq 0$ aus (5) und damit

$$\int_c^x |u_b(y)|^2 \, k(y)dy \leq - \{u_b,u_b\}_c \quad \text{für} \quad c < x < b$$

aus (4), also $\int_c^b |u_b(y)|^2 \, k(y)dy < \infty$. Die Existenz von u_a beweist man analog; man kann auch durch die Substitution $y = -x$ die Konstruktion von u_a auf den oben ausgeführten Fall zurückführen.

Für den Beweis von Satz 2 benötigen wir den folgenden Hilfssatz, dessen Beweis wir dem Leser überlassen:

<u>Hilfssatz.</u> *Sind u_1, u_2 Lösungen der Differentialgleichung $-(pu')' + qu = zku$ mit $W(u_1,u_2) = 1$, $a < c < b$ und ist f stückweise stetig, so ist jede Lösung der Differentialgleichung*

$$-(pv')' + qv = zkv + kf$$

von der Form

$$v(x) = c_1 u_1(x) + c_2 u_2(x) + \int_c^x \left[u_1(x)u_2(y) - u_2(x)u_1(y) \right] f(y)k(y)dy$$

mit geeigneten komplexen Zahlen c_1 und c_2.

<u>Beweis von Satz 2.</u> Wir wählen Lösungen u_1, u_2 von $-(pu')' + qu = zku$ mit $W(u_1,u_2) = 1$. Nach Voraussetzung ist

$$\int_a^b |u_j(x)|^2 \, k(x) \, dx < \infty \quad \text{für } j = 1,2.$$

Sei v Lösung von $-(pv')' + qv = z'kv$. Nach dem Hilfssatz gibt es Zahlen c_1, c_2 so, daß

$$v(x) = c_1 u_1(x) + c_2 u_2(x) + (z' - z) \int_c^x [u_1(x)u_2(y) - u_2(x)u_1(y)]\, v(y)k(y)dy$$

ist. Setzen wir $u = c_1 u_1 + c_2 u_2$, so ist

$$\int_c^b |u(x)|^2\, k(x)dx < \infty\ .$$

Für v erhalten wir

$$|v(x)|^2$$

$$\leq 2|u(x)|^2 + 2|z' - z|^2\ |\int_c^x [u_1(x)u_2(y) - u_2(x)u_1(y)]\, v(y)k(y)dy|^2$$

$$\leq 2|u(x)|^2 + 2|z' - z|^2 \int_c^x |u_1(x)u_2(y) - u_2(x)u_1(y)|^2 k(y)dy \cdot \int_c^x |v(y)|^2 k(y)dy$$

$$\leq 2|u(x)|^2 + 4|z' - z|^2 \left\{ |u_1(x)|^2 \int_c^b |u_2|^2 kdy + |u_2(x)|^2 \int_c^b |u_1|^2 kdy \right\} \cdot \int_c^x |v|^2 kdy$$

$$\leq 2|u(x)|^2 + M\Big[|u_1(x)|^2 + |u_2(x)|^2\Big] \int_c^x |v|^2\, kdy$$

mit

$$M = 4|z' - z|^2 \max \left\{ \int_c^b |u_1|^2\, kdy\ ,\ \int_c^b |u_2|^2\, kdy \right\}\ .$$

Nun wählt man x_1 mit $c < x_1 < b$ so, daß

$$\int_{x_1}^b \Big[|u_1|^2 + |u_2|^2\Big] kdx \leq (2M)^{-1}$$

ist; dann gilt für $x_1 < x_2 < b$

$$\int_{x_1}^{x_2} |v|^2 kdx \leq 2 \int_{x_1}^{x_2} |u|^2 kdx + M \int_{x_1}^{x_2} \Big[|u_1|^2 + |u_2|^2\Big] kdx \cdot \int_c^{x_2} |v|^2 kdy$$

$$\leq 2 \int_{x_1}^{x_2} |u|^2 k dx + \frac{1}{2} \int_{c}^{x_2} |v|^2 k dx$$

$$\leq 2 \int_{x_1}^{b} |u|^2 k dx + \frac{1}{2} \int_{c}^{x_1} |v|^2 k dx + \frac{1}{2} \int_{x_1}^{x_2} |v|^2 k dx$$

und folglich

$$\int_{x_1}^{x_2} |v|^2 k dx \leq 4 \int_{x_1}^{b} |u|^2 k dx + \int_{c}^{x_1} |v|^2 k dx$$

für alle x_2 mit $x_1 < x_2 < b$. Also ist $\int_{c}^{b} |v|^2 k dx < \infty$. Für das Intervall $a < x < c$ führt man den Beweis analog.

$\underline{\text{Satz 3}}$. *Sei z nichtreell und u eine Lösung der Differentialgleichung $-(pu')' + qu = zku$. Dann gilt:*

1) Der Grenzwert $[u]_b = \lim_{x \to b} W(u,u^*;x)$ existiert genau dann, wenn $\int_{c}^{b} |u|^2 \, k dx < \infty$ *ist.*

2) Im Grenzpunktfall (bei b) ist $[u_b]_b = 0$; im Grenzkreisfall ist $[u]_b = 0$ genau dann, wenn u ein Vielfaches der Lösung $w\phi + \psi$ ist mit einer Zahl w auf dem Rand des Grenzkreises, d.h. mit $|w - m(b)| = r(b)$; hierin ist $m(b) = \lim_{x \to b} m(x)$ und $r(b) = \lim_{x \to b} r(x)$.

3) Analoge Aussagen gelten für das linke Intervallende a. Ist u eine Lösung mit $[u]_a = [u]_b = 0$, so ist $u = 0$.

$\underline{\text{Beweis}}$. Die Aussage 1) folgt unmittelbar aus der Identität (2). Liegt bei b der Grenzpunktfall vor, so ist $r(b) = 0$ und $w_0 = m(b)$ ist der Grenzpunkt. Aus (6) folgt $\{\phi,\phi\}_x \to \infty$ für $x \to b$. Nach (5) ist für $w = w_0$, $u_b = w_0\phi + \psi$

$$- (|z - z^*|^2 \{\phi,\phi\}_x)^{-1} = - \{\phi,\phi\}_x \, r(x)^2 \leq \{u_b,u_b\}_x < 0$$

für alle x mit $c < x < b$; daraus folgt $\{u_b,u_b\}_x \to 0$ für $x \to b$, also $[u_b]_b = 0$. Im Grenzkreisfall ist $r(b) > 0$; nach (6) existiert $\lim_{x \to b} \{\phi,\phi\}_x$ und ist positiv, also $[\phi]_b \neq 0$. Jede von ϕ linear unabhängige Lösung ist ein Vielfaches von $w\phi + \psi$ mit einer geeigneten Zahl w. Aus (5) folgt $[w\phi + \psi]_b = [\phi]_b \{ |w - m(b)|^2 - r(b)^2 \}$, und dies ist genau dann Null, wenn $|w - m(b)| = r(b)$ ist. Damit ist 2) bewiesen. Zum

Beweis von 3) sei u eine Lösung mit $[u]_a = [u]_b = 0$. Aus (2) folgt

$$(z - z^*) \int_a^b |u|^2 \, kdx = 0$$ durch Grenzübergang und daraus $u = 0$.

§ 3. Keine zusätzlichen Randbedingungen im Grenzpunktfall

Wir setzen für beide Enden den Grenzpunktfall voraus, und wir werden zeigen, daß dann keine zusätzlichen Randbedingungen erforderlich sind: *Der Operator A ist wesentlich selbstadjungiert.* Zum Beweis werden wir einen wesentlich selbstadjungierten Operator A_0 angeben derart, daß A triviale Fortsetzung von A_0 ist. Nach II, § 7 ist dann A symmetrisch, also auch wesentlich selbstadjungiert.

Im folgenden bezeichnen wir mit $\mathscr{L}(a,b)$ bzw. $\gamma(a,b)$ die Menge aller im Intervall (a,b) stetigen bzw. stückweise stetigen komplexwertigen Funktionen und mit $\mathscr{L}_0(a,b)$ bzw. $\gamma_0(a,b)$ die Menge aller u aus $\mathscr{L}(a,b)$ bzw. aus $\gamma(a,b)$, die außerhalb eines abgeschlossenen (von u abhängigen) Teilintervalles $[a',b']$ von (a,b) identisch verschwinden. Es sei $\mathscr{V}(A_0)$ der Durchschnitt von $\mathscr{V}(A)$ mit $\mathscr{L}_0(a,b)$, und A_0 die Einschränkung von A auf $\mathscr{V}(A_0)$. Nach Definition von A in § 1 ist also

$$A_0 u = \frac{1}{k}\{-(pu')' + qu\}$$

für u aus

$$\mathscr{V}(A_0): \quad u, \ u' \text{ aus } \mathscr{L}_0(a,b), \ u'' \text{ aus } \gamma_0(a,b).$$

<u>Satz 1. (Grenzpunktfall an beiden Enden)</u> *Der Operator A_0 ist wesentlich selbstadjungiert.*

<u>Beweis.</u> $\mathscr{V}(A_0)$ enthält den dichten Teilraum $\mathscr{L}_0^\infty(a,b)$ (vgl. I, § 5.4, Aufgabe 5,d), also ist $\mathscr{V}(A_0)$ dicht. Für u, v aus $\mathscr{V}(A_0)$ wähle man Zahlen c', d' mit $a < c' < d' < b$ so, daß u und v in den Intervallen (a,c') und (d',b) identisch verschwinden. Ersetzt man nun u durch u^* in der Lagrangeschen Identität (§ 2, (1)) und wählt $a < c < c'$, $d' < d < b$, so ist $W(u^*,v;c) = W(u^*,v;d) = 0$ und daher

$$\langle A_0 u | v \rangle - \langle u | A_0 v \rangle$$

$$= \int_c^d \left\{ u^*[(pv')' - qv] - [(pu')' - qu]^* v \right\} dx = 0 \ .$$

Also ist A_0 symmetrisch.

Sei z eine nichtreelle Zahl. Wir wollen den Wertebereich $\mathfrak{W}(A_0 - z)$ bestimmen. Sei v aus $\mathfrak{Y}(A_0)$ und $(A_0 - z)v = f$; offenbar liegt f in $\mathfrak{Y}_0(a,b)$. Ist u eine beliebige Lösung der Differentialgleichung $-(pu')' + qu = zku$, so folgt aus der Lagrangeschen Identität

$$- \int_c^d uf\,k\,dx = \int_c^d \left\{ u[(pv')' - qv] - [(pu')' - qu]v \right\} dx = 0$$

für alle c, d mit $a < c < c'$, $d' < d < b$, wenn v in (a,c') und in (d',b) identisch verschwindet. In denselben Intervallen verschwindet aber auch f; also ist $\int_a^b uf\,k\,dx = 0$.

Damit ist gezeigt, daß $\mathfrak{W}(A_0 - z)$ Teilmenge der folgenden Menge $\mathfrak{M}(a,b;z)$ ist.

$\mathfrak{M}(a,b;z)$: 1) f aus $\mathfrak{Y}_0(a,b)$,

2) $\int_a^b uf\,k\,dx = 0$ für jede Lösung der Differentialgleichung

$-(pu')' + qu = zku$.

Wir wollen $\mathfrak{W}(A_0 - z) = \mathfrak{M}(a,b;z)$ beweisen. Nach § 2, Satz 1 gibt es nichttriviale Lösungen u_a, u_b mit

$$\int_a^c |u_a|^2\,k\,dx < \infty , \qquad \int_c^b |u_b|^2\,k\,dx < \infty$$

für alle c mit $a < c < b$. Die Lösungen u_a, u_b sind linear unabhängig; andernfalls wäre nämlich $u_a = \gamma u_b$ mit einer Konstanten γ, folglich $[u_a]_a = 0$ und $[u_a]_b = |\gamma|^2 [u_b]_b = 0$ nach § 2, Satz 3, Teil 2) und schließlich $u_a = 0$ nach Teil 3) desselben Satzes. Wir können daher erreichen, daß $W(u_b,u_a) = 1$ ist.

Sei f aus $\mathfrak{M}(a,b;z)$ gegeben; gesucht ist eine Funktion v aus $\mathfrak{Y}(A_0)$ mit $(A_0 - z)v = f$, also eine Lösung der Differentialgleichung $-(pv')' + qv = zkv + kf$. Nach dem Hilfssatz in § 2 ist

$$v(x) = c_1 u_b(x) + c_2 u_a(x) + \int_c^x [u_b(x)u_a(y) - u_a(x)u_b(y)]\,f(y)k(y)dy$$

mit $a < c < b$ und mit geeigneten Konstanten c_1, c_2.

Setzen wir

130

$$c_b = c_1 - \int_a^c u_a(y)f(y)k(y)\,dy \; ,$$

$$c_a = c_2 - \int_c^b u_b(y)f(y)k(y)\,dy \; ,$$

so wird

$$v(x) = c_a u_a(x) + c_b u_b(x) + u_b(x)\int_a^x u_a(y)f(y)k(y)\,dy + u_a(x)\int_x^b u_b(y)f(y)k(y)\,dy$$

Ist f identisch Null außerhalb des Intervalls (c',d'), so sind auch die beiden Integrale identisch Null außerhalb dieses Intervalls; denn es ist

$$\int_a^b u_a f\,k\,dx = 0 \qquad \text{und} \qquad \int_a^b u_b f\,k\,dx = 0$$

nach Voraussetzung. Also ist

$$v(x) = c_a u_a(x) + c_b u_b(x) \qquad \text{für} \quad a < x < c' \quad \text{und für} \quad d' < x < b \; .$$

Da u_a und u_b linear unabhängig sind, gehört v genau dann zu $\mathscr{L}_0(a,b)$, wenn $c_a = c_b = 0$ ist. Wenn das gesuchte v existiert, muß es also durch

$$(1) \qquad v(x) = u_b(x)\int_a^x u_a(y)f(y)k(y)\,dy + u_a(x)\int_x^b u_b(y)f(y)k(y)\,dy$$

gegeben sein. Diese Funktion gehört aber offenbar zu $\mathscr{V}(A_0)$ und genügt der Gleichung $(A_0 - z)v = f$.

Damit ist gezeigt, daß $\mathfrak{M}(A_0 - z) = \mathfrak{M}(a,b;z)$ ist. Der folgende Hilfssatz (bzw. die darauf folgende Bemerkung) zeigt, daß für jedes nichtreelle z der Teilraum $\mathfrak{M}(a,b;z)$ dicht ist. Damit ist der Satz bewiesen.

Hilfssatz. *Gegeben seien Funktionen* u_1, u_2, $\ldots$, u_n ($n \geq 1$) *aus* $\mathscr{L}(a,b)$ *mit der Eigenschaft: Ist* $u = c_1 u_1 + \ldots + c_n u_n$ *und* $\int_a^b |u|^2 k\,dx < \infty$, *so ist* $c_1 = c_2 = \ldots = c_n = 0$. *Dann gilt: Der Teilraum* $\mathfrak{M}(a,b)$ *aller f aus* $\mathscr{Y}_0(a,b)$ *mit* $\int_a^b u_j^* f k\,dx = 0$ *für* $j = 1, 2, \ldots, n$ *ist ein dichter Teilraum von* $\mathscr{L}_2(a,b;k)$.

Bemerkung. Bei der Anwendung des Hilfssatzes im Beweis von Satz 1 ist $u_1 = u_a^*$, $u_2 = u_b^*$ zu setzen. Da u_a^*, u_b^* ein Fundamentalsystem von Lösungen der Differentialgleichung $-(pu')' + qu = z^*ku$ bilden, ist die Voraussetzung erfüllt: Ist $u = c_1u_a^* + c_2u_b^*$ und $\int_a^b |u|^2 \, kdx < \infty$, so folgt $[u]_a = [u]_b = 0$ aus § 2, Satz 3, Teil 2) und daraus $u = 0$ nach Teil 3).

Beweis. Sei h aus $\mathcal{L}_2(a,b;k)$ und $\langle h|f\rangle = 0$ für alle f aus $\mathfrak{M}(a,b)$; wir haben zu zeigen, daß $h = 0$ ist. Offenbar sind die Funktionen u_1, u_2, ... , u_n linear unabhängig; es gibt also ein kompaktes Teilintervall $[c,d] \subset (a,b)$ so, daß die Restriktionen von u_1, ... , u_n auf $[c,d]$ linear unabhängig sind. Sei $\mathfrak{M}(c,d)$ die Menge aller f aus $\mathfrak{M}(a,b)$, die außerhalb des Intervalls $[c,d]$ identisch verschwinden. Dann ist

$$\langle h|f\rangle = \int_c^d h^*fkdx = 0 \qquad \text{und} \qquad \int_c^d u_j^*fkdx = 0$$

für $j = 1$, ... , n und für alle f aus $\mathfrak{M}(c,d)$. Nun fassen wir h, f und u_1, ... , u_n als Elemente von $\mathcal{L}_2(c,d;k)$, also $\mathfrak{M}(c,d)$ als Teilraum von $\mathcal{L}_2(c,d;k)$ auf. Nach dem Projektionssatz (vgl. I, § 5.2, (23)) gibt es Zahlen c_1, ... , c_n derart, daß $h_0 = h - c_1u_1 - \ldots - c_nu_n$ (in $\mathcal{L}_2(c,d;k)$) orthogonal zu allen u_j ist. Aus dieser Darstellung folgt, daß h_0 auch orthogonal zu $\mathfrak{M}(c,d)$ ist.

Sei $\gamma[c,d]$ die Menge aller im Intervall $[c,d]$ stückweise stetigen Funktionen. Zu jedem f aus $\gamma[c,d]$ gibt es Zahlen d_1, ... , d_n derart, daß $f_0 = f - d_1u_1 - \ldots - d_nu_n$ orthogonal zu allen u_j ist. Offenbar ist dann f_0 aus $\mathfrak{M}(c,d)$, also f_0 orthogonal zu h_0, folglich f orthogonal zu h_0, d.h. h_0 ist orthogonal zu dem dichten Teilraum $\gamma[c,d]$ von $\mathcal{L}_2(c,d;k)$. Daraus folgt $h_0 = 0$, d.h. $h(x) = c_1u_1(x) + \ldots + c_nu_n(x)$ fast überall in $[c,d]$. Ist $[c',d']$ ein Intervall mit $a < c' < c < d < d' < b$, so erhält man ebenso $h(x) = c_1'u_1(x) + \ldots + c_n'u_n(x)$ fast überall in $[c',d']$. Daraus folgt durch Subtraktion $(c_1 - c_1')u_1(x) + \ldots + (c_n - c_n')u_n(x) = 0$ fast überall in $[c,d]$; da die Funktionen u_j stetig sind, gilt dies überall in $[c,d]$, und aus der linearen Unabhängigkeit folgt $c_j' = c_j$ für alle j. Es gilt also $h(x) = c_1u_1(x) + \ldots + c_nu_n(x)$ fast überall in (a,b); aus der Voraussetzung folgt nun $h = 0$, was zu beweisen war.

Satz 2. *A ist triviale Fortsetzung von A_0 und daher wesentlich selbstadjungiert. Für jedes nichtreelle z ist $R_z = (A - z)^{-1}$ gegeben durch*

$$R_zf(x) = u_b(x) \int_a^x u_a(y)f(y)k(y)dy + u_a(x) \int_x^b u_b(y)f(y)k(y)dy$$

für alle f aus $\mathfrak{M}^0(A - z)$; darin sind u_a, u_b die nach § 2, Satz 1 und Satz 3 existierenden Lösungen der Differentialgleichung $-(pu')' + qu = zku$ mit $W(u_b, u_a) = 1$.

<u>Beweis</u>. Nach Satz 1 ist A_0 wesentlich selbstadjungiert. Sei z nichtreell; nach Gleichung (1) ist $R_{0z} = (A_0 - z)^{-1}$ gegeben durch

$$R_{0z}g(x) = u_b(x) \int_a^x u_a g \, kdy + u_a(x) \int_x^b u_b g \, kdy$$

für alle g aus $\mathfrak{M}^0(A_0 - z)$. Der Operator R_{0z} ist beschränkt (vgl. II, § 8.6, Aufgabe 13,a). Sei u aus $\mathcal{V}(A)$ und $(A - z)u = f$. Da $\mathfrak{M}^0(A_0 - z)$ dicht ist, gibt es eine Folge (g_n) in $\mathfrak{M}^0(A_0 - z)$ mit $g_n \to f$. Setzen wir $v_n = R_{0z}g_n$, so konvergiert auch die Folge (v_n) in $\mathcal{L}_2(a,b;k)$, da R_{0z} beschränkt ist. Wegen

$$\left| \int_a^x u_a g_n kdy - \int_a^x u_a f kdy \right|^2 \leq \int_a^x |u_a|^2 kdy \, ||g_n - f||^2$$

konvergiert $\int_a^x u_a g_n kdy$ gleichmäßig in jedem abgeschlossenen Teilintervall von (a,b) und hat die stetige Funktion $\int_a^x u_a f kdy$ als Grenzwert. Ebenso strebt $\int_x^b u_b g_n kdy$ gleichmäßig gegen $\int_x^b u_b f kdy$, also

$$v_n(x) \to v(x) = u_b(x) \int_a^x u_a f kdy + u_a(x) \int_x^b u_b f kdy$$

gleichmäßig in jedem abgeschlossenen Intervall. Daraus folgt $v_n \to v$, d.h. v aus $\mathcal{L}_2(a,b;k)$. Durch Differenzieren findet man v aus $\mathcal{V}(A)$ und $(A - z)v = f$. Also ist $w = u - v$ aus $\mathcal{V}(A)$ und $(A - z)w = 0$, d.h. w ist Lösung der Differentialgleichung $-(pw')' + qw = zkw$ mit w aus $\mathcal{L}_2(a,b;k)$. Nach § 2, Satz 3 ist $w = 0$, d.h. $u = v$. Also ist $A - z$ triviale Fortsetzung von $A_0 - z$; dann ist aber auch A triviale Fortsetzung von A_0. Damit ist der Satz bewiesen.

<u>Beispiele</u>. 1. $Au = -u''$ in $\mathcal{L}_2(-\infty,\infty)$. Dies ist das Beispiel 2 aus § 2; es liegt also an beiden Enden der Grenzpunktfall vor. Nach den obigen Sätzen ist A wesentlich selbstadjungiert. Die Behauptung von Satz 2 haben wir für den vorliegenden Spezialfall schon in II, § 7 bewiesen.

2. Der Differentialoperator des harmonischen Oszillators $Au = -u'' + a^2x^2u$ in $\mathcal{L}_2(-\infty,\infty)$. An beiden Enden liegt der Grenzpunktfall vor, denn für $z = -a$ hat die Differentialgleichung $-u'' + a^2x^2u = zu$ die Lösung $u(x) = \exp(ax^2/2)$, für die

sowohl $\int\limits_{0}^{\infty}|u|^2 dx = \infty$ als auch $\int\limits_{-\infty}^{0}|u|^2 dx = \infty$ ist. Der Operator A ist also wesentlich selbstadjungiert.

§ 4. Zusätzliche Randbedingungen im Grenzkreisfall

Wenn an einem Ende der Grenzkreisfall vorliegt, so ist A nicht wesentlich selbstadjungiert, ja nicht einmal symmetrisch, wie wir zeigen werden. Der Definitionsbereich $\mathcal{V}(A)$ muß dann durch zusätzliche Randbedingungen eingeschränkt werden. Zunächst wollen wir uns klar machen, wie solche Randbedingungen formuliert werden können.

Wir sagen, die auf (a,b) definierte Funktion u *liege links in* $\mathcal{V}(A)$, wenn folgendes gilt:

1) u, u' aus $\mathcal{X}(a,b)$, u'' aus $\mathcal{V}(a,b)$.

2) Für jedes c mit a < c < b ist

$$\int\limits_{a}^{c}|u|^2 k dx < \infty \qquad \text{und} \qquad \int\limits_{a}^{c}|\tfrac{1}{k}\{-(pu')' + qu\}|^2 k dx < \infty \ .$$

Die Menge aller links in $\mathcal{V}(A)$ liegenden Funktionen bezeichnen wir mit $\mathcal{V}(A)_a$. $\mathcal{V}(A)_a$ ist ein Vektorraum (ein Teilraum von $\mathcal{X}(a,b)$). Analog wird die Menge $\mathcal{V}(A)_b$ aller *rechts in* $\mathcal{V}(A)$ *liegenden* Funktionen erklärt. Offenbar ist $\mathcal{V}(A)$ eine echte Teilmenge sowohl von $\mathcal{V}(A)_a$ als auch von $\mathcal{V}(A)_b$, und $\mathcal{V}(A)$ ist der Durchschnitt dieser beiden Mengen.

<u>Satz 1.</u> 1) *Für alle u, v aus* $\mathcal{V}(A)_a$ *existiert der Grenzwert* $[v,u]_a = \lim\limits_{x\to a} W(u,v^*;x)$; *für alle u, v aus* $\mathcal{V}(A)_b$ *existiert* $[v,u]_b = \lim\limits_{x\to b} W(u,v^*;x)$.

2) *Für alle u, v aus* $\mathcal{V}(A)$ *gilt* $\langle v|Au\rangle - \langle Av|u\rangle = [v,u]_b - [v,u]_a$.

3) *Bei a liegt genau dann der Grenzpunktfall vor, wenn* $[v,u]_a = 0$ *ist für alle* u, v *aus* $\mathcal{V}(A)_a$; *die analoge Aussage gilt für das Ende b.*

<u>Beweis.</u> Wir benützen die Lagrangesche Identität (1) aus § 2 mit v^* anstelle von v. Für u, v aus $\mathcal{V}(A)_a$ und mit $f = \tfrac{1}{k}\{-(pu')' + qu\}$, $g = \tfrac{1}{k}\{-(pv')' + qv\}$ existiert das Integral $\int\limits_{a}^{d}(v^*f - g^*u)k dx$ für alle d aus (a,b). Der Grenzübergang c → a in der Lagrangeschen Identität zeigt daher, daß $\lim\limits_{x\to a} W(u,v^*;x)$ existiert.

Ebenso folgt die Existenz von $\lim\limits_{x\to b} W(u,v^*;x)$ für u, v aus $\mathcal{V}(A)_b$. Für u, v aus $\mathcal{V}(A)$

existieren beide Grenzwerte, und die Behauptung 2) folgt aus der Lagrangeschen Identität. Zum Beweis von 3) nehmen wir zunächst an, daß an beiden Enden der Grenzpunktfall vorliegt. Wir wählen ein abgeschlossenes Teilintervall $[c,d]$ von (a,b) und eine Funktion ϕ aus $\mathcal{L}^2(a,b)$ mit $\phi(x) = 1$ für $a < x < c$ und $\phi(x) = 0$ für $d < x < b$. Für u, v aus $\mathcal{V}(A)_a$ sind dann $\tilde{u} = \phi u$, $\tilde{v} = \phi v$ aus $\mathcal{V}(A)$ und $[\tilde{v},\tilde{u}]_a = [v,u]_a$, $[\tilde{v},\tilde{u}]_b = 0$. Nach § 3 ist A symmetrisch; mit 2) folgt also $0 = \langle \tilde{v}|A\tilde{u}\rangle - \langle A\tilde{v}|\tilde{u}\rangle = -[v,u]_a$. Liegt nur bei a der Grenzpunktfall vor, so ersetzt man A durch einen Operator $\mathring{A}$, dessen Koeffizienten in (a,c) mit denen von A übereinstimmen und für den bei b der Grenzpunktfall vorliegt; und zwar definiert man $\mathring{p} = p$, $\mathring{q} = q$ und wählt $\mathring{k}$ so, daß $\mathring{k}(x) = k(x)$ für $a < x < c$, aber $\int_c^b |u_0|^2 \, \mathring{k}dx = \infty$ für eine beliebig gewählte nichttriviale Lösung u_0 der Differentialgleichung $-(pu')' + qu = 0$. Nach § 2 liegt dann für $\mathring{A}$ bei b der Grenzpunktfall vor. Da die Koeffizienten von A und $\mathring{A}$ in (a,c) übereinstimmen, liegt für $\mathring{A}$ bei a der Grenzpunktfall vor, und es gilt $\mathcal{V}(\mathring{A})_a = \mathcal{V}(A)_a$. Also folgt auch hier $[v,u]_a = 0$ für alle u, v aus $\mathcal{V}(A)_a$. Liegt bei a der Grenzkreisfall vor, so gibt es Funktionen u, v aus $\mathcal{V}(A)_a$ mit $[v,u]_a \neq 0$ nach § 2, Satz 3, Teil 2) (man beachte, daß $[u,u]_a = [u]_a$ ist). Damit ist Satz 1 bewiesen.

Wir nehmen nun zunächst an, daß bei a der Grenzkreisfall, bei b der Grenzpunktfall vorliegt. Nach Satz 1, Teil 2) und 3) ist dann $\langle v|Au\rangle - \langle Av|u\rangle = -[v,u]_a$ für alle u, v aus $\mathcal{V}(A)$, und folglich ist A nicht symmetrisch wegen Satz 1, Teil 3). Ist $\mathfrak{M}$ ein Teilraum von $\mathcal{V}(A)$ derart, daß die Einschränkung von A auf $\mathfrak{M}$ symmetrisch ist, so ist $[v,u]_a = 0$ für alle u, v aus $\mathfrak{M}$; für jedes v aus $\mathfrak{M}$ ist dies eine "Randbedingung", der alle u aus $\mathfrak{M}$ genügen müssen. Die Funktion v genügt selbst der Randbedingung, d.h. es ist $[v,v]_a = 0$. Umgekehrt kann man fragen, ob eine solche Randbedingung eine symmetrische Einschränkung von A definiert. Natürlich darf v nicht so beschaffen sein, daß $[v,u]_a = 0$ für alle u aus $\mathcal{V}(A)$ gilt; es muß also ein w aus $\mathcal{V}(A)$ geben, mit $[v,w]_a \neq 0$. Andererseits ist es zulässig, v und w aus $\mathcal{V}(A)_a$ zu wählen, wir beweisen nämlich:

<u>Hilfssatz.</u> *Bei a liege der Grenzkreisfall vor. Es sei v aus $\mathcal{V}(A)_a$ mit $[v,v]_a = 0$; es gebe ein w aus $\mathcal{V}(A)_a$ mit $[v,w]_a \neq 0$. Dann gilt: Die Menge $\mathfrak{M}(v)$ aller u aus $\mathcal{V}(A)_a$ mit $[v,u]_a = 0$ ist linear; für jedes u aus $\mathfrak{M}(v)$ ist auch u^* aus $\mathfrak{M}(v)$; für alle u_1, u_2 aus $\mathfrak{M}(v)$ ist $[u_1,u_2]_a = 0$.*

<u>Beweis.</u> Für u_1, u_2 aus $\mathfrak{M}(v)$ und Zahlen c_1, c_2 sei $u = c_1 u_1 + c_2 u_2$. Dann ist u aus $\mathcal{V}(A)_a$ und $[v,u]_a = c_1[v,u_1]_a + c_2[v,u_2]_a = 0$ nach Definition des Klammersymbols $[.,.]_a$, also u aus $\mathfrak{M}(v)$, d.h. $\mathfrak{M}(v)$ ist linear. Die Plückersche Identität § 2, (3), angewandt auf $u_1, \ldots, u_4$ aus $\mathcal{V}(A)_a$, ergibt durch Grenzübergang $x \to a$ $[u_1,u_2^*]_a[u_3,u_4^*]_a + [u_1,u_3^*]_a[u_4,u_2^*]_a + [u_1,u_4^*]_a[u_2,u_3^*]_a = 0$. Es sei u aus

$\mathfrak{M}(v)$; wir setzen $u_1 = v$, $u_2 = u$, $u_3 = v^*$, $u_4 = w$ und erhalten (wegen $[u^*,v^*]_a = [u,v]_a^*$ und $[u,v]_a = - [v,u]_a^*$)

$$[v,u^*]_a \; [v,w]_a^* + [v,v]_a \; [w,u^*]_a - [v,w^*]_a \; [v,u]_a^* = 0 \; .$$

Nach Voraussetzung ist $[v,w]_a \neq 0$, $[v,v]_a = 0$ und $[v,u]_a = 0$, also $[v,u^*]_a = 0$, d.h. u^* aus $\mathfrak{M}(v)$. Es seien nun u_1, u_2 aus $\mathfrak{M}(v)$; wir ersetzen u_2 durch u_2^* in der obigen Identität, ferner $u_3 = v$, $u_4 = w^*$ und erhalten

$$[u_1,u_2]_a \; [v,w]_a - [v,u_1^*]_a \; [w^*,u_2]_a - [u_1,w]_a \; [v,u_2]_a = 0 \; ,$$

also $[u_1,u_2]_a = 0$. Damit ist der Hilfssatz bewiesen.

Aus dem Hilfssatz können wir die geeignete Form der Randbedingung im Grenzkreisfall ablesen. Wir nehmen Grenzkreisfall bei a und Grenzpunktfall bei b an und wählen eine Funktion v aus $\mathcal{Y}(A)_a$ wie in dem Hilfssatz. Wir schränken $\mathcal{Y}(A)$ durch die Randbedingung $[v,u]_a = 0$ ein, d.h. wir definieren den Operator A_v durch $A_v u = Au$ für u aus $\mathcal{Y}(A_v) = \mathcal{Y}(A) \cap \mathfrak{M}(v)$. Wir werden zeigen, daß A_v wesentlich selbstadjungiert ist. Der Beweis wird wie in § 3 auf dem Umweg über einen weiteren Operator A_{v0} geführt; und zwar sei $\mathcal{Y}(A_{v0})$ die Menge aller u aus $\mathcal{Y}(A_v)$, die in einer Umgebung (abhängig von u) des rechten Intervallendes b identisch verschwinden, und es sei A_{v0} die Einschränkung von A_v auf $\mathcal{Y}(A_{v0})$.

Satz 2. (Grenzkreisfall bei a, Grenzpunktfall bei b) *Der Operator A_{v0} ist wesentlich selbstadjungiert; A_v ist triviale Fortsetzung von A_{v0}, also ebenfalls wesentlich selbstadjungiert. Für jedes nichtreelle z ist $R_z = (A_v - z)^{-1}$ gegeben durch*

$$R_z f(x) = u_b(x) \int_a^x u_a(y)f(y)k(y)dy + u_a(x) \int_x^b u_b(y)f(y)k(y)dy$$

für alle f aus $\mathfrak{M}(A_v - z)$; darin sind u_a und u_b Lösungen der Differentialgleichung $-(pu')' + qu = zku$ mit u_b aus $\mathcal{Y}(A)_b$, $[v,u_a]_a = 0$ und $W(u_b,u_a) = 1$.

Beweis. $\mathcal{Y}(A_{v0})$ enthält den dichten Teilraum $\mathcal{L}_0^\infty(a,b)$ und ist daher dicht. Nach Teil 2) von Satz 1 ist für u_1, u_2 aus $\mathcal{Y}(A_{v0})$

$$\langle u_1 | A_{v0} u_2 \rangle - \langle A_{v0} u_1 | u_2 \rangle = \langle u_1 | A u_2 \rangle - \langle A u_1 | u_2 \rangle = [u_1,u_2]_b - [u_1,u_2]_a = 0 \; ,$$

denn $[u_1,u_2]_b = 0$ nach Definition von $\mathcal{Y}(A_{v0})$ und $[u_1,u_2]_a = 0$ nach dem Hilfssatz. Also ist A_{v0} symmetrisch.

Sei z eine nichtreelle Zahl, und sei $\mathcal{L}(v)$ die Menge aller Lösungen u der

Differentialgleichung $-(pu')' + qu = zku$, die der Randbedingung $[v,u]_a = 0$ genügen. Nach dem Hilfssatz ist $[u_1,u_2]_a = 0$ für alle u_1, u_2 aus $\mathcal{L}(v)$; nach § 2, Satz 3 gibt es Lösungen u der Differentialgleichung mit $[u,\bar{u}]_a \neq 0$. Also ist $\mathcal{L}(v)$ ein höchstens eindimensionaler Teilraum des zweidimensionalen Raums $\mathcal{L}$ aller Lösungen. Nach § 2, Satz 3 gibt es linear unabhängige Lösungen u_1, u_2 mit $[u_1,u_1]_a \neq 0$; hieraus folgt mit dem Hilfssatz $[v,u_1]_a \neq 0$; folglich enthält $\mathcal{L}(v)$ die nicht-triviale Lösung $[v,u_2]_a u_1 - [v,u_1]_a u_2$, d.h. $\mathcal{L}(v)$ ist genau eindimensional und besteht aus den komplexen Vielfachen einer nichttrivialen Lösung u_a mit $[v,u_a]_a = 0$ und $[u_a,u_a]_a = 0$.

Nach § 2, Satz 1 gibt es eine nichttriviale Lösung u_b mit $\int_c^b |u_b|^2 k dx < \infty$, und es gilt $[u_b]_b = 0$ nach § 2, Satz 3. Die Lösungen u_a und u_b sind linear unabhängig; denn sonst wäre auch $[u_b]_a = [u_b,u_b]_a = 0$ und daher $u_b = 0$ nach § 2, Satz 3. Also kann man $W(u_b,u_a) = 1$ voraussetzen; außerdem gilt $\int_a^b |u_a|^2 k dx = \infty$.

Wir behaupten nun, daß der Wertebereich $\mathfrak{W}(A_{v0}-z)$ gleich der Menge $\mathfrak{M}(a,b;v,z)$ aller f aus $\mathfrak{T}(a,b)$ ist, die in einer Umgebung von b identisch verschwinden und für die $\int_a^b u_a f k dx = 0$ ist. Für u aus $\mathcal{V}(A_{v0})$ ist nämlich $f = (A_{v0}-z)u$ aus $\mathfrak{T}(a,b)$, f ist identisch Null in einer Umgebung von b, und aus der Lagrangeschen Identität folgt

$$\int_c^d u_a f k dx = \int_c^d \left\{ u[(pu_a')' - qu_a] - [(pu')' - qu]u_a \right\} dx$$

$$= W(u,u_a;d) - W(u,u_a;c) \;\to\; [u_a^*,u]_a$$

für $d \to b$ und $c \to a$. Nach dem Hilfssatz gilt u_a^* aus $\mathfrak{M}(v)$, und folglich $[u_a^*,u]_a = 0$, d.h. $\int_a^b u_a f k dx = 0$. Also ist $\mathfrak{W}(A_{v0}-z) \subset \mathfrak{M}(a,b;v,z)$.

Sei nun f aus $\mathfrak{M}(a,v;v,z)$ gegeben; gesucht ist u aus $\mathcal{V}(A_{v0})$ mit $(A_{v0}-z)u = f$. Wie im Beweis von Satz 1 in § 3 folgt, daß

$$u(x) = u_b(x) \int_a^x u_a f k dy + u_a(x) \int_x^b u_b f k dy$$

sein muß. Andererseits prüft man leicht nach, daß diese Funktion zu $\mathcal{V}(A_{v0})$ gehört und $(A_{v0}-z)u = f$ ist. Also ist $\mathfrak{W}(A_{v0}-z) = \mathfrak{M}(a,b;v,z)$. Diese Menge enthält die

Menge $\mathfrak{M}(a,b)$ aller f aus $\gamma_0(a,b)$ mit $\int_a^b u_a fk\,dx = 0$. Nach dem Hilfssatz in § 3 ist $\mathfrak{M}(a,b)$ dicht. Also ist $\mathfrak{M}(A_{v0}-z)$ dicht, d.h. A_{v0} ist wesentlich selbstadjungiert.

Der Rest des Beweises ist identisch mit dem Beweis von Satz 2 in § 3.

Liegt an beiden Enden der Grenzkreisfall vor, so gelangt man zu wesentlich selbstadjungierten Einschränkungen von A, indem man an beiden Enden je eine Randbedingung stellt. Es seien also v aus $\mathcal{V}(A)_a$ und w aus $\mathcal{V}(A)_b$ mit $[v,v]_a = 0$ und $[w,w]_b = 0$ gegeben; es gebe Funktionen v_1 aus $\mathcal{V}(A)_a$ und w_1 aus $\mathcal{V}(A)_b$ mit $[v,v_1]_a \neq 0$ und $[w,w_1]_b \neq 0$. Wir erklären den Operator A_{vw} als die Einschränkung von A auf den Definitionsbereich

$$\mathcal{V}(A_{vw}): \quad 1)\ u \text{ aus } \mathcal{V}(A),$$
$$2)\ [v,u]_a = 0,\ [u,w]_b = 0.$$

__Satz 3. (Grenzkreisfall an beiden Enden)__ *Der Operator A_{vw} ist wesentlich selbstadjungiert. Für jedes nichtreelle z ist $R_z = (A_{vw}-z)^{-1}$ gegeben durch*

$$R_z f(x) = u_b(x) \int_a^x u_a(y)f(y)k(y)\,dy + u_a(x) \int_x^b u_b(y)f(y)k(y)\,dy$$

für alle f aus $\mathfrak{M}(A_{vw}-z) = \gamma(a,b)$; darin sind u_a und u_b Lösungen der Differentialgleichung $-(pu')' + qu = zku$ mit $[v,u_a]_a = 0$, $[w,u_b]_b = 0$ und $W(u_b,u_a) = 1$.

__Beweis.__ $\mathcal{V}(A_{vw})$ enthält $\mathcal{L}_0^\infty(a,b)$ und ist daher dicht. Für u_1, u_2 aus $\mathcal{V}(A_{vw})$ folgt $[u_1,u_2]_a = 0$ aus dem Hilfssatz. Der entsprechende Hilfssatz für das Intervallende b liefert $[u_1,u_2]_b = 0$. Damit folgt

$$\langle u_1 | A_{vw} u_2 \rangle - \langle A_{vw} u_1 | u_2 \rangle = \langle u_1 | A u_2 \rangle - \langle A u_1 | u_2 \rangle = 0$$

aus Satz 1. Also ist A_{vw} symmetrisch.

Sei z eine nichtreelle Zahl. Wie im Beweis von Satz 2 zeigt man, daß es nichttriviale Lösungen u_a, u_b der Differentialgleichung $-(pu')' + qu = zku$ mit $[v,u_a]_a = 0$ bzw. $[w,u_b]_b = 0$ gibt. Nach dem Hilfssatz gilt dann $[u_a,u_a]_a = 0$ und $[u_b,u_b]_b = 0$; u_a und u_b sind daher linear unabhängig nach § 2, Satz 3, Teil 3, und man kann $W(u_b,u_a) = 1$ voraussetzen. Nach demselben Satz ist $[u_a,u_a]_b \neq 0$ und $[u_b,u_b]_a \neq 0$, also auch $[v,u_b]_a \neq 0$ und $[w,u_a]_b \neq 0$ nach dem Hilfssatz.

Für u aus $\mathcal{V}(A_{vw})$ ist $f = (A_{vw}-z)u$ aus $\gamma(a,b)$. Nach dem Hilfssatz in § 2 ist

$$u(x) = u_b(x) \left\{ c_1 + \int_c^x u_a fk\,dy \right\} + u_a(x) \left\{ c_2 - \int_c^x u_b fk\,dy \right\}$$

mit $a < c < b$ und geeigneten Konstanten c_1, c_2. Durch Differentiation folgt

$$u'(x) = u_b'(x) \left\{ c_1 + \int_c^x u_a fk\,dy \right\} + u_a'(x) \left\{ c_2 - \int_c^x u_b fk\,dy \right\}$$

und damit aus der Randbedingung bei a

$$0 = [v,u]_a = [v,u_b]_a \left\{ c_1 - \int_a^c u_a fk\,dy \right\} + [v,u_a]_a \left\{ c_2 + \int_a^c u_b fk\,dy \right\} .$$

Da nun $[v,u_a]_a = 0$ und $[v,u_b]_a \neq 0$ ist, erhält man $c_1 = \int_a^c u_a fk\,dy$. Ebenso findet man $c_2 = \int_c^b u_b fk\,dy$ aus der Randbedingung bei b. Also ist

$$u(x) = u_b(x) \int_a^x u_a fk\,dy + u_a(x) \int_x^b u_b fk\,dy .$$

Ist umgekehrt f aus $\Upsilon(a,b)$ gegeben, so definiert man u durch obige Gleichung und bestätigt durch Differentiation, daß u aus $\Psi(A_{vw})$ und $(A_{vw}-z)u = f$ ist. Damit ist der Satz bewiesen.

Die Randbedingungen, mit denen A_{vw} erklärt wurde, heißen *getrennte Randbedingungen*. Es gibt außerdem noch sogenannte *gekoppelte Randbedingungen*, die ebenfalls selbstadjungierte Einschränkungen von A liefern (vgl. § 17, Aufgabe 2).

§ 5. Anfangszahlen

Wir betrachten erneut die in § 4 eingeführte Randbedingung $[v,u]_a = 0$ für Funktionen u aus $\Psi(A)_a$ mit dem Ziel, eine bequemere Form dieser Randbedingung herzuleiten und eine Übersicht über alle möglichen Randbedingungen zu bekommen.

<u>Hilfssatz.</u> *Bei a liege der Grenzkreisfall vor. Für eine komplexe Zahl z seien* u_1, u_2 *linear unabhängige Lösungen der Differentialgleichung* $-(pu')' + qu = zku$, *also* $W = W(u_1,u_2) \neq 0$. *Jede Funktion u aus* $\Psi(A)_a$ *ist dann darstellbar in der Form*

$$u(x) = c_1 u_1(x) + c_2 u_2(x) + W^{-1} \int_a^x \{ u_1(x)u_2(y) - u_2(x)u_1(y) \} f(y)k(y)\,dy$$

mit $f = \frac{1}{k}\{ -(pu')' + qu - zku \}$ *und mit komplexen Zahlen* c_1, c_2, *die durch* u, u_1, u_2

eindeutig bestimmt sind. Umgekehrt ist für jedes f aus γ*(a,b) mit* $\int_a^c |f|^2 k dx < \infty$

für alle c mit a < c < b und für jedes Paar von Konstanten c_1*,* c_2 *die obige Funktion u aus* $\mathcal{V}(A)_a$ *und Lösung der Differentialgleichung* $-(pu')' + qu = zku + kf$*.*

Der Beweis sei dem Leser überlassen; man kann ihn z.B. durch Reduktion auf den Hilfssatz in § 2 führen.

Nach dem Hilfssatz sind jedem u aus $\mathcal{V}(A)_a$ zwei Zahlen c_1, c_2 zugeordnet, die wir als die *Anfangszahlen* von u in bezug auf das Fundamentalsystem u_1, u_2 bezeichnen. Die Bedeutung der Anfangszahlen für die Randbedingungen ergibt sich aus dem folgenden

<u>Satz 1</u>. a) *Es seien u, v aus* $\mathcal{V}(A)_a$ *und* c_1*,* c_2 *bzw.* d_1*,* d_2 *die Anfangszahlen von u bzw. v bezüglich des Fundamentalsystems* u_1*,* u_2*. Dann ist*

$$[v,u]_a = \sum_{j,k=1}^{2} [u_j,u_k]_a \, d_j^* \, c_k \ .$$

b) *Sind u und v Lösungen der Differentialgleichung* $-(pu')' + qu = z'ku$*, so ist*

$$W(u,v) = (c_1 d_2 - c_2 d_1) \, W(u_1,u_2) \ .$$

c) *Ist* $\tilde{u}_1$*,* $\tilde{u}_2$ *ein Fundamentalsystem für die Differentialgleichung* $-(pu')' + qu = \tilde{z}ku$*, und sind* a_{j1}*,* a_{j2} *die Anfangszahlen von* $\tilde{u}_j$ *in bezug auf* u_1*,* u_2*, so gilt*

$$c_j = \sum_{k=1}^{2} \tilde{c}_k \, a_{kj} \ , \qquad j = 1, \, 2$$

für die Anfangszahlen c_j *bzw.* $\tilde{c}_j$ *von u in bezug auf* u_1*,* u_2 *bzw.* $\tilde{u}_1$*,* $\tilde{u}_2$*.*

<u>Beweis</u>. a) Nach dem Hilfssatz gilt

$$u(x) = u_1(x)\{c_1 + \phi_1(x)\} + u_2(x)\{c_2 + \phi_2(x)\} ,$$
$$u'(x) = u_1'(x)\{c_1 + \phi_1(x)\} + u_2'(x)\{c_2 + \phi_2(x)\}$$

mit stetigen Funktionen ϕ_1, ϕ_2, die für $x \to a$ gegen Null streben. Eine analoge Darstellung gilt für v mit d_1, d_2 und Funktionen ψ_1, ψ_2 derselben Art. Daraus folgt

$$W(u,v^*;x) = \sum_{j,k=1}^{2} W(u_k,u_j^*;x) \, d_j^* \, c_k + \Phi(x)$$

mit einer stetigen Funktion Φ, für die ebenfalls $\lim_{x \to a} \Phi(x) = 0$ ist. Mit $x \to a$

folgt nun die Behauptung.

b) Sind u, v Lösungen der Differentialgleichung $-(pu')' + qu = z'ku$, so folgt wie oben

$$W(u,v) = [v^*,u]_a = \sum_{j,k=1}^{2} [u_j^*,u_k]_a \, d_j \, c_k \, .$$

Nun ist aber $[u_j^*,u_j]_a = W(u_j,u_j) = 0$ für $j = 1,2$, und $[u_2^*,u_1]_a = -[u_1^*,u_2]_a = W(u_1,u_2)$, also $W(u,v) = (c_1 d_2 - c_2 d_1) \, W(u_1,u_2)$.

c) Nach Voraussetzung gilt

$$u(x) = \sum_{j=1}^{2} \tilde{u}_j(x) \{ \tilde{c}_j + \tilde{\phi}_j(x) \} \, ,$$

$$u'(x) = \sum_{j=1}^{2} \tilde{u}_j'(x) \{ \tilde{c}_j + \tilde{\phi}_j(x) \}$$

und

$$\tilde{u}_j(x) = \sum_{k=1}^{2} u_k(x) \{ a_{jk} + \phi_{jk}(x) \} \, ,$$

$$\tilde{u}_j'(x) = \sum_{k=1}^{2} u_k'(x) \{ a_{jk} + \phi_{jk}(x) \}$$

mit stetigen Funktionen $\tilde{\phi}_j$ und ϕ_{jk}, die für $x \to a$ gegen Null streben. Daraus folgt

$$u(x) = \sum_{k=1}^{2} u_k(x) \{ b_k + \psi_k(x) \} \, ,$$

$$u'(x) = \sum_{k=1}^{2} u_k'(x) \{ b_k + \psi_k(x) \}$$

mit $b_k = \sum_{j=1}^{2} \tilde{c}_j \, a_{jk}$ und $\lim_{x \to a} \psi_k(x) = 0$.

Andererseits gilt

$$u(x) = \sum_{k=1}^{2} u_k(x) \{ c_k + \phi_k(x) \} \, ,$$

$$u'(x) = \sum_{k=1}^{2} u_k'(x) \{ c_k + \phi_k(x) \}$$

mit den Anfangszahlen c_1, c_2 von u in bezug auf u_1, u_2 und mit $\lim\limits_{x \to a} \phi_k(x) = 0$.

Für $b_k + \psi_k(x) - c_k - \phi_k(x)$ erhält man somit ein lineares Gleichungssystem mit der Determinante $W(u_1,u_2) \neq 0$; daraus folgt

$$b_k + \psi_k(x) = c_k + \phi_k(x) , \qquad k = 1, 2$$

für alle x aus (a,b) und daraus $c_k = b_k$ durch Grenzübergang $x \to a$, wie behauptet.

Nach Satz 1 hängt die Randbedingung $[v,u]_a = 0$ nur von den Anfangszahlen d_1, d_2 von v ab. Diese dürfen nicht beide Null sein, da es ein v_1 aus $\mathring{V}(A)_a$ mit $[v,v_1]_a \neq 0$ geben muß. Weiter hängt die Randbedingung nur von dem Verhältnis d_2/d_1 (oder d_1/d_2) der Anfangszahlen ab. Schließlich muß

$$[v,v]_a = \sum_{j,k=1}^{2} [u_j,u_k]_a\, d_j^* \, d_k = 0$$

sein. Diese Gleichung wird besonders einfach, wenn z reell ist und u_1, u_2 reelle Lösungen der Differentialgleichung $-(pu')' + qu = zku$ sind. Dann ist

$$[u_1,u_1]_a = [u_2,u_2]_a = 0 , \qquad [u_2,u_1]_a = -[u_1,u_2]_a = W(u_1,u_2)$$

und daher

$$[v,v]_a = W(u_1,u_2)(d_2^* d_1 - d_1^* d_2) ;$$

dies ist genau dann Null, wenn d_2/d_1 reell ist. Die Randbedingung ist dann

$$[v,u]_a = W(u_1,u_2)(d_2^* c_1 - d_1^* c_2) = 0 ,$$

dh. $c_2/c_1 = d_2/d_1$. Setzt man $d_2/d_1 = \cot \alpha$, so erhält man jede mögliche Randbedingung in der Form

$$c_1 \cos \alpha - c_2 \sin \alpha = 0 ,$$

worin α aus $[0,\pi)$ ist.

Im folgenden § 6 werden wir zeigen, daß auch für nichtreelle z die Lösungen u_1, u_2 so gewählt werden können, daß die Randbedingung die obige einfache Form hat. Zunächst wollen wir das an einem Beispiel illustrieren:Wir sagen, das Intervallende a sei *regulär*, wenn folgendes gilt:

142

1) $a > -\infty$,

2) p stetig, p', q, k stückweise stetig in $[a,b)$,

3) $p(x) > 0$, $k(x) > 0$ für alle x aus $[a,b)$.

Dann ist für jedes z jede Lösung der Differentialgleichung $-(pu')' + qu = zku$ bei
a stetig; folglich liegt bei a der Grenzkreisfall vor. Durch

$$u_1(a) = 1, \quad u_1'(a) = 0, \quad u_2(a) = 0, \quad p(a)u_2'(a) = 1$$

ist ein Fundamentalsystem u_1, u_2 mit $W(u_1,u_2) = 1$ definiert. Aus dem Hilfssatz
folgt dann, daß jedes u aus $\mathscr{U}(A)_a$ mitsamt seiner Ableitung u' bei a stetig ist,
und daß die Anfangszahlen von u in bezug auf u_1, u_2 durch $c_1 = u(a)$, $c_2 = p(a)u'(a)$ gegeben sind. Die Randbedingung erhält damit die Form

$$u(a) \cos \alpha - p(a)u'(a) \sin \alpha = 0$$

mit einer Zahl α aus $[0,\pi)$.

§ 6. Lösungsscharen mit festen Anfangszahlen

Bei a liege der Grenzkreisfall vor; es sei eine komplexe Zahl z_0 und ein Fundamentalsystem u_1, u_2 der Differentialgleichung $-(pu')' + qu = z_0 ku$ gegeben. Wir stellen
uns die Aufgabe, für jedes komplexe z eine Lösung $u(x,z)$ der Differentialgleichung
$-(pu')' + qu = zku$ zu finden, deren Anfangszahlen in bezug auf u_1, u_2 vorgegebene,
von z unabhängige Zahlen c_1, c_2 sind. Nach dem Hilfssatz in § 5 muß u für alle z
und für alle x aus (a,b) der Integralgleichung

$$u(x,z) = c_1 u_1(x) + c_2 u_2(x)$$

(1)

$$+ (z-z_0)W^{-1} \int_a^x \{ u_1(x)u_2(y) - u_2(x)u_1(y)\}\, u(y,z)k(y)dy$$

genügen. Erfüllt umgekehrt eine bezügliche x stückweise stetige Funktion u die
Integralgleichung (1) in (a,b) und gilt $\int_a^c |u(x,z)|^2 k(x)dx < \infty$ für alle c aus (a,b)
und für alle z, so ist u aus $\mathscr{U}(A)_a$ und Lösung der Differentialgleichung
$-(pu')' + qu = zku$ mit den Anfangszahlen c_1, c_2.

Es genügt also, die Integralgleichung (1) zu untersuchen. Wir setzen für
eine Lösung u von (1)

$$w = (z-z_0)W^{-1} \, ,$$

$$v_1(x,w) = c_1 + w \int_a^x u_2(y)u(y,z)k(y)dy \, ,$$

$$v_2(x,w) = c_2 - w \int_a^x u_1(y)u(y,z)k(y)dy \, ,$$

also

$$(2) \qquad u(x,z) = u_1(x)v_1(x,w) + u_2(x)v_2(x,w) \, .$$

Dann sind v_1 und v_2 stetige Funktionen von x für $a < x < b$ und genügen dem System von Integralgleichungen

$$(3) \qquad v_i(x,w) = c_i + w \sum_{j=1}^2 \int_a^x g_{ij}(y)v_j(y,w)dy \, , \qquad i = 1,2 \, ,$$

mit

$$\begin{aligned} g_{1j}(y) &= u_2(y)u_j(y)k(y) \, , \\ g_{2j}(y) &= -u_1(y)u_j(y)k(y) \, , \end{aligned} \right\} \qquad j = 1,2.$$

Sind umgekehrt v_1, v_2 in $a < x < b$ stetig und Lösungen des Systems (3), so ist durch (2) eine Lösung der Gleichung (1) gegeben.

Zur Lösung des Systems (3) machen wir den Ansatz

$$(4) \qquad v_i(x,w) = \sum_{n=0}^{\infty} c_{i,n}(x)\, w^n \, , \qquad i = 1,2 \, ,$$

und erhalten $c_{i,0}(x) = c_i$ sowie

$$(5) \qquad c_{i,n+1}(x) = \sum_{j=1}^2 \int_a^x g_{ij}(y)c_{i,n}(y)dy \, , \qquad i = 1,2 \, ,$$

für $n = 0,1,2,\ldots$ durch Koeffizientenvergleich. Es gilt $\int_a^c |g_{ij}(y)|dy < \infty$ für alle c mit $a < c < b$. Setzen wir

$$g(x) = \max \{ |g_{11}(x)| + |g_{21}(x)|, |g_{12}(x)| + |g_{22}(x)| \} ,$$

so ist auch $\int_a^c g(y)dy < \infty$ für alle c mit $a < c < b$, und folglich ist die Funktion

$G(x) = \int_a^x g(y)dy$ in $a \leq x < b$ stetig, nichtnegativ und monoton wachsend. Aus (5) folgt, daß alle Funktionen $c_{i,n}$ in $a < x < b$ stetig sind; setzt man $\phi_n(x) = |c_{1,n}(x)| + |c_{2,n}(x)|$, so erhält man aus (5) die Ungleichungen

$$\phi_{n+1}(x) \leq \int_a^x g(y)\phi_n(y)dy$$

und weiter

$$\phi_n(x) \leq (|c_1| + |c_2|) \, [G(x)]^n / n!$$

für $n = 0,1,2\ldots$ durch Induktion. Daraus folgt, daß die Reihen (4) in jedem Intervall $a < x \leq c < b$ und in jeder Kreisscheibe $|w| \leq r$ gleichmäßig bezüglich beider Variablen konvergieren. Die Funktionen v_i sind daher für $a < x < b$ und für alle w in beiden Variablen stetig und außerdem ganze analytische Funktionen von w; außerdem folgt aus (5), daß v_1, v_2 eine Lösung des Systems (3) ist. Ist $\tilde{v}_1$, $\tilde{v}_2$ eine andere Lösung des Systems (3), so sei $f_i = v_i - \tilde{v}_i$ für $i = 1,2$; dann ist

$$f_i(x) = w \sum_{j=1}^{2} \int_a^x g_{ij}(y)f_j(y)dy , \qquad i = 1,2 ,$$

und mit $\psi(x) = |f_1(x)| + |f_2(x)|$ folgt die Abschätzung

$$\psi(x) \leq |w| \int_a^x g(y)\psi(y)dy .$$

Sei nun $a < c < b$ und $\psi_0 = \max \{ \psi(x) | a < x \leq c \}$; durch Induktion erhält man

$$\psi(x) \leq \psi_0 [|w|G(x)]^n / n!$$

für $a < x \leq c$ und $n = 0,1,2,\ldots$. Für $n \to \infty$ ergibt sich $\psi(x) = 0$ in $a < x \leq c$, also in $a < x < b$.

Damit ist gezeigt, daß das System (3) genau eine Lösung besitzt. Einsetzung der Lösung v_1, v_2 in (2) liefert die eindeutig bestimmte Lösung u von (1); $u(x,z)$ ist offenbar ganze Funktion von z. Wegen

$$u'(x,z) = u_1'(x)v_1(x,w) + u_2'(x)v_2(x,w)$$

ist auch $u'(x,z)$ ganze Funktion von z. Sind z_0, u_1, u_2 und die Anfangszahlen c_1, c_2 reell, so folgt aus (5), daß alle Koeffizienten $c_{i,n}(x)$ reell sind. Es gilt dann $v_i(x,w)^* = v_i(x,w^*)$ und folglich $u(x,z)^* = u(x,z^*)$ für alle x und z. Damit ist bewiesen:

<u>Satz 1</u>. *Bei a liege der Grenzkreisfall vor. Es seien komplexe Zahlen z_0, c_1, c_2 und ein Fundamentalsystem u_1, u_2 der Differentialgleichung $-(pu')' + qu = z_0ku$ gegeben. Dann gilt:*

a) Zu jedem z gibt es genau eine Lösung $u(x,z)$ der Differentialgleichung $-(pu')' + qu = zku$ mit den Anfangszahlen c_1, c_2 in bezug auf u_1, u_2.

b) $u(x,z)$ und $u'(x,z)$ sind ganze analytische Funktionen von z für jedes x aus $a < x < b$.

c) Sind z_0, c_1, c_2, u_1, u_2 reell, so ist $u(x,z)^* = u(x,z^*)$ für alle x und z.

Wir machen drei Anwendungen von Satz 1:

<u>Satz 2</u>. *Bei a liege der Grenzkreisfall vor. Es sei v aus $\overset{\smile}{\mathcal{V}}(A)_a$ mit $[v,v]_a = 0$; es gebe ein w aus $\overset{\smile}{\mathcal{V}}(A)_a$ mit $[v,w]_a \neq 0$. Dann gibt es eine komplexe Funktion $u(x,z)$, definiert für $a < x < b$ und alle komplexen Zahlen z, mit den Eigenschaften:*

(i) Für jedes z ist u nichttriviale Lösung der Differentialgleichung $-(pu')' + qu = zku$ und genügt der Randbedingung $[v,u]_a = 0$.

(ii) Für jedes x aus (a,b) sind $u(x,z)$ und $u'(x,z)$ ganze analytische Funktionen von z und es gilt $u(x,z)^* = u(x,z^*)$.

<u>Beweis</u>. Sei z_0 reell und u_1, u_2 ein reelles Fundamentalsystem der Differentialgleichung $-(pu')' + qu = z_0ku$. Nach § 5 gibt es ein α aus $[0,\pi)$ derart, daß die Randbedingung $[v,u]_a = 0$ für u aus $\overset{\smile}{\mathcal{V}}(A)_a$ sich mit den Anfangszahlen c_1, c_2 von u in bezug auf u_1, u_2 in der Form $c_1\cos\alpha - c_2\sin\alpha = 0$ schreiben läßt. Wir wählen $c_1 = \sin\alpha$, $c_2 = \cos\alpha$ und berechnen $u(x,z)$ nach Satz 1 als Lösung der Differentialgleichung $-(pu')' + qu = zku$ mit diesen Anfangszahlen. Wegen $c_1^2 + c_2^2 = 1$ ist u nicht die triviale Lösung. u genügt der Randbedingung nach Konstruktion. Aus den Aussagen b) und c) von Satz 1 folgt die Behauptung (ii).

<u>Satz 3</u>. *Bei a liege der Grenzkreisfall vor. Es sei z_0 eine komplexe Zahl und $u_1(x)$, $u_2(x)$ ein Fundamentalsystem für die Differentialgleichung $-(pu')' + qu = z_0ku$.*

Behauptung: Für jedes z gibt es genau ein Fundamentalsystem $u_1(x,z)$, $u_2(x,z)$

der Differentialgleichung $-(pu')' + qu = zku$ *derart, daß gilt:*

(i) *Die Anfangszahlen eines jeden Elementes u aus* $\mathcal{U}(A)_a$ *bezüglich* $u_1(x,z)$, $u_2(x,z)$ *sind von z unabhängig.*

(ii) $u_1(x,z_0) = u_1(x)$, $u_2(x,z_0) = u_2(x)$.

Für dieses Fundamentalsystem gilt außerdem:

(iii) *Für jedes x aus* (a,b) *sind* $u_j(x,z)$ *und* $u_j'(x,z)$ *ganze analytische Funktionen von z.*

(iv) *Die Wronskideterminante W des Systems* $u_1(x,z)$, $u_2(x,z)$ *ist von z unabhängig.*

(v) *Sind* z_0, $u_1(x)$, $u_2(x)$ *reell, so ist* $u_j(x,z)^* = u_j(x,z^*)$ *für* $j = 1,2$, *alle x aus* (a,b) *und alle z.*

(vi) *Genügt* $u_1(x)$ *der Randbedingung* $[v,u]_a = 0$, *so gilt dasselbe für* $u_1(x,z)$ *für alle z.*

<u>Beweis</u>. Nach § 5, Satz 1, Teil c) müssen die Anfangszahlen a_{j1}, a_{j2} von $u_j(x,z)$ in bezug auf $u_1(x)$, $u_2(x)$ durch $a_{jk} = \delta_{jk}$ (j,k=1,2) gegeben sein. Damit folgen Existenz und Eindeutigkeit von $u_1(x,z)$, $u_2(x,z)$, sowie die Eigenschaften (iii) und (v) aus Satz 1. Die Behauptungen (iv) und (vi) folgen aus § 5, Satz 1, Teil b) bzw. Teil a).

Der folgende Satz gilt ohne eine Voraussetzung über Grenzpunkt- oder Grenzkreisfall an den Enden.

<u>Satz 4</u>. a) *Für jedes c aus* (a,b) *und für jedes komplexe z gibt es genau ein Fundamentalsystem* $u_1(x,z)$, $u_2(x,z)$ *der Differentialgleichung* $-(pu')' + qu = zku$ *mit den Eigenschaften* $u_1(c,z) = 1$, $u_1'(c,z) = 0$, $u_2(c,z) = 0$, $p(c)u_2'(c,z) = 1$.

b) *Für jedes x aus* (a,b) *sind* $u_j(x,z)$ *und* $u_j'(x,z)$ *ganze analytische Funktionen von z, die Wronskideterminante von* $u_1(x,z)$, $u_2(x,z)$ *ist gleich 1 für alle z, und es gilt* $u_j(x,z)^* = u_j(x,z^*)$ *für alle x aus* (a,b) *und für alle z.*

<u>Beweis</u>. Teil a) folgt aus den allgemeinen Sätzen über lineare Differentialgleichungen. Teil b) folgt aus Satz 3, wenn man c als Randpunkt des Intervalls (c,b) oder (a,c) betrachtet; dieser Randpunkt ist regulär, und $u_1(x,z)$, $u_2(x,z)$ haben die Anfangszahlen 1, 0 bzw. 0, 1 in bezug auf $u_1(x,0)$, $u_2(x,0)$.

§ 7. Konstruktion eines Fundamentalsystems an einer Stelle der Bestimmtheit

Für die Differentialgleichung $u'' + au' + bu = 0$ heißt x_0 eine *Stelle der Bestimmtheit* oder *Singularität erster Art*, wenn die Koeffizienten a und b in einer punktierten Umgebung $0 < |x - x_0| < r_0$ von x_0 die Darstellung

$$(1) \quad \begin{cases} a(x) = (x - x_0)^{-1} \sum_{n=0}^{\infty} a_n (x - x_0)^n \, , \\[2em] b(x) = (x - x_0)^{-2} \sum_{n=0}^{\infty} b_n (x - x_0)^n \end{cases}$$

haben, worin beide Reihen für $|x - x_0| < r_0$ konvergieren. Sind die Koeffizienten a_0, b_0, b_1 gleich Null, so heißt x_0 eine *reguläre Stelle*. Das Polynom

$$(2) \qquad f(\rho) = \rho^2 + (a_0 - 1)\rho + b_0$$

heißt *charakteristisches Polynom*, seine Wurzeln ρ_1, ρ_2 *charakteristische Exponenten* der singulären Stelle x_0. Wir numerieren sie so, daß stets gilt

$$(3) \qquad \mathrm{Re}(\rho_2 - \rho_1) \geq 0; \quad \mathrm{Im}(\rho_2 - \rho_1) \leq 0, \text{ falls } \mathrm{Re}(\rho_2 - \rho_1) = 0 \, .$$

<u>Satz 1</u>. *Es sei x_0 eine Stelle der Bestimmtheit für die Differentialgleichung* $u'' + au' + bu = 0$. *Dann gibt es genau ein Fundamentalsystem der Form*

$$v_1(x) = (x - x_0)^{\rho_1} \sum_{n=0}^{\infty} c_n (x - x_0)^n + c\, v_2(x)\, \log(x - x_0) \, ,$$

$$v_2(x) = (x - x_0)^{\rho_2} \sum_{n=0}^{\infty} d_n (x - x_0)^n \, ,$$

worin die Reihen für $|x - x_0| < r_0$ konvergieren und die Koeffizienten folgenden Bedingungen genügen:

a) *Ist $\rho_2 - \rho_1 \neq 0,1,2,\ldots$, so ist $c_0 = d_0 = 1$, $c = 0$;*
b) *ist $\rho_2 - \rho_1 = 0$, so ist $c_0 = 0$, $d_0 = 1$, $c = -1$;*
c) *ist $\rho_2 - \rho_1 = m_0$ eine positive ganze Zahl, so ist $c_0 = d_0 = 1$, $c_{m_0} = 0$.*

<u>Beweis</u>. Für die Zwecke des Beweises setzen wir $x_0 = 0$ ohne Beschränkung der Allgemeinheit. Wir machen den Ansatz

$$v(x) = x^{\rho} \sum_{n=0}^{\infty} d_n x^n$$

für eine Lösung; wenn die Reihe für $|x| < r_0$ konvergiert, so erhalten wir mit (1) durch Einsetzen und Ordnen nach Potenzen

$$v''(x) + a(x)v'(x) + b(x)v(x)$$

$$= x^{\rho-2} \sum_{m=0}^{\infty} \{ f(\rho + m)d_m + \sum_{n=1}^{m} [(\rho + m - n)a_n + b_n]d_{m-n} \} x^m \, ,$$

worin f durch (2) gegeben ist. Die Funktion v ist also genau dann eine Lösung, wenn

$$(4) \qquad f(\rho + m)d_m + \sum_{n=1}^{m} [(\rho + m - n)a_n + b_n]d_{m-n} = 0$$

für m = 0,1,2,... gilt. Setzen wir $d_0 = 1$, $\rho = \rho_2$, so ist die nullte Gleichung erfüllt, und wegen

$$(5) \qquad f(\rho_2 + m) = ((\rho_2 + m) - \rho_1)((\rho_2 + m) - \rho_2) = m(m + \rho_2 - \rho_1) \neq 0$$

sind alle folgenden Gleichungen eindeutig lösbar. Zur Abschätzung der Koeffizienten wählen wir r_1 mit $0 < r_1 < r_0$ und r_2 mit $r_1 < r_2 < r_0$. Da die Reihen in (1) Konvergenzradien größer oder gleich r_0 haben, gibt es ein $C > 0$ so, daß

$$|a_n| \leq C \, r_2^{-n} \, , \qquad |b_n| \leq C \, r_2^{-n}$$

für n = 0,1,... . Nun wählen wir eine natürliche Zahl m_1 so groß, daß

$$m^{-1} C (1 + |\rho_2|m^{-1}) r_1 (r_2 - r_1)^{-1} \leq 1$$

für $m \geq m_1$ und ein $M > 0$ so groß, daß $|d_m|r_1^m \leq M$ für $m = 0,1,...,m_1-1$. Aus (5) folgt

$$|f(\rho_2 + m)| \geq \mathrm{Re} \, f(\rho_2 + m) \geq m^2 \quad \text{für alle m} .$$

Wir behaupten, daß

$$|d_n| \leq M \, r_1^{-n} \quad \text{für alle n}$$

gilt. Das ist richtig für $n < m_1$ nach Voraussetzung; gilt die Ungleichung für $n < m$ mit $m \geq m_1$, so folgt aus (4) und den anderen Ungleichungen

$$|d_m| \le |f(\rho_2 + m)|^{-1} \sum_{n=1}^{m} \left[(|\rho_2| + m - n)\, |a_n| + |b_n| \right] |d_{m-n}|$$

$$\le m^{-2} \sum_{n=1}^{m} (|\rho_2| + m)\, C\, r_2^{-n}\, M\, r_1^{n-m}$$

$$\le m^{-1}\, C\, (1 + |\rho_2| m^{-1}) \sum_{n=1}^{m} (r_1\, r_2^{-1})^n\, M\, r_1^{-m}$$

$$\le M\, r_1^{-m} \ .$$

Also gilt $|d_n| \le M\, r_1^{-n}$ für alle n, und die Reihe $\sum_{n=0}^{\infty} d_n\, x^n$ konvergiert für

$|x| < r_1$. Da r_1 beliebig nahe an r_0 gewählt werden kann, konvergiert die Reihe für $|x| < r_0$. Damit ist die Existenz der Lösung v_2 bewiesen.

Im Fall a) ist auch $f(\rho_1 + m) \ne 0$ für m = 1,2,..., denn statt (5) hat man hier

$$f(\rho_1 + m) = m(m + \rho_1 - \rho_2) \ .$$

Daraus folgt $|f(\rho_1 + m)| \ge \frac{1}{2} m^2$ für alle genügend großen m. Damit können wir die Konstruktion von v_1 mit $c_0 = 1$, c = 0 und die Abschätzung der Koeffizienten in derselben Weise durchführen wie die von v_2.

Im Fall b) liefert unsere Konstruktion zwei identische Lösungen; im Fall c) versagt sie für $\rho = \rho_1$ wegen $f(\rho_1 + m_0) = 0$. In beiden Fällen machen wir den Ansatz

$$v_1(x) = w(x) + c\, v_2(x)\, \log x$$

und erhalten für w die Differentialgleichung

$$w'' + aw' + bw + cg = 0$$

mit

$$g(x) = 2x^{-1}\, v_2'(x) - x^{-2}\, v_2(x) + x^{-1}\, a(x)\, v_2(x)$$

$$(6) \qquad = x^{\rho_2 - 2} \sum_{n=0}^{\infty} g_n\, x^n \ .$$

150

Die Reihe konvergiert für $|x| < r_0$, und der erste Koeffizient ist $g_0 = 2\rho_2 - 1 + a_0$
$= \rho_2 - \rho_1$. Setzt man nun

$$w(x) = x^{\rho_1} \sum_{n=0}^{\infty} c_n x^n \; ,$$

so erhält man die Gleichungen

$$(7) \qquad f(\rho_1 + m)c_m + \sum_{n=1}^{m} \left[(\rho_1 + m - n)a_n + b_n\right]c_{m-n} = \begin{cases} 0 & \text{für } m < m_0 \; , \\ -c g_{m-m_0} & \text{für } m \geq m_0 \end{cases}$$

mit $m_0 = \rho_2 - \rho_1$. Im Falle b) ist $m_0 = 0$; wegen $g_0 = m_0 = 0$ ist dann die nullte
Gleichung erfüllt für beliebige Wahl von c_0 und c. Wir setzen $c_0 = 0$, $c = -1$;
die weiteren Gleichungen sind dann eindeutig lösbar. Im Fall c) ist $m_0 > 0$; die
nullte Gleichung ist erfüllt mit $c_0 = 1$. Für $m = 1,\ldots,m_0-1$ ist (7) eindeutig lösbar und liefert $c_1,\ldots,c_{m_0-1}$. Wir setzen $c_{m_0} = 0$ und berechnen c aus (7) mit $m =
m_0$; das ist möglich wegen $g_0 = m_0 > 0$. Die weiteren Gleichungen sind alle eindeutig
lösbar. Für die Zahlen c_n erhält man eine Abschätzung $|c_n| \leq M r_1^{-n}$ mit beliebigem
$r_1 < r_0$ und geeignetem $M > 0$ wie zuvor. Damit ist die Existenz von v_1 bewiesen.

Man kann sich davon überzeugen, daß die Lösungen v_1 und v_2 linear unabhängig
sind. Dies ergibt sich aus der folgenden Überlegung.

Aus der obigen Darstellung der Lösungen v_1 und v_2 kann man das Verhalten der
Wronskideterminante $\Delta(x) = v_1(x)v_2'(x) - v_1'(x)v_2(x)$ bei $x \to 0$ herleiten:

$$\Delta(x) = \begin{cases} (\rho_2 - \rho_1)x^{\rho_1 + \rho_2 - 1}(1 + o(1)) & \text{in den Fällen a) und c)} \\ x^{\rho_1 + \rho_2 - 1}(1 + o(1)) & \text{im Fall b).} \end{cases}$$

Bekanntlich gilt $\Delta(x) = C \exp\{-A(x)\}$ mit einer Konstanten C und einer Stammfunktion
$A(x)$ von $a(x)$. Wählt man

$$A(x) = a_0 \log x + \sum_{n=1}^{\infty} n^{-1} a_n x^n \; ,$$

so gilt bei $x \to 0$

$$\exp\{-A(x)\} = x^{-a_0}(1 + o(1)) \; .$$

Daraus folgt

$$
C = \begin{cases} \rho_2 - \rho_1 & \text{in den Fällen a) und c)}, \\[2ex] 1 & \text{im Fall b)}. \end{cases}
$$

§ 8. Der Grenzkreisfall an einer Stelle der Bestimmtheit

Wir betrachten die Sturm-Liouvillesche Differentialgleichung $-(pu')' + qu = zku$ im Intervall $(0,b)$ und wollen zunächst untersuchen, unter welchen Voraussetzungen die Stelle 0 für alle z eine Stelle der Bestimmtheit ist. Dazu schreiben wir die Differentialgleichung in der Form

$$
u'' + p^{-1} p' u' + p^{-1}(zk - q)u = 0 \ .
$$

Nach § 7 ist 0 genau dann Stelle der Bestimmtheit, wenn es ein $r_0 > 0$ gibt derart, daß für $0 < x < r_0$ und für alle z die Darstellungen

$$
(1) \quad \begin{cases} p(x)^{-1} p'(x) = x^{-1} \displaystyle\sum_{n=0}^{\infty} a_n x^n \ , \\[3ex] p(x)^{-1} \left[zk(x) - q(x) \right] = x^{-2} \displaystyle\sum_{n=0}^{\infty} b_n(z) x^n \end{cases}
$$

gelten und die Potenzreihen für $|x| < r_0$ konvergieren. Daraus folgt (mit $(\log p)' = p^{-1} p'$)

$$
(2) \quad \begin{cases} p(x) = x^{\sigma} \displaystyle\sum_{n=0}^{\infty} p_n x^n \ , \qquad p_0 \neq 0 \ , \\[3ex] q(x) = x^{\sigma-2} \displaystyle\sum_{n=0}^{\infty} q_n x^n \ , \\[3ex] k(x) = x^{\sigma-2} \displaystyle\sum_{n=0}^{\infty} k_n x^n \end{cases}
$$

für $0 < x < r_0$, und die Potenzreihen sind für $|x| < r_0$ konvergent. Da $p(x) > 0$ ist für $x > 0$, muß σ reell sein und $p_0 > 0$. Weiterhin sind alle Koeffizienten p_n, q_n,

k_n reell, und wegen $k(x) > 0$ für $x > 0$ ist der erste nichtverschwindende
Koeffizient von k positiv. Es gibt also eine natürliche Zahl n_0 so, daß

$$(3) \qquad k_n = 0 \quad \text{für} \quad n = 0,1,\ldots,n_0-1 \ , \quad k_{n_0} > 0 \ .$$

Setzt man die Gleichungen (2) in (1) ein, so folgt:

$$(4) \qquad a_0 = \sigma \ , \quad b_0(z) = p_0^{-1} \, (zk_0 - q_0)$$

und

$$(5) \quad \left\{ \begin{aligned} a_n &= \sum_{m=0}^{n} \tilde{p}_{n-m}(\sigma + m) \, p_m \ , \\[2ex] b_n(z) &= \sum_{m=0}^{n} \tilde{p}_{n-m}(zk_m - q_m) \end{aligned} \right.$$

mit den Koeffizienten $\tilde{p}_n$ aus der Entwicklung

$$p(x)^{-1} = x^{-\sigma} \sum_{n=0}^{\infty} \tilde{p}_n \, x^n \ .$$

Satz 1. *Für die Sturm-Liouvillesche Differentialgleichung $-(pu')' + qu = zku$
in $(0,b)$ sei $x = 0$ für alle z eine Stelle der Bestimmtheit. Bei 0 liegt genau dann
der Grenzkreisfall vor, wenn die durch (3) festgelegte natürliche Zahl n_0 positiv
ist und der Ungleichung*

$$n_0^2 > (1 - \sigma)^2 + 4 \, p_0^{-1} \, q_0$$

*genügt. Die charakteristischen Exponenten ρ_1, ρ_2 sind dann von z unabhängig, und
zwar sind sie entweder beide reell oder sie sind konjugiert komplex, also $\rho_1 \neq \rho_2$.*

Beweis. Das charakteristische Polynom f der singulären Stelle $x = 0$ ist nach
(4) und § 7, (2) von der Form

$$f(\rho) = \rho^2 + (\sigma - 1)\rho + p_0^{-1} \, (zk_0 - q_0) \ .$$

Die Wurzeln sind also

$$(6) \qquad \rho_{1,2} = (1 - \sigma)/2 \pm \left[(1 - \sigma)^2/4 + p_0^{-1}(q_0 - zk_0) \right]^{1/2} \ ;$$

wir numerieren sie nach der Vorschrift § 7, (3). Ist $\rho_2 - \rho_1 \neq 0,1,2,\ldots$, so gibt es nach § 7, Satz 1 eine Lösung

$$v_1(x) = x^{\rho_1} \sum_{n=0}^{\infty} c_n x^n , \qquad c_0 = 1 .$$

Wegen (2) und (3) ist dann

$$|v_1(x)|^2 k(x) = x^{\tau} \sum_{n=0}^{\infty} h_n x^n$$

für $0 < x < r_0$ mit $h_0 = k_{n_0} > 0$ und

$$\tau = 2 \, \mathrm{Re} \, \rho_1 + \sigma - 2 + n_0 .$$

Es gilt genau dann $\int_0^a |v_1(x)|^2 k(x)dx < \infty$ für alle a aus $(0,b)$, wenn $\tau > -1$ ist. Aus (6) folgt $\rho_1 + \rho_2 = 1 - \sigma$, also auch $\mathrm{Re}(\rho_1 + \rho_2) = 1 - \sigma$. Die Ungleichung $\tau > -1$ geht damit über in

$$(7) \qquad n_0 > \mathrm{Re} \, (\rho_2 - \rho_1) .$$

Ist $\rho_2 - \rho_1$ eine natürliche Zahl, so benützt man wieder die in § 7, Satz 1 gegebene Darstellung von $v_1(x)$ und findet dieselbe Bedingung (7) für $\int_0^a |v_1(x)|^2 k(x)dx < \infty$. Ebenfalls nach § 7, Satz 1 ist stets $|v_2(x)| \leq C \, |v_1(x)|$ für $0 < x < r_1$, wenn $r_1 < r_0$ genügend klein und $C > 0$ genügend groß gewählt wird. Aus $\int_0^a |v_1(x)|^2 k(x)dx < \infty$ folgt also $\int_0^a |v_2(x)|^2 k(x)dx < \infty$. Da v_1, v_2 linear unabhängig sind, ist (7) die notwendige und hinreichende Bedingung für das Vorliegen des Grenzkreisfalles.

Aus (7) und § 7, (3) folgt $n_0 > 0$; nach (3) ist $k_0 = 0$, und nach (6) sind ρ_1, ρ_2 von z unabhängig. Es gibt zwei Fälle: Ist $(1 - \sigma)^2/4 + p_0^{-1} q_0 < 0$, so sind ρ_1, ρ_2 konjungiert komplex und $\rho_1 \neq \rho_2$; in diesem Fall besagt (7) nicht mehr als $n_0 > 0$, und die Ungleichung in Satz 1 ist trivialerweise erfüllt. Ist $(1 - \sigma)^2/4 + p_0^{-1} q_0 \geq 0$, so sind ρ_1, ρ_2 reell und $\mathrm{Re}(\rho_2 - \rho_1) = \rho_2 - \rho_1 = 2 \left[(1 - \sigma)^2/4 + p_0^{-1} q_0\right]^{1/2}$; also ist (7) mit der behaupteten Ungleichung äquivalent. Die Aussagen über ρ_1, ρ_2 sind damit auch bewiesen.

154

<u>Satz 2.</u> *Für die Differentialgleichung* $-(pu')' + qu = zku$ *in* $(0,b)$ *sei* $x = 0$
für alle z *eine Stelle der Bestimmtheit, und es liege bei* 0 *der Grenzkreisfall vor.*
Für jedes z *sei* $v_1(x,z)$, $v_2(x,z)$ *das nach* § 7, *Satz 1 existierende Fundamental-*
system. Dann gilt:

1) *Die Koeffizienten* c *und* c_n, d_n *für* $n < n_0$ *sind von* z *unabhängig.*

2) *Setzt man* $u_j(x,z) = v_j(x,z)$, *falls* ρ_1, ρ_2 *reell, und* $u_1(x,z) =$
$\frac{1}{2}\{v_1(x,z) + v_2(x,z)\}$, $u_2(x,z) = \frac{1}{2i}\{v_1(x,z) - v_2(x,z)\}$, *falls* ρ_1, ρ_2 *konjugiert*
komplex und $\rho_1 \neq \rho_2$, *so sind* $u_1(x,z)$, $u_2(x,z)$ *reell für reelle* z *und bilden ein*
Fundamentalsystem für alle z.

3) *Die Anfangszahlen jeder Funktion aus* $\mathcal{U}(A)_0$ *in bezug auf* $u_1(x,z)$, $u_2(x,z)$
sind von z *unabhängig; für jedes* x *aus* $(0,b)$ *sind* $u_j(x,z)$ *und* $u_j'(x,z)$ *ganze*
analytische Funktionen von z *und es gilt* $u_j(x,z^*) = u_j(x,z)^*$ *für alle* x *und* z.

<u>Beweis.</u> 1) Die Koeffizienten $c_n(z)$, $d_n(z)$ und c berechnet man aus den durch
(5) gegebenen Koeffizienten a_n und $b_n(z)$ mit Hilfe der Gleichungen § 7, (4) und (7).
Nach (3) ist $b_n(z)$ für $n < n_0$ von z unabhängig. Aus § 7, (4) mit $\rho = \rho_2$ folgt damit, daß die Koeffizienten $d_n(z)$ für $n < n_0$ von z unabhängig sind. Dasselbe folgt
für die Koeffizienten $c_n(z)$ aus § 7, (7) mit $c = 0$, falls $\rho_2 - \rho_1 \neq 0,1,2,\dots$.
Ist $\rho_2 - \rho_1 = m_0$ eine natürliche Zahl, so ist $n_0 > m_0$ nach (7). Die in § 7, (6)
definierten Zahlen g_n sind für $n < n_0$ von z unabhängig. Aus § 7, (7) folgt damit,
daß die Koeffizienten c und c_n für $n < n_0$ von z unabhängig sind.

2) Nach § 7, Satz 1 bilden die Lösungen $v_j(x,z)$ für jedes z ein Fundamentalsystem; dasselbe gilt daher für die Lösungen $u_j(x,z)$. Sind ρ_1, ρ_2 und z reell, so
sind alle Koeffizienten $c_n(z)$, c und $d_n(z)$ reell, also auch die Lösungen $u_j(x,z) =$
$v_j(x,z)$. Nach 1) ist

$$(8) \qquad \begin{cases} u_1(x,z) = w_1(x) + cw_2(x) \log x + \tilde{w}_1(x,z) + c\tilde{w}_2(x,z) \log x \ , \\ u_2(x,z) = w_2(x) + \tilde{w}_2(x,z) \end{cases}$$

mit

$$w_1(x) = x^{\rho_1} \sum_{n=0}^{n_0-1} c_n \, x^n \ ,$$

$$(9) \qquad w_2(x) = x^{\rho_2} \sum_{n=0}^{n_0-1} d_n \, x^n \ ,$$

$$\tilde{w}_1(x,z) = x^{\rho_1+n_0} \sum_{n=0}^{\infty} c_{n+n_0}(z) \, x^n \ ,$$

$$\tilde{w}_2(x,z) = x^{\rho_2+n_0} \sum_{n=0}^{\infty} d_{n+n_0}(z) \, x^n \ ,$$

und die Funktionen w_1, w_2 sind reell. Sind ρ_1, ρ_2 konjugiert komplex, $\rho_1 \neq \rho_2$, und z reell, so folgt aus § 7, (4) und (7), daß $d_n(z) = c_n(z)^*$ ist für alle n, also $v_2(x,z) = v_1(x,z)^*$, und folglich sind die Lösungen $u_j(x,z)$ reell. Für alle z gilt $d_n(z) = c_n(z^*)^*$. Setzen wir

$$(10) \qquad \rho_1 = \rho_0 + i\tau \ , \quad \rho_2 = \rho_0 - i\tau \ , \quad \rho_0 = (1-\sigma)/2 \ , \quad \tau > 0$$

(vgl. (6) und § 7, (3)), so wird

$$(11) \quad \left\{ \begin{aligned}
u_1(x,z) &= x^{\rho_0} \cos (\tau \log x) \, \phi(x,z) \\
&\qquad - x^{\rho_0 + 1} \sin (\tau \log x) \, \psi(x,z) \ , \\
u_2(x,z) &= x^{\rho_0} \sin (\tau \log x) \, \phi(x,z) \\
&\qquad + x^{\rho_0 + 1} \cos (\tau \log x) \, \psi(x,z) \ ,
\end{aligned} \right.$$

mit

$$(12) \quad \left\{ \begin{aligned}
\phi(x,z) &= \frac{1}{2} \sum_{n=0}^{\infty} \left[c_n(z) + c_n(z^*)^* \right] x^n \ , \\
\psi(x,z) &= \frac{1}{2i} \sum_{n=0}^{\infty} \left[c_{n+1}(z) - c_{n+1}(z^*)^* \right] x^n \ ,
\end{aligned} \right.$$

und $\phi(x,z)$, $\psi(x,z)$ sind reell für reelle z.

3) Zur Abkürzung setzen wir $u_j(x) = u_j(x,0)$ und $\tilde{u}_j(x) = u_j(x,z)$. Da u_1, u_2 reell sind, ist $[u_j, u_j]_0 = 0$ für $j = 1,2$ und $[u_2, u_1]_0 = -[u_1, u_2]_0 = W$ die modifizierte Wronskideterminante von u_1, u_2. Für die Anfangszahlen c_1, c_2 einer Funktion u aus $\mathcal{V}(A)_0$ bezüglich u_1, u_2 folgt aus § 5, Satz 1, a)

$$(13) \qquad c_1 = W^{-1} \left[u_2, u \right]_0 \ , \quad c_2 = - W^{-1} \left[u_1, u \right]_0 \ .$$

Setzen wir hierin $u = \tilde{u}_j$, und sind ρ_1, ρ_2 reell, so folgt aus (8) und (9), daß die Terme $\tilde{w}_1$, $\tilde{w}_2$ und $\tilde{w}_2 \log x$ keinen Beitrag liefern; z.B. ist

$$\left[u_1, \tilde{w}_1 \right]_0 = \lim_{x \to 0} p(x) \{ \tilde{w}_1(x,z) u_1'(x) - \tilde{w}_1'(x,z) u_1(x) \} \ ,$$

und der kleinste hierin auftretende Exponent ist $\sigma + 2\rho_1 + n_0 - 1 = \rho_1 - \rho_2 + n_0 > 0$ nach (7). Das bedeutet, daß wir bei der Ausrechnung von $[u_i, \tilde{u}_j]_0$ die

156

Funktion $\tilde{u}_2$ durch w_2 oder auch durch u_2 ersetzen können und ebenso $\tilde{u}_1$ durch u_1.
Damit folgt aus (13), daß $\tilde{u}_1$, $\tilde{u}_2$ die Anfangszahlen 1 und 0 bzw. 0 und 1 haben.
Sind ρ_1, ρ_2 konjugiert komplex und $\rho_1 \neq \rho_2$, so kommt es bei der Berechnung der
Ausdrücke $[u_i, \tilde{u}_j]_0$ nur auf die führenden Terme $x^{\rho_0}\cos(\tau \log x)$ bzw. $x^{\rho_0}\sin(\tau \log x)$
in (11) an; aus (13) erhält man damit die Anfangszahlen 1 und 0 für $\tilde{u}_1$ und 0 und
1 für $\tilde{u}_2$. Nach § 5, Satz 1, Teil c sind die Anfangszahlen jeder Funktion aus
$\dot{\mathcal{V}}(A)_0$ bezüglich $\tilde{u}_1$, $\tilde{u}_2$ gleich denen in bezug auf u_1, u_2. Der Rest der Behauptung
3) folgt nun aus § 6, Satz 3.

Einige der Behauptungen von Satz 2 bleiben richtig, wenn der Grenzkreisfall
nicht vorausgesetzt wird:

Satz 3. Für die Differentialgleichung $-(pu')' + qu = zku$ *in* $(0,b)$ *sei* $x = 0$
für alle z eine Stelle der Bestimmtheit, und es sei $n_0 > n$. *Dann sind die*
charakteristischen Exponenten ρ_1, ρ_2 *von z unabhängig und entweder beide reell*
oder konjugiert komplex und $\rho_1 \neq \rho_2$. *Die in Satz 2, Teil 2 definierten Lösungen*
$u_j(x,z)$ *und ihre Ableitungen* $u_j'(x,z)$ *sind für jedes x aus* $(0,b)$ *ganze analytische*
Funktionen von z und es gilt $u_j(x,z^*) = u_j(x,z)^*$ *für alle x und z.*

Beweis. Die erste Behauptung folgt aus (6). Aus den Rekursionsformeln § 7,
(4) und (7) sieht man, daß die Koeffizienten $c(z)$, $c_n(z)$, $d_n(z)$ Polynome in z
sind; also sind $v_j(x,z)$ und $v_j'(x,z)$ ganze Funktionen von z, und dasselbe gilt für
$u_j(x,z)$ und $u_j'(x,z)$. Die Formel $u_j(x,z^*) = u_j(x,z)^*$ entnehmen wir dem Beweis von
Satz 2.

§ 9. Die Randbedingungen bei der Wellengleichung des Keplerproblems

Ein Teilchen der Masse m und der Ladung $-e$ bewege sich im elektrischen Feld eines
im Ursprung ruhenden Kerns sehr großer Masse und der Ladung Ze. Die auf das Teilchen ausgeübte Kraft leitet sich dann aus dem Potential $V = - Z\,e^2\,r^{-1}$ her, worin
r der Abstand des Teilchens vom Ursprung ist. Die *Kernladungszahl* Z ist eine
reelle Zahl; $Z > 0$ entspricht einer anziehenden, $Z < 0$ einer abstoßenden Kraft.
Die zeitunabhängige Schrödingergleichung dieses Problems ist nach Abschnitt 2 der
Einleitung die Eigenwertgleichung $Bu = \lambda u$ für den Operator $B = - \Delta + q$ in
$\mathcal{L}_2(\mathrm{I\!R}^3)$ mit

$$q(x) = 2m\,\hbar^{-2}\,V(x) = - 2Z(r_0 r)^{-1}\ , \qquad r_0 = \hbar^2\,m^{-1}\,e^{-2}\ .$$

Der Eigenwertparameter λ hängt mit der Energie E gemäß $\lambda = 2m\,\hbar^{-2}E$ zusammen.

Der Operator B kann in gewissem Sinne als Summe von gewöhnlichen Differentialoperatoren A_1 der Form

$$(1) \qquad A_1 u = - u'' + \{ 1(1 + 1)r^{-2} - 2Z(r_0 r)^{-1}\}u$$

in $\mathcal{L}_2(0,\infty)$ aufgefaßt werden, wobei 1 die natürlichen Zahlen 0,1,2,... durchläuft (vgl. Courant-Hilbert [2], V, § 12). Die Gleichung $A_1 u = \lambda u$ für u aus
$\mathcal{L}_2(0,\infty)$ bezeichnet man als *radiale* Schrödingergleichung des Keplerproblems. Im
folgenden befassen wir uns nur mit dem Operator A_1, also mit dem singulären
Sturm-Liouville-Problem gegeben durch a = 0, b = ∞, p = k = 1 und

$$q(r) = 1(1 + 1)r^{-2} - 2Z(r_0 r)^{-1} \, ,$$

1 eine natürliche Zahl, Z reell und $r_0 > 0$.

Die zu untersuchende Differentialgleichung ist

$$(2) \qquad u'' + \{ z + 2Z(r_0 r)^{-1} - 1(1 + 1)r^{-2}\} \, u = 0$$

im Intervall $(0,\infty)$; diese geht durch die Substitution u = rf aus der in § 1 angegebenen Differentialgleichung hervor. Offenbar ist das linke Intervallende für alle
z eine Stelle der Bestimmtheit; Vergleich mit § 8, (2) und (3) zeigt: $\sigma = 0$, $p_0 = 1$,
$q_0 = 1(1 + 1)$, $n_0 = 2$. Nach § 8, Satz 1 liegt genau dann der Grenzkreisfall bei
Null vor, wenn $1(1 + 1) < 3/4$, d.h. wenn 1 = 0 ist. Die charakteristischen
Exponenten der singulären Stelle 0 sind $\rho_1 = -1$ und $\rho_2 = 1 + 1$ nach § 8, (6). Es
liegt also der Fall c) von § 7, Satz 1 vor mit $m_0 = 21 + 1$. Wir wollen die
Lösungen v_1, v_2 nach diesem Satz berechnen. Dazu ist es bequem, die Differential-
gleichung (2) durch die Substitution

$$(3) \qquad u(r) = \exp(-\omega r)\, v(r) \, , \qquad \omega = \sqrt{-z}$$

zu transformieren; man erhält

$$(4) \qquad v'' - 2\omega v' + \{ 2Z(r_0 r)^{-1} - 1(1 + 1)r^{-2}\} \, v = 0 \, .$$

Auch für diese Differentialgleichung ist 0 eine Stelle der Bestimmtheit mit $\rho_1 = -1$
und $\rho_2 = 1 + 1$. Die Rekursionsformel § 7, (4) lautet hier

$$(\rho + 1 + n)(\rho - 1 - 1 + n)d_n + \left[2\, Z\, r_0^{-1} - 2\omega(\rho + n - 1)\right]d_{n-1} = 0 \, .$$

Mit $\rho = \rho_2 = 1 + 1$, $d_0 = 1$ und mit der Abkürzung $\kappa = Z\, r_0^{-1}\omega^{-1}$ erhält man

$$(5) \qquad d_n = \frac{(1 + 1 - \kappa)_n \, (2\omega)^n}{(2l + 2)_n \, n!} \, , \qquad n = 0,1,2,\ldots \, ,$$

worin

$$(5') \qquad (a)_n = \begin{cases} 1 & \text{für } n = 0 \, , \\[2mm] a(a+1) \ldots (a+n-1) & \text{für } n = 1,2,\ldots \end{cases}$$

gesetzt ist. Man erklärt die *Kummersche Funktion* $F(a,c,s)$ durch

$$(5'') \qquad F(a,c,s) = \sum_{n=0}^{\infty} \frac{(a)_n}{(c)_n} \, \frac{s^n}{n!}$$

für alle komplexen Werte a, s und für $c \neq 0,-1,-2,\ldots$. Vergleich mit (5) zeigt, daß $r^{l+1} \, F(1+1-\kappa,2l+2,2\omega r)$ eine Lösung von (4) ist. Wegen (3) ist dann

$$(6) \qquad u_2(r,z) = r^{l+1} \exp(-\omega r) \, F(1 + 1 - \kappa, 2l + 2, 2\omega r)$$

mit $\omega = \sqrt{-z}$ und $\kappa = Z \, r_0^{-1} \, \omega^{-1}$ eine Lösung von (2), und zwar ist $u_2(r,z)$ nach Konstruktion die zweite der beiden Lösungen $u_j(r,z)$, die nach § 7, Satz 1 eindeutig bestimmt und nach § 8, Satz 3 ganze Funktionen von z sind. Insbesondere hängt $u_2(r,z)$ nicht von der Wahl des Vorzeichens in $\omega = \sqrt{-z}$ ab, d.h. es gilt

$$F(1 + 1 - \kappa, 2l + 2, s) = e^s \, F(1 + 1 + \kappa, 2l + 2, -s) \, .$$

Diese Identität wird als *erste Kummersche Formel* bezeichnet.

Die Lösung $u_1(r,z)$ kann man ebenfalls nach § 7, Satz 1 berechnen. Wir benötigen sie nur im Grenzkreisfall $l = 0$, und auch in diesem Fall genügt es zu wissen, daß u_1 von der Form

$$(7) \qquad u_1(r,z) = 1 + \sum_{n=2}^{\infty} c_n(z) \, r^n + c \, u_2(r,z) \log r$$

ist; der Koeffizient c_1 ist Null wegen $\rho_2 - \rho_1 = m_0 = 1$; aus § 7, (7) folgt $c = - 2 Z \, r_0^{-1}$.

Im folgenden benötigen wir einige Formeln und Sätze über spezielle Funktionen, die wir den Büchern von W. Magnus – F. Oberhettinger [5] bzw. W. Magnus – F. Oberhettinger – R.P. Soni [6] entnehmen.

Durch die Substitution

$$(8) \qquad u(r) = w(2\omega r), \quad \omega = \sqrt{-z'}, \quad 2\omega r = s, \quad \kappa = Z\, r_0^{-1}\omega^{-1}, \quad \mu = 1 + 1/2$$

geht (2) über in die *Whittakersche Differentialgleichung*

$$w'' + \{ - 1/4 + \kappa\, s^{-1} - (\mu^2 - 1/4)s^{-2}\}\, w = 0 .$$

Diese hat eine Lösung $W_{\kappa,\mu}(s)$, die *Whittakersche Funktion*, die durch ihr asymptotisches Verhalten im Unendlichen, nämlich

$$(9) \qquad W_{\kappa,\mu}(s) = e^{-s/2}\, s^\kappa\, \{ 1 + 0(|s|^{-1})\}$$

für $|\arg s| < 3\pi/2$ und $|s| \to \infty$ ausgezeichnet ist (vgl. [6], S. 317 zusammen mit S. 62). $W_{\kappa,\mu}(s)$ und $W_{-\kappa,\mu}(-s)$ bilden ein Fundamentalsystem für die Whittakersche Differentialgleichung. Nach (8) hat also (2) das Fundamentalsystem

$$(10) \qquad \left\{ \begin{array}{l} u_3(r,z) = W_{\kappa,1+1/2}\,(2\sqrt{-z}\, r) , \\[2mm] u_4(r,z) = W_{-\kappa,1+1/2}\,(2e^{i\pi}\,\sqrt{-z}\, r) \end{array} \right.$$

mit $\kappa = Z/r_0\sqrt{-z'}$, worin $\sqrt{-z'}$ in der längs $[0,\infty)$ aufgeschnittenen komplexen Ebene stetig und so definiert sei, daß $\sqrt{-z'}$ für reelle negative z positiv ist. Aus (9) folgt

$$(11) \qquad \left\{ \begin{array}{l} u_3(r,z) = \exp\,(- \sqrt{-z'}\, r)\, \left[2\,\sqrt{-z'}\, r\right]^\kappa\, \{ 1 + 0(r^{-1})\} , \\[2mm] u_4(r,z) = \exp\,(\sqrt{-z'}\, r)\, \left[2e^{i\pi}\,\sqrt{-z}\, r\right]^{-\kappa}\, \{ 1 + 0(r^{-1})\} \end{array} \right.$$

für $r \to \infty$. Also ist $\int_1^\infty |u_3(r,z)|^2 dr < \infty$ und $\int_1^\infty |u_4(r,z)|^2 dr = \infty$ für alle z mit Ausnahme der Werte aus $[0,\infty)$; insbesondere liegt bei ∞ der Grenzpunktfall vor.

Für $l = 1,2,\ldots$ liegt an beiden Enden der Grenzpunktfall vor; nach § 3 ist also durch (1) und den in § 1 angegebenen Definitionsbereich ein wesentlich selbstadjungierter Operator A_l in $\mathscr{L}_2(0,\infty)$ definiert. Für $l = 0$ benötigen wir nach § 4 eine Randbedingung bei Null, die nach § 5 die Form $c_1 \cos \alpha - c_2 \sin \alpha = 0$ hat, worin α aus $[0,\pi)$ und c_1, c_2 die Anfangszahlen einer Funktion u aus $\mathscr{V}(A)$ in bezug auf ein reelles Fundamentalsystem der Differentialgleichung (2) sind. Nach § 8, Satz 2 können wir die (von z unabhängigen) Anfangszahlen in bezug auf $u_1(r,z)$, $u_2(r,z)$ nehmen. Dann ist

$$(12) \qquad u_0(r,z) = \sin \alpha \; u_1(r,z) + \cos \alpha \; u_2(r,z)$$

die der Randbedingung genügende Lösung von (2). Den nach § 4 durch die Randbedingung festgelegten wesentlich selbstadjungierten Operator bezeichnen wir mit $A_{0\alpha}$. Wir wollen alle Eigenwerte des Operators A_1 bzw. $A_{0\alpha}$ bestimmen.

Jede Eigenfunktion u des Operators A_1 oder $A_{0\alpha}$ zum Eigenwert λ ist Lösung der Differentialgleichung (2) mit $z = \lambda$. Wir zeigen zunächst, daß es *keine positiven Eigenwerte* gibt: Sei $\lambda > 0$ und $\sqrt{-\lambda} = -i\eta$, $\eta = \sqrt{\lambda} > 0$, also $\kappa = i \; Z/r_0\eta = i\xi$. Nach (11) ist jede Lösung von (2) mit $z = \lambda$ asymptotisch für $r \to \infty$ gleich

$$[C_1 \exp\{ i\eta r + i\xi \log r\} + C_2 \exp\{ -i\eta r - i\xi \log r\}] \; \{ 1 + O(r^{-1})\}$$

mit geeigneten Konstanten C_1, C_2. Es genügt, reelle Lösungen zu betrachten, also Lösungen der Form

$$C \cos[\eta r + \xi \log r + \delta] \; \{ 1 + O(r^{-1})\}$$

mit reellen Zahlen $C \neq 0$ und δ. Keine dieser Lösungen ist im Intervall $[1,\infty)$ quadratisch integrierbar; also gibt es keine positiven Eigenwerte.

Sei nun $\lambda < 0$ ein Eigenwert von A_1, $1 \geq 1$; dann muß nach (11) die Eigenfunktion ein Vielfaches von $u_3(r,\lambda)$ sein. Nach (10) ist

$$(13) \qquad u_3(r,\lambda) = W_{\kappa,1+1/2}(2\omega r) \; , \quad \omega = \sqrt{-\lambda} > 0 \; , \quad \kappa = Z/r_0\omega \; .$$

Wir benützen die Formel

$$(14) \qquad W_{\kappa,1+1/2}(s) = [\Gamma(1 + 1 - \kappa)]^{-1}w_1(s) + [\Gamma(-1 - \kappa)]^{-1}w_2(s)$$

mit

$$w_1(s) = s^{-1} e^{-s/2} \sum_{n=0}^{21} \frac{(21 - n)! \; (-1 - \kappa)_n}{n!} (-s)^n$$

$$w_2(s) = s^{1+1} e^{-s/2} \sum_{n=0}^{\infty} \frac{(1 + 1 - \kappa)_n \; s^n}{n! \; (21 + 1 + n)!} \Big[\log s + \psi(n + 1 + 1 - \kappa) -$$
$$- \psi(n + 1) - \psi(n + 21 + 2)\Big] \; ;$$

darin ist $\psi(t) = \Gamma'(t)/\Gamma(t)$ (vgl. [5], S. 116). Nach dieser Formel ist $u_3(r,\lambda)$ genau dann im Intervall $(0,1]$ quadratisch integrierbar, wenn $[\Gamma(1 + 1 - \kappa)]^{-1} = 0$

ist, also genau dann, wenn $1 + 1 - \kappa$ eine der Zahlen $0,-1,-2,\ldots$ ist. Aus $1 + 1 - \kappa = -n$ folgt $\omega = Z/r_0(1 + 1 + n)$; *für $Z > 0$ haben wir also die negativen Eigenwerte*

$$(15) \qquad \lambda_n = - Z^2 r_0^{-2}(1 + 1 + n)^{-2}, \qquad n = 0,1,2,\ldots$$

und für $Z \leq 0$ gibt es keinen negativen Eigenwert. Die zum Eigenwert λ_n gehörende Eigenfunktion $\phi_n(r)$ muß ein Vielfaches von $u_2(r,\lambda_n)$ sein, also nach (6)

$$\phi_n(r) = r^{1+1} \exp (- \omega_n r)\, F(-n,21 + 2,2\omega_n r)$$

mit $\omega_n = \sqrt{-\lambda_n}$; hierin ist F nach (5'') ein Polynom in r vom Grad n.

Die Formel (15) für die negativen Eigenwerte bleibt auch im Falle $1 = 0$, $\alpha = 0$ noch richtig; dann muß nämlich nach (12) die Eigenfunktion (13) ein Vielfaches von $u_2(r,\lambda)$ sein.

Sei nun α aus $(0,\pi)$ und λ ein negativer Eigenwert von $A_{0\alpha}$. Dann muß $u_3(r,\lambda)$ ein Vielfaches von $u_0(r,\lambda)$ sein. Aus (14) folgt

$$u_3(r,\lambda) = \left[\Gamma(1 - \kappa)\right]^{-1} e^{-\omega r} + \left[\Gamma(-\kappa)\right]^{-1} e^{-\omega r}\{\, 2\omega r\left[\log 2\omega r + \right.$$

$$\left. + \psi(1 - \kappa) - \psi(1) - \psi(2)\right] + O(r^2|\log r|)\} .$$

Wegen $\omega = Z/r_0\kappa$, $\kappa\Gamma(-\kappa) = -\Gamma(1 - \kappa)$ und $e^{-\omega r} = 1 - \omega r + O(r^2)$ wird daraus

$$u_3(r,\lambda) = \left[\Gamma(1 - \kappa)\right]^{-1}\{\, 1 - 2Zr_0^{-1}r \log r - c(\lambda)r + O(r^2|\log r|)\}$$

mit

$$c(\lambda) = \omega + 2Zr_0^{-1}\left[\log 2\omega + \psi(1 - \kappa) - \psi(1) - \psi(2)\right] .$$

Vergleich mit (6) und (7) zeigt

$$\Gamma(1 - \kappa)\, u_3(r,\lambda) = u_1(r,\lambda) - c(\lambda)\, u_2(r,\lambda) .$$

Aus (12) folgt damit die Gleichung $c(\lambda) = - \cot \alpha$ für einen Eigenwert. Es gilt

$$(16) \qquad \psi(t) = - C + \sum_{n=0}^{\infty} \left(\frac{1}{n + 1} - \frac{1}{t + n}\right)$$

mit der *Eulerschen Konstante* $C = 0,577...$ (vgl. [6], S. 13). Also ist $\psi(1) = - C$, $\psi(2) = 1 - C$, und wir erhalten die Eigenwertgleichung

$$(17) \qquad \omega + 2Zr_0^{-1} \left[\log 2\omega + \psi(1 - \kappa) + 2C - 1\right] = - \cot \alpha \quad .$$

Für $Z = 0$ erhält man die Gleichung $\sqrt{-\lambda} = - \cot \alpha$, die nur für α aus $(\pi/2,\pi)$ eine reelle Lösung λ hat, und zwar ist $\lambda_0 = - (\cot \alpha)^2$ die einzige Lösung. Für $Z \neq 0$ kann man die Gleichung (17) in der Form

$$(17') \qquad 1/2\kappa + \log (2Z/r_0\kappa) + \psi(1 - \kappa) = 1 - 2C - r_0(\cot \alpha)/2Z$$

schreiben. Ist $Z > 0$, so sucht man wegen $\kappa = Z/r_0\sqrt{-\lambda}$ nach positiven Lösungen dieser Gleichung. Aus (16) folgt, daß die Funktion

$$\Phi(\kappa) = 1/2\kappa + \log (2Z/r_0\kappa) + \psi(1 - \kappa)$$

in jedem der Intervalle $(n,n+1)$ stetig und streng abnehmend ist und alle reellen Werte annimmt (siehe Figur 5). Also hat die Gleichung (17') für jedes α aus $(0,\pi)$ genau eine Lösung κ_n mit $n < \kappa_n < n+1$ für $n = 0,1,2,...$, d.h. $A_{0\alpha}$ *hat Eigenwerte*

$$\lambda_n = - Z^2 r_0^{-2} \kappa_n^{-2} , \qquad n = 0,1,2,... ,$$

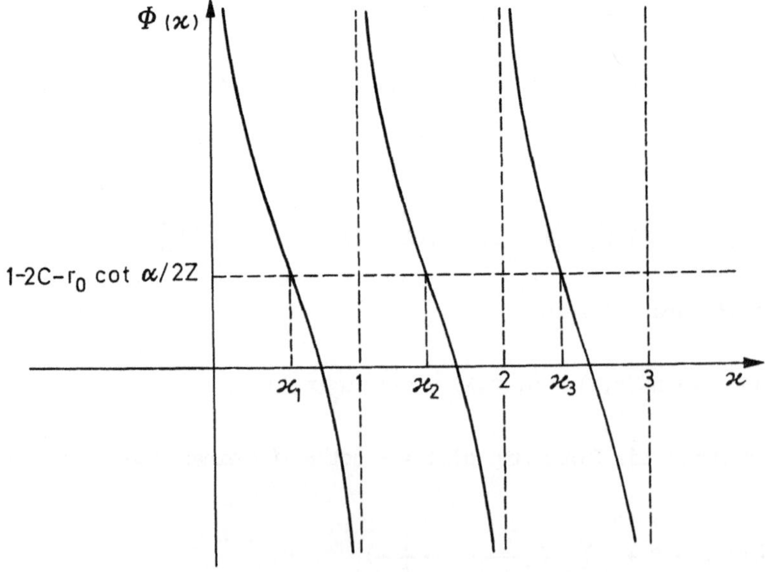

Figur 5

die den Ungleichungen

$$- Z^2 r_0^{-2} n^{-2} < \lambda_n < - Z^2 r_0^{-2} (n + 1)^{-2}$$

genügen. Aus (17') folgt ferner, daß die Zahlen κ_n und damit auch die Eigenwerte λ_n streng abnehmende Funktionen von α sind, die für $\alpha \to 0$ gegen die Eigenwerte $- Z^2 r_0^{-2} (n+1)^{-2}$ von A_{00} streben.

Ist $Z < 0$, so sucht man nach negativen Lösungen $\kappa = - s$ der Gleichung (17'), die man daher besser in der Form

$$(17") \qquad \Psi(s) = 1 - 2C + r_0(2|Z|)^{-1} \cot \alpha - \log (2|Z|/r_0)$$

schreibt mit

$$\begin{aligned}
\Psi(s) &= - 1/2s - \log s + \psi(1 + s) \\
&= 1/2s - \log s + \psi(s) \\
&= -2 \int_0^\infty (s^2 + t^2)^{-1} (e^{2\pi t} -1)^{-1} t \, dt
\end{aligned}$$

(vgl. [6], S. 14 und S. 16). Man sieht aus dieser Darstellung, daß Ψ in $(0,\infty)$ stetig und streng zunehmend ist und den Wertebereich $(-\infty,0)$ hat. Die Gleichung (17") hat also keine Lösung $s > 0$, wenn die rechte Seite größer oder gleich Null ist, und genau eine Lösung, wenn die rechte Seite negativ ist; das ist der Fall für alle α aus (α_0,π), wenn α_0 die Nullstelle der rechten Seite von (17") in $(0,\pi)$ ist.

Es bleibt zu untersuchen, ob A_1 oder $A_{0\alpha}$ den Eigenwert Null hat. Hierzu müssen wir die Differentialgleichung (2) mit $z = 0$ betrachten. Wir setzen

$$u(r) = r^{1/2} v(2\beta r^{1/2}) \quad \text{mit} \quad \beta = (2Z/r_0)^{1/2}$$

und erhalten für v die *Besselsche Differentialgleichung*

$$v'' + s^{-1} v' + \left[1 - (2l + 1)^2 s^{-2}\right] v = 0$$

mit der *Besselfunktion* J_{2l+1} und der *Neumannfunktion* N_{2l+1} als linear unabhängigen Lösungen. Jede Lösung von (2) mit $z = 0$ ist also von der Form

$$u(r) = c_1 r^{1/2} J_{2l+1}(2\beta r^{1/2}) + c_2 r^{1/2} N_{2l+1}(2\beta r^{1/2}) \ .$$

Ist $Z > 0$, so ist auch $\beta > 0$; aus den asymptotischen Reihen von Hankel (vgl. [6], S. 139) folgt, daß für jede nichttriviale Lösung gilt

$$u(r) = c \, r^{1/4} \cos (2\beta r^{1/2} + \delta) + O(r^{-1/4})$$

für $r \to \infty$ mit geeigneten Konstanten $c \neq 0$ und δ. Daraus folgt $\int_1^\infty |u(r)|^2 dr = \infty$, d.h.

Null ist nicht Eigenwert von A_1 oder $A_{0\alpha}$ für $Z > 0$. Für $Z < 0$ ist $\beta = i\gamma$ mit $\gamma = (2|Z|/r_0)^{1/2} > 0$; in diesem Fall gibt es eine für $r \to \infty$ exponentiell abfallende Lösung, nämlich

$$u(r) = r^{1/2} \, H^{(1)}_{21+1}(2i\gamma r^{1/2}) \ ,$$

worin $H^{(1)}_{21+1} = J_{21+1} + i \, N_{21+1}$ die *erste Hankelfunktion* ist. Aus den asymptotischen Reihen folgt

$$u(r) = c \, r^{1/4} \exp (- 2\gamma r^{1/2}) \{ 1 + O(r^{-1/2}) \}$$

für $r \to \infty$ mit $c \neq 0$, also $\int_1^\infty |u(r)|^2 dr < \infty$, und auch, daß jede von u linear unabhängige Lösung nicht quadratisch integrierbar ist. Das Verhalten von u für kleine r folgt aus den Potenzreihendarstellungen von J_{21+1} und N_{21+1} (vgl. [6], S. 65 und S. 69): Für $1 \geq 1$ erhält man

$$u(r) = c' \, r^{-1} \{ 1 + O(r) \}$$

für $r \to 0$, also $\int_0^1 |u(r)|^2 dr = \infty$, d.h. Null ist nicht Eigenwert von A_1 für $1 \geq 1$.

Für $1 = 0$ ist

$$u(r) = - (\pi \gamma)^{-1} + \gamma \, \pi^{-1} (1 - 2C - \log \gamma^2) r$$

$$- \gamma \, \pi^{-1} r \log r + O(r^2 |\log r|)$$

für $r \to 0$. Durch Vergleich mit (6) und (7) erhält man

$$u(r) = - (\pi \gamma)^{-1} u_1(r,0) + \gamma \, \pi^{-1} (1 - 2C - \log \gamma^2) \, u_2(r,0) \ .$$

In keinem Fall ist u ein Vielfaches von u_2, d.h. A_{00} hat nicht den Eigenwert Null. Für $\alpha > 0$ ist u ein Vielfaches der durch (12) definierten Lösung u_0, falls

$$- \gamma^2 (1 - 2C - \log \gamma^2) = \cot \alpha$$

ist. Diese Gleichung kann man auch in der Form

$$(18) \qquad 1 - 2C + r_0 (2|Z|)^{-1} \cot \alpha - \log (2|Z|/r_0) = 0$$

schreiben; sie ist genau dann erfüllt, wenn $\alpha = \alpha_0$ die schon weiter oben erwähnte Zahl im Intervall $(0,\pi)$ ist. Für $Z = 0$ (und $z = 0$) wird aus (2) die Differential-gleichung $u'' - 1(1 + 1) r^{-2} u = 0$ mit den Lösungen $u_1(r) = r^{-1}$, $u_2(r) = r^{1+1}$. Keine Lösung ist quadratisch integrierbar über $(0,\infty)$; also ist Null nicht Eigen-wert von A_1 oder von $A_{0\alpha}$ für $Z = 0$. Wir fassen die Ergebnisse in einer Tabelle zusammen:

	$Z > 0$	$Z = 0$	$Z < 0$
A_1 $1 \geq 1$	$\lambda_n = -Z^2 r_0^{-2}(1 + 1 + n)^{-2}$ $n = 0,1,2,\ldots$	kein Eigenwert	kein Eigenwert
A_{00}	$\lambda_n = -Z^2 r_0^{-2}(1 + n)^{-2}$ $n = 0,1,2,\ldots$	kein Eigenwert	kein Eigenwert
$A_{0\alpha}$ $0 < \alpha < \pi$	$-Z^2 r_0^{-2} n^{-2} < \lambda_n <$ $< -Z^2 r_0^{-2}(n + 1)^{-2}$ $n = 0,1,2,\ldots$	$\lambda_0 = -(\cot \alpha)^2$ falls $\pi/2 < \alpha < \pi$	$\lambda_0 < 0$, falls $\quad \alpha_0 < \alpha < \pi$ $\lambda_0 = 0$, falls $\quad \alpha = \alpha_0$

Darin ist α_0 die Lösung der Gleichung (18) im Intervall $(0,\pi)$.

§ 10. Die Normierung der Lösungen

Es sei u aus $\mathcal{L}_2(a,b;k)$ und Lösung der Differentialgleichung

$$- (pu')' + qu = z_0 ku$$

in (a,b) mit reellem z_0. Wir nennen u nicht Eigenfunktion zum Eigenwert z_0, weil die Randbedingungen, die im Grenzkreisfall zu stellen sind, durch u vielleicht nicht erfüllt werden. Zur Ausrechnung des Integrals $\int_a^b |u|^2 k dx$ ist folgender Kunstgriff nützlich: Es sei $u(x) = u(x,z_0)$, und $u(x,z)$ genüge den folgenden Voraussetzungen:

(1) $u(x,z)$ ist für $a < x < b$ und für alle z aus einer reellen oder komplexen Umgebung Ω von z_0 erklärt.
(2) Für jedes z aus Ω ist $u(x,z)$ Lösung der Differentialgleichung $- (pu')' + qu = zku$.
(3) Für $a < x < b$ und z aus Ω existieren die Ableitungen $v(x,z) = \frac{\partial}{\partial z} u(x,z)$, $v'(x,z) = \frac{\partial}{\partial z} u'(x,z)$ und sind dort stetig.

Aus der Lagrangeschen Identität § 2, (1) folgt (mit $u(x) = u(x,z)$, $v(x) = u(x,z_0)^*$)

$$(z - z_0) \int_c^d u(x,z)\, u(x,z_0)^*\, k(x)\, dx$$

$$= \Big[p(x)\, (u(x,z)\, u'(x,z_0)^* - u'(x,z)\, u(x,z_0)^*)\Big]_c^d$$

für $a < c < d < b$ und für alle z aus Ω. Für $z = z_0$ ist die rechte Seite gleich Null; subtrahiert man diesen Ausdruck und dividiert durch $z - z_0$, so erhält man

$$\int_c^d |u(x,z_0)|^2\, k(x)\, dx$$

$$= \lim_{z \to z_0} \Big[p(x) \Big\{ \frac{u(x,z) - u(x,z_0)}{z - z_0}\, u'(x,z_0)^* - \frac{u'(x,z) - u'(x,z_0)}{z - z_0}\, u(x,z_0)^* \Big\}\Big]_c^d$$

$$= \Big[p(x) \{ v(x,z_0)\, u'(x,z_0)^* - v'(x,z_0)\, u(x,z_0)^* \} \Big]_c^d .$$

Mit $u(x) = u(x,z_0)$, $v(x) = v(x,z_0)$ ist also

$$\int_c^d |u|^2 k dx = W(v,u^*;d) - W(v,u^*;c)$$

und folglich

(4)
$$\int_a^b |u|^2 k\,dx = \lim_{d \to b} W(v,u^*;d) - \lim_{c \to a} W(v,u^*;c) \ .$$

Damit ist die Ausrechnung des Normierungsintegrals zurückgeführt auf die Bestimmung der beiden Grenzwerte auf der rechten Seite, die leicht ist, wenn das asymptotische Verhalten von u und von v genügend bekannt ist. In der Regel wird man es so einrichten, daß entweder der eine oder der andere Grenzwert verschwindet. Hinreichend für das Verschwinden des Grenzwertes bei b ist z.B. (5) zusammen mit (6):

(5) $v(x) = v(x,z_0)$ habe eine stückweise stetige zweite Ableitung, und es sei

$$v''(x) = \frac{\partial}{\partial z} u''(x,z)\Big|_{z=z_0} \ .$$

(6) Bei b liege der Grenzpunktfall vor, und es sei $\int_c^b |v|^2 k\,dx < \infty$.

Aus (2) und (5) folgt nämlich $- (pv')' + qv = zkv + ku$ durch Differentiation nach z an der Stelle z_0. Wegen (6) liegt v rechts in $\overset{\lor}{\Psi}(A)$, d.h. v liegt in $\overset{\lor}{\Psi}(A)_b$ (vgl. die Definition in § 4), und nach § 4, Satz 1 ist $\lim\limits_{d \to b} W(v,u^*;d) = [u,v]_b = 0.$

Als Beispiel betrachten wir die Lösung

$$u_3(r,z) = W_{\kappa,1/2}(2\sqrt{-z}\ r) \ , \qquad \kappa = Z/r_0\sqrt{-z}$$

der Gleichung § 9, (2) im Falle $l = 0$ für $z < 0$. Aus der Integraldarstellung der Whittakerfunktion (vgl. [6], S. 313) zusammen mit der Rekursionsformel (vgl. [6], S. 304) folgt, daß $u_3(r,z)$ als Funktion von z analytisch in der längs $[0,\infty)$ aufgeschnittenen komplexen Ebene ist. Außerdem hat $u_3(r,z)$ in jeder kompakten Teilmenge die asymptotische Abschätzung § 9, (11) mit einer von z unabhängigen Konstanten in $O(r^{-1})$. Sei nun $z_0 < 0$ und $0 < \rho < |z_0|$. Dann gibt es positive Zahlen c und ε derart, daß gilt

$$|u_3(r,z)| \le c\, e^{-\varepsilon r} \quad \text{für} \quad r \ge 1 \quad \text{und} \quad |z - z_0| \le \rho .$$

Nach der Cauchyschen Integralformel ist

$$v_3(r,z) = \frac{\partial}{\partial z} u_3(r,z) = \frac{1}{2\pi i} \int\limits_{|\zeta - z_0| = \rho} u_3(r,\zeta)\, (\zeta - z)^{-2}\, d\zeta$$

für $|z - z_0| < \rho$. Daraus folgt

$$|v_3(r,z_0)| \leq \frac{1}{2\pi\rho^2} \int_{|\zeta-z_0|=\rho} |u_3(r,\zeta)| \, d\zeta \leq c \, \rho^{-1} e^{-\varepsilon r}$$

für $r \geq 1$. Also ist $\int_1^\infty |v_3(r,z_0)|^2 dr < \infty$, die Voraussetzungen (5) und (6) sind für $v = v_3$ erfüllt, folglich $\lim\limits_{d \to \infty} W(v,u^*;d) = 0$. Aus (4) erhält man damit

$$\int_0^\infty |u_3(r,z_0)|^2 dr = - \lim\limits_{r \to 0} W(v_3,u_3^*;r)$$

mit $u_3(r) = u_3(r,z_0)$, $v_3(r) = v_3(r,z_0)$. Das Verhalten dieser Funktionen für $r \to 0$ folgt aus § 9, (14). Man findet

$$u_3(r) = [\Gamma(1 - \kappa)]^{-1} \{ 1 + O(r|\log r|) \},$$

$$u_3'(r) = [\Gamma(1 - \kappa)]^{-1} \{ - 2 Zr_0^{-1}(\log r + 1) - c(z_0) + O(r|\log r|) \},$$

$$v_3(r) = [\Gamma(1 - \kappa)]^{-1} \{ \psi(1 - \kappa)Z/2r_0\omega^3 + O(r|\log r|) \},$$

$$v_3'(r) = [\Gamma(1 - \kappa)]^{-1} \{ \psi(1 - \kappa)Z/2r_0\omega^3 [- 2Zr_0^{-1}(\log r + 1) - c(z_0)]$$
$$- c'(z_0) + O(r|\log r|) \}$$

mit $\omega = \sqrt{- z_0}$, $\kappa = Z/r_0\omega$ und

$$c(z) = \sqrt{-z} + 2Zr_0^{-1} [\log 2\sqrt{-z} + \psi(1 - Z/r_0\sqrt{-z}) - \psi(1) - \psi(2)] \ .$$

Daraus folgt

$$\int_0^\infty |u_3(r,z_0)|^2 dr = - [\Gamma(1 - \kappa)]^{-2} c'(z_0)$$

$$= \omega^{-1} [\Gamma(1 - \kappa)]^{-2} \{ 1/2 + \kappa + \kappa^2 \psi'(1 - \kappa) \} \ .$$

Diese Formel versagt für $\kappa = 1,2,3,\dots$; aus § 9, (16) folgt aber
$[\Gamma(1 - \kappa)]^{-2} \psi'(1 - \kappa) \to [(n - 1)!]^2$ für $\kappa \to n$ und damit

$$\int_0^\infty |u_3(r,z_0)|^2 dr = \omega^{-1} (\kappa!)^2 \qquad \text{für } \kappa = 1,2,3,\ldots \; .$$

Neben der oben geschilderten Methode, das Normierungsintegral auszurechnen, gibt es noch eine andere Möglichkeit, die an einigen ganz einfachen Beispielen erläutert sei.

1. $u'' + \lambda u = 0$, $0 \le x \le b$.

   Für jede reelle Lösung gilt

$$u'(x)^2 + \lambda u(x)^2 = u'(0)^2 + \lambda u(0)^2 = u'(b)^2 + \lambda u(b)^2$$

und folglich

$$\int_0^b (u'^2 + \lambda u^2)dx = \frac{b}{2}\{ u'(0)^2 + u'(b)^2 + \lambda u(0)^2 + \lambda u(b)^2\} \; .$$

Daneben hat man

$$\int_0^b (- u'^2 + \lambda u^2)dx = u(0)\, u'(0) - u(b)\, u'(b) \; ,$$

also

$$\lambda \int_0^b u^2 dx = \frac{b}{4}\{ u'(0)^2 + u'(b)^2 + \lambda u(0)^2 + \lambda u(b)^2\}$$
$$+ \frac{1}{2}\{ u(0)\, u'(0) - u(b)\, u'(b)\} \; .$$

Für Lösungen mit $u(0) = u(b) = 0$ ist

$$\lambda \int_0^b u^2 dx = \frac{b}{4}\{ u'(0)^2 + u'(b)^2\} \; ,$$

und für Lösungen mit $u'(0) = u'(b) = 0$ und $\lambda \ne 0$ ist

$$\int_0^b u^2 dx = \frac{b}{4}\{ u(0)^2 + u(b)^2\} \; .$$

2. Es sei $u(x)$ eine reelle Lösung von $\Delta u + \lambda u = 0$ in einem beschränkten Gebiet G des Raumes $\mathrm{I\!R}^m$ mit glattem Rand Γ und es sei $u = 0$ auf Γ. Dann gilt

$$\lambda \int_G u^2 dx = \frac{1}{4} \int_\Gamma (\frac{\partial u}{\partial n})^2 \frac{\partial(r^2)}{\partial n} \, do$$

mit $r^2 = |x|^2$, $\frac{\partial}{\partial n}$ die Normalableitung und do das Oberflächenelement auf Γ. Für den Beweis vgl. F.Rellich [8].

3. Es sei $u(x)$ eine reelle Lösung von $\Delta\Delta u - \lambda u = 0$ in einem beschränkten Gebiet G des Raumes IR^m mit glattem Rand Γ. Dann ist

$$\lambda \int_G u^2 dx = \begin{cases} \dfrac{1}{8} \int_\Gamma (\Delta u)^2 \dfrac{\partial(r^2)}{\partial n} \, do \ , & \text{falls } u = \dfrac{\partial u}{\partial n} = 0 \text{ auf } \Gamma, \\[4mm] -\dfrac{1}{4} \int_\Gamma \dfrac{\partial u}{\partial n} \dfrac{\partial \Delta u}{\partial n} \dfrac{\partial(r^2)}{\partial n} \, do \ , & \text{falls } u = \Delta u = 0 \text{ auf } \Gamma. \end{cases}$$

§ 11. Operatoren mit diskretem Spektrum

Wie wir festgestellt haben, ist der Operator

$$Au = \frac{1}{k}\{ - (pu')' + qu\}$$

wesentlich selbstadjungiert in $\mathfrak{H} = \mathcal{L}_2(a,b;k)$, wenn der Definitionsbereich gemäß § 3 bzw. 4 gewählt wird. Für $z \in \rho(\overline{A})$ ist $R_z = (A-z)^{-1}$ eine beschränkte Inverse, deren Definitionsbereich in $\mathfrak{H}$ dicht ist. Man kann R_z als Integraloperator

$$R_z f(x) = \int_a^b G(x,y,z)f(y)k(y)dy$$

schreiben mit der *Green'schen Funktion*

$$G(x,y,z) = \begin{cases} W(u_b,u_a)^{-1}u_b(x)u_a(y), \ a < y \leq x < b \ , \\[3mm] W(u_b,u_a)^{-1}u_a(x)u_b(y), \ a < x \leq y < b \end{cases}$$

(vgl. § 3, Satz 2 und § 4, Satz 2 und Satz 3). Hier sind $u_a(x)$ und $u_b(x)$ Lösungen von $-(pu')' + qu - zku = 0$ mit $W(u_b,u_a) = p(u_b u_a' - u_b' u_a) \neq 0$ (letzteres bedeutet nur $u_a \neq 0$ und $u_b \neq 0$, denn lineare Abhängigkeit würde bedeuten, daß z Eigenwert von A ist). Wenn bei a der Grenzkreisfall vorliegt, dann muß u_a der dort vorge-schriebenen Randbedingung (vgl. § 4) genügen; wenn der Grenzpunktfall vorliegt, dann muß $\int_a^c |u_a(x)|^2 k(x)dx < \infty$ sein für ein $c \in (a,b)$. Das Entsprechende wird von $u_b(x)$ bei $x = b$ gefordert.

Nach I, § 3.3 sagen wir, daß A ein diskretes Spektrum hat, wenn A ein totales System von Eigenelementen hat (d.h. A hat ein reines Punktspektrum), und die Eigenwerte von endlicher Vielfachheit sind und keinen endlichen Häufungspunkt besitzen. Für den selbstadjungierten Operator $\overline{A}$ ist dies genau dann der Fall, wenn $(\overline{A}-z)^{-1}$ kompakt ist für ein $z \in \rho(\overline{A})$ (vgl. II, § 8.6, Aufgabe 18,a). Da aber $D(A)$ alle Eigenelemente von $\overline{A}$ enthält (vgl. § 12, Satz 1), folgt aus der Kompaktheit von R_z, daß A ein diskretes Spektrum hat. Zusammen mit I, § 5 (38) und (40) folgt das

Kriterium. *Der Operator* A *(mit einem gemäß § 3 bzw. 4 gewählten Definitionsbereich) hat ein diskretes Spektrum, wenn für ein* $z \in \rho(\overline{A})$ *gilt*

$$\int_a^b \int_a^b |G(x,y,z)|^2\, k(x)k(y)dxdy < \infty .$$

$\overline{R}_z = (\overline{A}-z)^{-1}$ *ist dann ein Hilbert-Schmidt-Operator.*

Als einfachen Spezialfall erhalten wir:

Liegt an beiden Endpunkten der Grenzkreisfall vor, so ist das Spektrum von A *diskret.* In diesem Fall sind u_a und u_b aus $\mathcal{h}$, also (für Im $z \neq 0$)

$$\int_a^b |G(x,y,z)|^2 k(y)dy \leq |W(u_b,u_a)|^{-2} \{ |u_b(x)|^2 \int_a^b |u_a(y)|^2 k(y)dy$$

$$+ |u_a(x)|^2 \int_a^b |u_b(y)|^2 k(y)dy\}$$

und damit

$$\int_a^b \int_a^b |G(x,y,z)|^2\, k(x)k(y)dxdy$$

$$\leq \frac{2}{|W(u_b,u_a)|^2} \int_a^b |u_b(x)|^2 k(x)dx \int_a^b |u_a(x)|^2 k(x)dx < \infty.$$

Das Doppelintegral kann aber auch dann endlich sein, wenn die Integrale

$$\int_a^b |u_a(x)|^2 \, k(x) dx \, , \qquad \int_a^b |u_b(x)|^2 \, k(x) dx$$

nicht endlich sind. Als Beispiel betrachten wir die *Schrödingergleichung für den radialen Anteil der Eigenfunktionen eines Teilchens,* das sich im Coulombfeld innerhalb einer Kugel vom Radius R bewegt. Man hat die Eigenwertgleichungen (l = 0,1,2,...)

$$- u''(r) + \{ l(l + 1)r^{-2} - 2Z(r_0 r)^{-1}\} \, u(r) = z u(r)$$

in $\mathcal{L}_2(0,R)$ mit den Randbedingungen

$$u(r) = 0$$

und, im Falle l = 0,

$$u_0 \cos \alpha - u_1 \sin \alpha = 0 \, ,$$

wobei u_0 und u_1 die Anfangszahlen von u bei r = 0 sind.

Am rechten Ende liegt immer der Grenzkreisfall vor, am linken Ende jedoch nur für l = 0 (vgl. § 9). In diesem Fall ist das Spektrum nach obiger Überlegung diskret.

Dies gilt auch für l = 1,2,3,... . Bei 0 liegt eine Stelle der Bestimmtheit vor. Nach § 7, Satz 1 existiert also (für Im z $\neq$ 0) ein Fundamentalsystem v_1, v_2 der Gestalt (ρ_1 = -1, ρ_2 = l + 1)

$$v_1(r) = r^{-1} \sum_{n=0}^{\infty} c_n r^n + c v_2(r) \log r \, ,$$

$$v_2(r) = r^{l+1} \sum_{n=0}^{\infty} d_n r^n \, .$$

Die für die Resolvente erforderlichen Funktionen u_0 und u_R sind in diesem Fall

$$u_0(r) = v_2(r) \, ,$$

$$u_R(r) = v_1(R) \, v_2(r) - v_2(R) \, v_1(r) \, ,$$

denn dann gilt $u_0 \in \mathcal{L}_2(0,c)$ für $0 < c \leq R$ und $u_R(R) = 0$. Es ist zu untersuchen, ob für

$$G(r,s,z) = \begin{cases} W(u_R,u_0)^{-1} \, u_R(r)u_0(s) \ , & 0 < s \le r \le R \ , \\[2mm] W(u_R,u_0)^{-1} \, u_0(r)u_R(s) \ , & 0 < r \le s \le R \end{cases}$$

gilt

$$\int_0^R \int_0^R |G(r,s,z)|^2 \, dr \, ds < \infty \ .$$

Dies ist genau dann der Fall, wenn für

$$h(r) = |u_R(r)|^2 \int_0^r |u_0(s)|^2 \, ds \quad \text{und} \quad g(r) = |u_0(r)|^2 \int_r^R |u_R(s)|^2 \, ds$$

gilt

$$\int_0^R h(r) \, dr < \infty \quad \text{bzw.} \quad \int_0^R g(r) \, dr < \infty \ .$$

Es ist aber

$$h(r) \le B_1 \, r^{-2l} \int_0^r s^{2l+2} \, ds = B_2 r^3 \ , \quad 0 < r \le R$$

und

$$g(r) \le B_3 \, r^{2l+2} \int_r^R s^{-2l} \, ds \le B_4 r^3 \ , \quad 0 < r \le R \ .$$

Also ist das Doppelintegral endlich, und somit liegt für $l = 0,1,2,\ldots$ ein *diskretes Spektrum* vor.

Als zweites Beispiel diskutieren wir die *Schrödingergleichung des harmonischen Oszillators*

$$Au(x) = -\, u''(x) + a^2 x^2 u(x) = z \, u(x) \ , \quad a > 0 \ , \quad -\infty < x < \infty \ .$$

Nach § 3, Beispiel 2 liegt an beiden Endpunkten der Grenzpunktfall vor, es sind also keine Randbedingungen erforderlich. Nach II, § 8.6, Aufgabe 18 genügt es zu zeigen, daß $T = A+B$ ein diskretes Spektrum hat, wobei $B \in B(\mathfrak{H})$ symmetrisch ist. Wir untersuchen deshalb

$$Tu(x) = -\, u''(x) + q(x) \, u(x) \ , \quad -\infty < x < \infty$$

mit

$$q(x) = \begin{cases} a^2x^2 + \frac{3}{4}\,x^{-2} & \text{für } |x| \geq 1\,, \\[2mm] a^2 + \frac{3}{4} & \text{für } |x| < 1\,. \end{cases}$$

Natürlich liegt auch für T an beiden Endpunkten der Grenzpunktfall vor (vgl. z.B. die unten angegebenen Lösungen).

Es ist $||Tu||\,||u|| \geq \langle Tu|u\rangle \geq a^2\,||u||^2$; deshalb existiert T^{-1} und ist beschränkt, und somit ist $0 \in \rho(\overline{T})$ (vgl. II, § 8.6, Aufgabe 13,d). Da $-u'' + qu = 0$ in $(-\infty,-1)$ bzw. $(1,\infty)$ Lösungen der Form

$$\left.\begin{aligned} u_{-\infty,1}(x) &= |x|^{-1/2}\,\exp\,(ax^2/2)\,, \\[2mm] u_{-\infty,2}(x) &= |x|^{-1/2}\,\exp\,(-ax^2/2) \end{aligned}\right\} \quad \text{für } x < -1\,,$$

bzw.

$$\left.\begin{aligned} u_{\infty,1}(x) &= x^{-1/2}\,\exp\,(ax^2/2)\,, \\[2mm] u_{\infty,2}(x) &= x^{-1/2}\,\exp\,(-ax^2/2) \end{aligned}\right\} \quad \text{für } x > 1$$

hat, folgt für die zur Konstruktion der Inversen T^{-1} erforderlichen Lösungen $u_{-\infty}$ und u_∞

$$u_{-\infty}(x) = |x|^{-1/2}\,\exp\,(-ax^2/2) \quad \text{für } x < -1\,,$$

$$|u_{-\infty}(x)| = |c_1\,u_{\infty,1}(x) + c_2\,u_{\infty,2}(x)| \leq Cx^{-1/2}\,\exp\,(ax^2/2) \quad \text{für } x > 1\,,$$

und entsprechend

$$u_\infty(x) = x^{-1/2}\,\exp\,(-ax^2/2) \quad \text{für } x > 1\,,$$

$$|u_\infty(x)| = |c_1'u_{-\infty,1}(x) + c_2'u_{-\infty,2}(x)| \leq C|x|^{-1/2}\,\exp(ax^2/2) \quad \text{für } x < -1\,.$$

Daraus folgt für hinreichend große x

$$h(x) := |u_\infty(x)|^2 \int_{-\infty}^{x} u_{-\infty}(y)|^2\,dy$$

$$\leq C_1 x^{-1}\,e^{-ax^2}\left(C_2 + C_3 \int_{1}^{x} y^{-1}\,e^{ay^2}\,dy\right)$$

$$\leq C_4 \; x^{-1} \; e^{-ax^2} \int_1^x y^{-1} \; e^{ay^2} \, dy$$

$$= C_5 \; x^{-1} \; e^{-ax^2} \int_1^x (2 \, ay \, e^{ay^2}) \; y^{-2} \, dy$$

$$= C_5 \, [x^{-3} - x^{-1} \, e^{a-ax^2}] + 2 \, C_5 \; x^{-1} \; e^{-ax^2} \int_1^x e^{ay^2} \; y^{-3} \, dy$$

$$\leq C_6 \; x^{-3} \, ,$$

denn für hinreichend große x gilt

$$y^{-3} \, e^{ay^2} \leq x^{-3} \, e^{ax^2} \qquad \text{für} \qquad 1 \leq y \leq x \, ,$$

und somit

$$\int_1^x y^{-3} \, e^{ay^2} \, dy \leq (x - 1) x^{-3} \, e^{ax^2} \leq x^{-2} \, e^{ax^2} \, .$$

Also gilt

$$\int_c^\infty h(x) \, dx < \infty \qquad \text{für jedes } c \in (-\infty, \infty) \, .$$

Weiter gilt für $x < -1$

$$h(x) \leq C_7 |x|^{-1} \, e^{ax^2} \int_{-\infty}^x |y|^{-1} \, e^{-ay^2} \, dy$$

$$\leq C_8 |x|^{-3} \, e^{ax^2} \int_{-\infty}^x 2a|y| e^{-ay^2} \, dy = C_8 |x|^{-3} \, ,$$

d.h. es gilt auch

$$\int_{-\infty}^c h(x) \, dx < \infty$$

und somit

$$\int_{-\infty}^\infty \int_{-\infty}^x |W(u_\infty, u_{-\infty})|^{-2} |u_\infty(x) u_{-\infty}(y)|^2 \, dy dx < \infty \, .$$

Analog zeigt man

$$\int_{-\infty}^{\infty} \int_{X}^{\infty} |W(u_{\infty}, u_{-\infty})|^{-2} |u_{\infty}(y)u_{-\infty}(x)|^2 \, dy \, dx < \infty \ .$$

Nach obigem Kriterium ist also das Spektrum von T, und somit auch das von A, diskret.

Man kann explizit nachrechnen, daß

$$\lambda_n = (2n + 1)a \ , \qquad n = 0,1,2,\ldots$$

Eigenwerte von A sind mit den zugehörigen *Eigenelementen*

$$u_n(x) = c_n \exp(-ax^2/2) \, H_n(a^{1/2}x) \ , \qquad n = 0,1,2,\ldots \ ,$$

wobei H_n das n-te *Hermitesche Polynom* ist, definiert durch die Gleichungen

$$H_n(x) = (-1)^n \, e^{x^2} \frac{d^n}{dx^n} \, e^{-x^2} \ , \qquad n = 0,1,2,\ldots \ .$$

Zum Beweis genügt es zu zeigen, daß die *Hermiteschen Funktionen*

$$v_n(x) = \exp(-x^2/2)H_n(x) = (-1)^n \exp(x^2/2) \frac{d^n}{dx^n} e^{-x^2} \ , \qquad n = 0,1,2,\ldots$$

Lösungen von

$$- v_n'' + x^2 v_n = (2n + 1)v_n \ , \qquad n = 0,1,2,\ldots$$

sind. Das ist jedenfalls richtig für n = 0. Nehmen wir an, daß es für n gilt. Wegen

$$v_{n+1}(x) = xv_n(x) - v_n'(x) \ , \qquad n = 0,1,2,\ldots$$

folgt dann durch eine einfache Rechnung

$$- v_{n+1}'' + x^2 v_{n+1} = (2n + 3)v_{n+1} = (2(n + 1)+ 1)v_{n+1} \ .$$

Da die Hermiteschen Funktionen in $\mathcal{L}_2(-\infty,\infty)$ total sind (vgl. § 17, Aufgabe 4), sind dies alle Eigenwerte und Eigenelemente von A.

§ 12. Darstellung der Eigenpakete und Eigenscharen durch Lösungen

Wir betrachten wieder den Sturm-Liouvilleschen Operator

$$Au(x) = \frac{1}{k(x)} \{ -(p(x)u'(x))' + q(x)u(x) \} , \quad a < x < b$$

mit einem Definitionsbereich $\mathcal{Y}(A)$, so daß A nach § 3 bzw. 4 ein wesentlich selbstadjungierter Operator in $\mathcal{H} = \mathcal{L}_2(a,b;k)$ ist. Dann ist $R_i = (A-i)^{-1}$ ein beschränkter Operator ($\|R_i f\| \leq \|f\|$, siehe II, § 6 und § 8.6, Aufgabe 13), der auf allen stückweise stetigen Funktionen aus $\mathcal{H}$ definiert ist,

$$R_i f(x) = u_b(x) \int\limits_a^x u_a(y)f(y)k(y)dy + u_a(x) \int\limits_x^b u_b(y)f(y)k(y)dy$$

($\{ u_a, u_b \}$ ist ein Fundamentalsystem von $-(pu')' + (q - ik)u = 0$ mit $W(u_b, u_a) = 1$; u_a liegt in $\mathcal{L}_2(a,c;k)$ und erfüllt die Randbedingung bei a, u_b liegt in $\mathcal{L}_2(c,b;k)$ und erfüllt die Randbedingung bei b). R_i kann eindeutig auf ganz $\mathcal{H}$ fortgesetzt werden zu einem Operator $\overline{R}_i$ mit $\|\overline{R}_i\| \leq 1$; für $\overline{R}_i$ gilt die oben für R_i angegebene Darstellung. Der Operator $\overline{A}$ mit

$$\mathcal{Y}(\overline{A}) = \mathcal{M}(\overline{R}_i) ,$$

$$\overline{A}u = iu + f \quad \text{für} \quad u = \overline{R}_i f \in \mathcal{Y}(\overline{A})$$

ist die eindeutig bestimmte selbstadjungierte Fortsetzung von A; es gilt $\overline{R}_i = (\overline{A}-i)^{-1}$.

Ist $u \in \mathcal{Y}(\overline{A})$ und $f = (\overline{A}-i)u$ so folgt aus

$$u(x) = u_b(x) \int\limits_a^x u_a(y)f(y)k(y)dy + u_a(x) \int\limits_x^b u_b(y)f(y)k(y)dy ,$$

$$u'(x) = u_b'(x) \int\limits_a^x u_a(y)f(y)k(y)dy + u_a'(x) \int\limits_x^b u_b(y)f(y)k(y)dy$$

die Stetigkeit der Funktionen u und pu'. Außerdem ergibt sich hieraus die Existenz von zwei Scharen von Elementen $g_{1,x}, g_{2,x} \in \mathcal{H}$, $x \in (a,b)$ mit

$$u(x) = \langle g_{1,x} | (\overline{A}-i)u \rangle , \quad p(x)u'(x) = \langle g_{2,x} | (\overline{A}-i)u \rangle .$$

Hierfür braucht man nur

$$g_{1,x}(y) = G^*(x,y,i) = \begin{cases} u_b^*(x)\,u_a^*(y) & \text{für } a < y < x < b\,, \\[2mm] u_a^*(x)\,u_b^*(y) & \text{für } a < x \le y < b \end{cases}$$

und

$$g_{2,x}(y) = p(x)\,\frac{\partial}{\partial x}\,G^*(x,y,i) = \begin{cases} p(x)u_b'^*(x)u_a^*(y) & \text{für } a < y < x < b\,, \\[2mm] p(x)u_a'^*(x)u_b^*(y) & \text{für } a < x \le y < b \end{cases}$$

zu wählen. Die Funktionen g_j: $(a,b) \to \mathcal{H}$, $x \mapsto g_{j,x}$ sind offenbar stetig.

<u>Satz 1</u>. *Alle Eigenelemente* v *von* $\overline{A}$ *und alle Eigenpakete* v_λ *von* $\overline{A}$ *liegen in* $\mathcal{V}(A)$ *(d.h.* $v_\lambda \in \mathcal{V}(A)$ *für alle* $\lambda \in (-\infty,\infty)$*). Für jedes Eigenpaket* v_λ *sind* $v(x,\lambda) = v_\lambda(x)$ *und* $p(x)v'(x,\lambda) = p(x)\frac{\partial}{\partial x}v_\lambda(x)$ *stetige Funktionen von* $x \in (a,b)$ *und* $\lambda \in (-\infty,\infty)$.

<u>Bemerkung</u>. Die in § 3 und 4 definierten wesentlich selbstadjungierten Sturm-Liouville-Operatoren sind also zerlegbar im Sinne von II, § 4. Bei den folgenden Untersuchungen können wir uns deshalb auf A beschränken.

<u>Beweis</u>. Ist v ein Eigenelement von $\overline{A}$ zum Eigenwert λ, so gilt

$$f = (\overline{A}-i)v = (\lambda-i)v \in \mathcal{V}(\overline{A})\,.$$

Also ist f stetig und somit $f \in \mathcal{V}(R_i) = \mathcal{M}(A-i)$ (vgl. § 3 bzw. 4). Daraus folgt $v = R_i f \in \mathcal{V}(A)$.

Sei nun v_λ ein Eigenpaket von $\overline{A}$. Dann ist [1]

$$f_\lambda = (\overline{A}-i)v_\lambda = \int_0^\lambda (s-i)dv_s = (\lambda-i)v_\lambda - \int_0^\lambda v_s ds$$

stetig von λ abhängig. Aus

$$v(x',\lambda') - v(x,\lambda) = \langle g_{1,x'} - g_{1,x}|f_{\lambda'}\rangle + \langle g_{1,x}|f_{\lambda'} - f_\lambda\rangle$$

folgt

---

[1] Im folgenden sei stets $\int_a^b = \int_{(a,b]}$ falls $a < b$, $\int_a^b = -\int_{(b,a]}$ falls $b < a$.

$$|v(x',\lambda') - v(x,\lambda)| \leq ||g_{1,x'} - g_{1,x}|| \; ||f_{\lambda'}|| \; + \; ||g_{1,x}|| \; ||f_{\lambda'} - f_{\lambda}|| \; ,$$

d.h. $v(x,\lambda)$ ist stetig abhängig von x und λ für $x \in (a,b)$ und $\lambda \in (-\infty,\infty)$. Analog folgt die Stetigkeit von $p(x)v'(x,\lambda)$.

Berechnet man

$$\int_0^\lambda (s-i) \, d_s v(x,s)$$

als gewöhnliches Riemann-Stieltjes-Integral, so erhält man eine in x und λ stetige Funktion $f(x,\lambda)$. Es ist nicht schwer zu zeigen, daß $f_\lambda = f(.,\lambda)$ gilt (vgl. die in II, § 1, Hilfssatz 1 benutzte Technik). Also ist $f_\lambda \in \mathcal{V}(R_i) = \mathfrak{M}(A-i)$, d.h. $v_\lambda = R_i f_\lambda \in \mathcal{V}(A)$.

Wir zeigen nun, wie die Eigenpakete durch Lösungen von $-(pu')' + (q-zk)u = 0$ dargestellt werden können. Für ein $c \in (a,b)$ und alle $z \in \mathbb{C}$ sei $u_1(.,z)$, $u_2(.,z)$ das Fundamentalsystem mit

$$u_1(x,z) = 1 \; , \quad p(c)u_1'(x,z) = 0$$
$$u_2(c,z) = 0 \; , \quad p(c)u_2'(c,z) = 1 \; .$$

Es gilt also $W(u_1(.,z),u_2(.,z)) = 1$ für alle $z \in \mathbb{C}$. Für jedes $x \in (a,b)$ sind $u_1(x,.)$ und $u_2(x,.)$ ganze analytische Funktionen (vgl. § 6, Satz 4).

Satz 2. Sei v_λ ein Eigenpaket von A. Dann gibt es eindeutig bestimmte komplexwertige stetige Funktionen ρ_1, ρ_2 mit lokal beschränkter Variation, so daß gilt

$$\rho_1(0) = \rho_2(0) = 0$$

und

$$v(x,\lambda) = \int_0^\lambda u_1(x,s)d\rho_1(s) + \int_0^\lambda u_2(x,s)d\rho_2(s) \; .$$

Es ist

$$\rho_1(\lambda) = v(c,\lambda) \; , \quad \rho_2(\lambda) = p(c)v'(c,\lambda) \; .$$

__Beweis.__ Die Eindeutigkeit (unter der Bedingung $\rho_k(0) = 0$) folgt sofort aus

$$v(c,\lambda) = \int_0^\lambda d\rho_1(s) = \rho_1(\lambda) - \rho_1(0) = \rho_1(\lambda) \; ,$$

$$p(c)v'(c,\lambda) = \int_0^\lambda d\rho_2(s) = \rho_2(\lambda) - \rho_2(0) = \rho_2(\lambda) \; .$$

Im folgenden seien die Funktionen ρ_k hierdurch definiert. Dann sind die ρ_k jedenfalls stetig. Ist E die Spektralschar von A und $g = v_t - v_{-t}$ für ein $t > 0$, so gilt $v_\lambda = (E(\lambda) - E(0))g$ für $|\lambda| < t$ (vgl. II, § 8.6, Aufgabe 17). Also ist für $|\lambda| < t$.

$$v(x,\lambda) = \langle g_{1,x} | (A-i)v_\lambda \rangle$$

$$= \langle g_{1,x} | \int_0^\lambda (s-i)dE(s)g \rangle = \int_0^\lambda (s-i)d_s \langle g_{1,x} | E(s)g \rangle \ ,$$

und entsprechend

$$p(x)v'(x,\lambda) = \int_0^\lambda (s-i)d_s \langle g_{2,x} | E(s)g \rangle \quad \text{für } |\lambda| < t \ .$$

Daraus folgt, daß die ρ_k lokal beschränkte Variation haben.

Es bleibt zu zeigen, daß

$$v(x,\lambda) = \int_0^\lambda u_1(x,s)d\rho_1(s) + \int_0^\lambda u_2(x,s)d\rho_2(s)$$

gilt. Hierfür setzen wir

$$w(x,\lambda) = v(x,\lambda) - \int_0^\lambda u_1(x,s)d\rho_1(s) - \int_0^\lambda u_2(x,s)d\rho_2(s) \ .$$

Es ist dann zu zeigen:

$$w(x,\lambda) = 0 \quad \text{für} \quad x \in (a,b), \ \lambda \in (-\infty,\infty) \ .$$

Offenbar gilt

$$w(x,0) = 0 \quad \text{für alle } x \in (a,b) \ .$$

Für $\varepsilon > 0$ sei

$$z(x,s,\varepsilon) = \frac{1}{\varepsilon} (w(x,s+\varepsilon) - w(x,s)) \ .$$

Man zeigt (' bedeutet die Ableitung nach x)

$$\frac{1}{k(x)} \{ -(p(x)z'(x,s,\varepsilon))' + q(x)z(x,s,\varepsilon) \} - sz(x,s,\varepsilon)$$

$$= \frac{1}{\varepsilon} \int\limits_{s}^{s+\varepsilon} (t - s) \, d_t w(x,t)$$

$$= w(x,s+\varepsilon) - w(x,s) - \frac{1}{\varepsilon} \int\limits_{s}^{s+\varepsilon} \left[w(x,t) - w(x,s) \right] dt$$

$$= \eta(x,s,\varepsilon)$$

mit

$$\eta(x,s,\varepsilon) \to 0 \ \text{für} \ \varepsilon \to 0+ \ ,$$

gleichmäßig für x in jedem kompakten Teilintervall von (a,b). Wegen $z(c,s,\varepsilon) = p(c)z'(c,s,\varepsilon) = 0$ folgt

$$z(x,s,\varepsilon) = \int\limits_{c}^{x} \{ u_1(x,s)u_2(y,s) - u_2(x,s)u_1(y,s) \} \, \eta(y,s,\varepsilon)k(y)dy$$

und somit

$$z(x,s,\varepsilon) \to 0 \ \text{für} \ \varepsilon \to 0+ \ ,$$

gleichmäßig für x in jedem kompakten Teilintervall von (a,b). Entsprechend zeigt man $z(x,s,\varepsilon) \to 0$ für $\varepsilon \to 0-$.

Also existiert $\frac{\partial}{\partial s} w(x,s)$ und ist gleich 0. Wegen $w(x,0) = 0$ folgt $w(x,s) = 0$ für alle s. Damit ist Satz 2 vollständig bewiesen.

Ein analoges Resultat für Eigenscharen (vgl. II. § 8.1) liefert der folgende Satz.

<u>Satz 3</u>. *Ist* u *eine Eigenschar von* A, *so ist* $u(t)-u(0) \in \mathcal{D}(A)$ *für alle* $t \in \mathbb{R}$, *und es gibt eindeutig bestimmte rechtsstetige komplexwertige Funktionen* ρ_1, ρ_2 *mit lokal beschränkter Variation, so daß gilt*

$$\rho_1(0) = \rho_2(0) = 0 \ ,$$

und

$$u(x,t_2) - u(x,t_1) = \int\limits_{t_1}^{t_2} u_1(x,s)d\rho_1(s) + \int\limits_{t_1}^{t_2} u_2(x,s)d\rho_2(s) \ .$$

Es ist

$$\rho_1(s) = u(c,s) - u(c,0) \; ,$$
$$\rho_2(s) = p(c)u'(c,s) - p(c)u'(c,0) \; .$$

Zum <u>Beweis</u> werden ρ_1, ρ_2 und w wie im Beweis von Satz 2 definiert. $\rho_1(\lambda)$, $\rho_2(\lambda)$ und $w(x,\lambda)$ sind offenbar rechtsstetige Funktionen von λ. Um die restlichen Überlegungen des Beweises von Satz 2 durchführen zu können, muß gezeigt werden, daß $w(x,\lambda)$ als Funktion von λ auch linksstetig ist. Hierzu betrachten wir

$$\begin{aligned}
u(x) &= w(x,\lambda) - w(x,\lambda-) \\
&= u(x,\lambda) - u(x,\lambda-) - u_1(x,\lambda)(u(c,\lambda) - u(c,\lambda-)) \\
&\quad - u_2(x,\lambda)\, p(c)(u'(c,\lambda) - u'(c,\lambda-)) \; .
\end{aligned}$$

Nach II, § 8.1, (10) ist $u(.,\lambda) - u(.,\lambda-)$ Null oder Eigenelement von A zum Eigenwert λ; also ist u Lösung der Differentialgleichung $\frac{1}{k}\{(pu')' + qu\} = \lambda u$ mit $u(c) = p(c)u'(c) = 0$, d.h. es gilt $u(x) = 0$. Der Rest des Beweises kann wörtlich von Satz 2 übernommen werden.

Auf Grund der Sätze 2 und 3 haben wir zwar Darstellungen aller Eigenpakete bzw. Eigenscharen; wir wissen aber nicht, für welche nichtfallenden Funktionen ρ_1, ρ_2 diese Integrale tatsächlich Eigenpakete bzw. Eigenscharen definieren. Wir wissen auch nicht, wie viele solche Paare ρ_1, ρ_2 benötigt werden, damit die Menge der so konstruierten Eigenscharen (bzw. Eigenpakete zusammen mit den Eigenelementen) den gesamten Raum aufspannen. Diese Fragen werden wir in § 14 vollständig beantworten.

§ 13. Orthogonale normierte Funktionenscharen

Das Vorbild für allgemeine Entwicklungssätze ist das *Fouriersche Integraltheorem*. Eine in $(-\infty,\infty)$ definierte komplexwertige Funktion f wird entwickelt in der Form

$$f(x) = \int_{-\infty}^{\infty} e^{2\pi ixs}\, \hat{f}(s)ds \; .$$

Der "Entwicklungskoeffizient" $\hat{f}(s)$, bzw. die *Fouriertransformierte* $\hat{f}$ wird gegeben durch

$$\hat{f}(s) = \int_{-\infty}^{\infty} e^{-2\pi isx}\, f(x)dx \; .$$

Die Möglichkeit einer solchen Entwicklung ist unter sehr verschiedenen Voraussetzungen über f bzw. $\hat{f}$ bewiesen worden. Für die Eigenwerttheorie im Hilbertraum ist es natürlich, sich auf Funktionen f bzw. $\hat{f}$ aus $\mathcal{L}_2(-\infty,\infty)$ zu beschränken.

Tatsächlich zeigt die von Plancherel angegebene Fassung des Fourierschen Integraltheorems, daß jedem $f \in \mathcal{L}_2(-\infty,\infty)$ ein $\hat{f} \in \mathcal{L}_2(-\infty,\infty)$ zugeordnet werden kann und umgekehrt, so daß die obigen Relationen zwischen f und $\hat{f}$ in einem gewissen Sinn gelten. Hierfür ist die Einführung eines ganz bestimmten Konvergenzbegriffs nötig (vgl. Hauptsatz). Schon bei dem einfachen Beispiel

$$f(x) = \begin{cases} f_0 & \text{für} \quad x \in [x_1, x_2], \\ 0 & \text{sonst}, \end{cases}$$

also

$$\hat{f}(s) = f_0 \int_{x_1}^{x_2} e^{-2\pi isx}\, dx = f_0 (2\pi is)^{-1}(e^{-2\pi isx_1} - e^{-2\pi isx_2}) \;,$$

existiert das Integral

$$\int_{-\infty}^{\infty} e^{2\pi ixs}\, \hat{f}(s)ds$$

<u>nicht</u>, wenn es im gewöhnlichen Sinn als uneigentliches Integral verstanden wird.

Die Funktionen der Schar $\{\, u(.,s) : s \in (-\infty,\infty)\,\}$ mit

$$u(x,s) = e^{2\pi ixs} \quad \text{für } x \in (-\infty,\infty)$$

liegen zwar für kein s in $\mathcal{L}_2(-\infty,\infty)$ (als Funktionen von x), aber für jedes beschränkte Intervall $[s_1, s_2]$ ist

$$\int_{s_1}^{s_2} u(x,s)ds \quad \text{in } \mathcal{L}_2(-\infty,\infty) \;,$$

und es gilt für beschränkte, abgeschlossene Intervalle J_1, J_2 (vgl. II, § 2 und § 8.6, Aufgabe 6)

$$\int_{-\infty}^{\infty} \{\, [\int_{J_1} u(x,s)ds]^* \int_{J_2} u(x,s)ds\,\}dx = m(J_1 \cap J_2) \;;$$

m steht hier für das Lebesgue'sche Maß.

In dieser Relation drückt sich sowohl eine *Orthogonalität* als auch eine *Normiertheit* der Schar $u(x,s)$ aus. Wir sprechen deshalb von einer orthogonalen normierten Funktionenschar. Wir haben es weiter unten mit einer geringfügigen Verallgemeinerung dieses Begriffs zu tun. Einerseits wird $\mathcal{H} = \mathcal{L}_2(a,b;k)$ sein, andererseits werden wir $\int_J u(x,s)ds$ ersetzen durch $\int_J u(x,s)d\rho(s)$, wobei ρ eine nichtfallende, rechtsstetige Funktion ist. Entsprechend wird gelten

$$\int_a^b \{ [\int_{J_1} u(x,s)d\rho(s)]^* \int_{J_2} u(x,s)d\rho(s) \}k(x)dx = \int_{J_1 \cap J_2} d\rho(s) \ .$$

Um die Bedeutung dieser Verallgemeinerung klar zu machen, wählen wir speziell ρ als Treppenfunktion, z.B.

$$\rho(s) = \begin{cases} \rho_0 & \text{für } s < s_0 \ , \\ \rho_{k+1} & \text{für } s \in [s_k, s_{k+1}), \ k = 0,1,2,\dots \ , \end{cases}$$

wobei $s_k < s_{k+1}$ und $\rho_{k+1} - \rho_k = c_k > 0$ für $k = 0,1,2,\dots$ gilt. Ist dann $u(.,.)$ stetig mit

$$u(x,s_k) = \phi_k(x)$$

und enthalten J_1 und J_2 nur je einen Punkt s_k bzw. s_1, so folgt aus obiger Beziehung

$$\int_a^b c_k^* \phi_k(x)^* \ c_1\phi_1(x)k(x)dx = \delta_{k1}c_k \ ,$$

also für $k = 1$

$$c_k = \left\{ \int_a^b |\phi_k(x)|^2 \ k(x)dx \right\}^{-1} \ .$$

Daher bildet $\{ c_k^{1/2}\phi_k \}$ ein orthogonales normiertes System in $\mathcal{L}_2(a,b;k)$.

In II, § 8.2 wurde der Raum $\mathcal{L}_2(IR;\rho)$ für eine rechtsstetige nichtfallende Funktion ρ definiert. Entsprechend kann man $\mathcal{L}_2(a,b;\rho)$ für ein Intervall $(a,b) \subset IR$ und eine rechtsstetige nichtfallende Funktion $\rho: (a,b) \to IR$ definieren. Wie in $\mathcal{L}_2(IR;\rho)$ sind auch in $\mathcal{L}_2(a,b;\rho)$ die Treppenfunktionen mit in (a,b)

kompaktem Träger dicht.

Setzen wir aus Gründen der Symmetrie $k(x)dx = d\sigma(x)$ (d.h. $\sigma(x) = \int\limits^{x} k(s)ds$), so kommen wir zu folgender

Definition. Seien σ und ρ nichtfallende Funktionen auf (a,b) bzw. (α,β), $\mathcal{h} = \mathcal{L}_2(a,b;\sigma)$, $\mathcal{k} = \mathcal{L}_2(\alpha,\beta;\rho)$. Eine stetige Funktion $u: (a,b)\times(\alpha,\beta) \to \mathbb{C}$ heißt eine (den Räumen $\mathcal{h}$ und $\mathcal{k}$ zugeordnete) *orthogonale normierte Funktionenschar*, wenn für beliebige kompakte Teilintervalle J, J_1, J_2 von (α,β) gilt

$$\int\limits_{J} u(.,s)d\rho(s) \in \mathcal{h}$$

und

$$\int\limits_{a}^{b} \left\{ \int\limits_{J_1} u(x,s)^* d\rho(s) \int\limits_{J_2} u(x,s)d\rho(s) \right\} d\sigma(x) = \int\limits_{J_1 \cap J_2} d\rho(s) .$$

Mit dieser Definition gilt der folgende

Hauptsatz. *Sei $u(.,)$ eine den Räumen $\mathcal{h}$ und $\mathcal{k}$ zugeordnete orthogonale normierte Funktionenschar. Dann gibt es Operatoren $U \in B(\mathcal{k}, \mathcal{h})$, $V \in B(\mathcal{h}, \mathcal{k})$ mit folgenden Eigenschaften:*

1) Ist $g \in \mathcal{k}$ und J ein kompaktes Teilintervall von (α,β) mit $g(s) = 0$ für $s \in (\alpha,\beta)\backslash J$, so gilt

$$Ug(x) = \int\limits_{J} u(x,s)g(s)d\rho(s) \qquad \left(= \int\limits_{\alpha}^{\beta} u(x,s)g(s)d\rho(s) \right) .$$

Für g_1, $g_2 \in \mathcal{k}$ ist

$$\langle Ug_1 | Ug_2 \rangle_{\mathcal{h}} = \langle g_1 | g_2 \rangle_{\mathcal{k}} ,$$

d.h. U ist eine Isometrie (vgl. I, § 5.4, Aufgabe 6).

2) Ist $f \in \mathcal{h}$ und I ein kompaktes Teilintervall von (a,b) mit $f(x) = 0$ für $x \in (a,b)\backslash I$, so gilt

$$Vf(s) = \int\limits_{I} u(x,s)^* f(x)d\sigma(x) \qquad \left(= \int\limits_{a}^{b} u(x,s)^* f(x)d\sigma(x) \right) .$$

Es gilt die Besselsche Ungleichung (für orthogonale normierte Funktionenscharen)

$$\|Vf\|_{\mathcal{A}} \leq \|f\|_{\mathcal{H}} \;, \; d.h. \; \|V\| \leq 1 \;.$$

3) *Für* $f \in \mathcal{H}$, $g \in \mathcal{A}$ *gilt*

$$\langle f|Ug\rangle_{\mathcal{H}} = \langle Vf|g\rangle_{\mathcal{A}} \;.$$

<u>Bemerkung</u>. Wegen 1) bzw. 2) schreiben wir für $g \in \mathcal{A}$ bzw. $f \in \mathcal{H}$:

$$Ug(x) = \int_{\alpha}^{\beta} u(x,s)g(s)d\rho(s) \qquad \left(= \text{l.i.m.}_{\substack{\alpha_n \to \alpha+ \\ \beta_n \to \beta-}} \int_{\alpha_n}^{\beta_n} u(x,s)g(s)d\rho(s) \right) ,$$

$$Vf(s) = \int_{a}^{b} u(x,s)^* f(x)d\sigma(x) \qquad \left(= \text{l.i.m.}_{\substack{a_n \to a+ \\ b_n \to b-}} \int_{a_n}^{b_n} u(x,s)^* f(x)d\sigma(x) \right) ;$$

"l.i.m." steht für Limes im Mittel.

   <u>Beweis des Hauptsatzes</u>. 1) Wir definieren U zunächst auf dem Teilraum der Treppenfunktionen (mit kompaktem Träger in (α,β)) durch

$$Ut(x) = \int_{\alpha}^{\beta} u(x,s)t(s)d\rho(s) \;, \qquad x \in (a,b) \;.$$

Sind t_1 und t_2 Treppenfunktionen auf (α,β), so folgt aus der Definition einer orthogonalen normierten Funktionenschar unmittelbar

$$\langle t_1|t_2\rangle_{\mathcal{A}} = \int_{a}^{b} \left\{ \int_{\alpha}^{\beta} u(x,s)t_1(s)d\rho(s) \right\}^* \int_{\alpha}^{\beta} u(x,s)t_2(s)d\rho(s)d\sigma(x)$$

$$= \langle Ut_1|Ut_2\rangle_{\mathcal{H}} \;.$$

Insbesondere gilt $\|Ut\|_{\mathcal{H}} = \|t\|_{\mathcal{A}}$ für jede Treppenfunktion t. Da der Raum der Treppenfunktionen in $\mathcal{L}_2(\alpha,\beta;\rho)$ dicht ist, besitzt der lineare Operator U genau eine stetige Fortsetzung $U \in B(\mathcal{A},\mathcal{H})$; für diese gilt

$$\langle Ug_1|Ug_2\rangle_{\mathcal{H}} = \langle g_1|g_2\rangle_{\mathcal{A}}$$

für alle g_1, g_2 aus $\mathcal{A}$.

Zu dem in 1) vorgegebenen $g \in \mathcal{R}$ (mit $g(s) = 0$ für $s \in (\alpha,\beta)\backslash J$) gibt es eine Folge (t_n) von Treppenfunktionen mit $||t_n - g||_{\mathcal{R}} \to 0$ und $t_n(s) = 0$ für $s \in (\alpha,\beta)\backslash J$, $n \in \mathbb{N}$. Nach Definition von U gilt $Ut_n \to Ug$. Andererseits konvergiert die Funktionenfolge

$$Ut_n(x) = \int_{\alpha}^{\beta} u(x,s)t_n(s)d\rho(s)$$

auf kompakten Teilintervallen von (a,b) gleichmäßig gegen

$$f(x) = \int_{\alpha}^{\beta} u(x,s)g(s)d\rho(s) \ .$$

Daher gilt

$$Ug(x) = f(x) = \int_{\alpha}^{\beta} u(x,s)g(s)d\rho(s) \ .$$

2) Für $f \in \mathcal{H}$ mit kompaktem Träger in (a,b) sei Vf definiert durch

$$Vf(s) = \int_{a}^{b} u(x,s)^*f(x)d\sigma(x) \ .$$

Ist $f \in \mathcal{H}$ wie vorgegeben, so gilt für jedes $g \in \mathcal{R}$, das außerhalb eines kompakten Teilintervalls J von (α,β) verschwindet,

$$\langle g|Vf\rangle_{\mathcal{R}} = \int_J g(s)^* \int_I u(x,s)^*f(x)d\sigma(x)d\rho(s)$$

$$= \int_I \left\{ \int_J u(x,s)g(s)d\rho(s) \right\}^* f(x)d\sigma(x)$$

$$= \langle Ug|f\rangle_{\mathcal{H}} \ ,$$

$$|\langle g|Vf\rangle_{\mathcal{R}}| = |\langle Ug|f\rangle_{\mathcal{H}}| \leq ||Ug||_{\mathcal{H}} \, ||f||_{\mathcal{H}} = ||g||_{\mathcal{R}} \, ||f||_{\mathcal{H}} \ .$$

Daraus folgt

$$||Vf||_{\mathcal{R}} \leq ||f||_{\mathcal{H}} \ .$$

Also läßt sich V eindeutig zu einem $V \in B(\mathfrak{h}, \mathfrak{R})$ fortsetzen, und es gilt

$$||Vf||_{\mathfrak{R}} \leq ||f||_{\mathfrak{h}} \qquad \text{für alle } f \in \mathfrak{h} \, .$$

3) Diese Behauptung wurde für f und g mit kompaktem Träger in (a,b) bzw. (α,β) schon in 2) bewiesen. Da die Mengen dieser Funktionen in $\mathfrak{h}$ bzw. $\mathfrak{R}$ dicht liegen, folgt die behauptete Gleichung wegen der Stetigkeit der Skalarprodukte.

Natürlich gibt es unter den bisherigen Voraussetzungen nicht zu jedem $f \in \mathfrak{h}$ ein $g \in \mathfrak{R}$, so daß die "Entwicklung"

$$f(x) = \int_{\alpha}^{\beta} u(x,s)g(s)d\rho(s) = Ug(x)$$

gilt. Es gilt aber der

<u>Eindeutigkeitssatz</u>. *Gilt für ein* $f \in \mathfrak{h}$ *und ein* $g \in \mathfrak{R}$

$$f(x) = \int_{\alpha}^{\beta} u(x,s)g(s)d\rho(s) = Ug(s) \, ,$$

so ist g durch f eindeutig bestimmt, und es gilt

$$g(s) = \int_{a}^{b} u(x,s)^{*}f(x)d\sigma(x) = Vf(s) \, ,$$

d.h. für alle $g \in \mathfrak{R}$ *gilt* $VUg = g$.

<u>Beweis</u>. Für alle g, h $\in \mathfrak{R}$ gilt nach Teil 3 bzw. Teil 1 des Hauptsatzes

$$\langle VUg|h\rangle_{\mathfrak{R}} = \langle Ug|Uh\rangle_{\mathfrak{h}} = \langle g|h\rangle_{\mathfrak{R}} \, .$$

Daraus folgt $VUg = g$ für alle $g \in \mathfrak{R}$.

Wie für die Entwicklung nach orthogonalen normierten Systemen gilt auch hier die folgende

<u>Minimaleigenschaft</u>. *Ist* $f \in \mathfrak{h}$, *so gilt für jedes* h $\in \mathfrak{R}$

$$\int_{a}^{b} \left| f(x) - \int_{\alpha}^{\beta} u(x,s)h(s)d\rho(s) \right|^{2}d\sigma(x) \geq \int_{a}^{b} \left| f(x) - \int_{\alpha}^{\beta} u(x,s)g(s)d\rho(s) \right|^{2}d\sigma(x)$$

mit

$$g(s) = \int_a^b u(x,s)^* f(x) d\sigma(x) = Vf(s) \ ,$$

d.h.

$$||f - Uh||_{\mathcal{H}} \geq ||f - UVf||_{\mathcal{H}} \ .$$

Das Gleichheitszeichen wird nur für

$$h(s) = Vf(s) = \int_a^b u(x,s)^* f(x) d\sigma(x)$$

angenommen.

__Beweis.__ Mit $g = Vf$ gilt nach dem Hauptsatz, Teil 1 und 3

$$
\begin{aligned}
||f - Uh||_{\mathcal{H}}^2 &= ||f||_{\mathcal{H}}^2 - \langle f|Uh\rangle_{\mathcal{H}} - \langle Uh|f\rangle_{\mathcal{H}} + ||Uh||_{\mathcal{H}}^2 \\
&= ||f||_{\mathcal{H}}^2 - \langle Vf|h\rangle_{\mathcal{R}} - \langle h|Vf\rangle_{\mathcal{R}} + ||h||_{\mathcal{R}}^2 \\
&= ||f||_{\mathcal{H}}^2 - ||g||_{\mathcal{R}}^2 + ||g - h||_{\mathcal{R}}^2 \\
&= ||f - Ug||_{\mathcal{H}}^2 + ||g - h||_{\mathcal{R}}^2 \ .
\end{aligned}
$$

Daraus folgen beide Behauptungen.

__Definition.__ Eine orthogonale normierte Funktionenschar $u(.,.)$ heißt
vollständig, wenn für jedes $f \in \mathcal{H}$ mit

$$g(s) = \int_a^b u(x,s)^* f(x) d\sigma(x) \ ,$$

die Parseval'sche Gleichung (für orthogonale normierte Funktionenscharen)

$$\int_a^b |f(x)|^2 d\sigma(x) = \int_\alpha^\beta |g(s)|^2 d\rho(s)$$

gilt, d.h. wenn gilt

$$||f||_{\mathcal{H}} = ||Vf||_{\mathcal{R}} \qquad \text{für alle } f \in \mathcal{H} \ .$$

Für eine vollständige orthogonale normierte Funktionenschar gilt

$$||f - UVf||^2_{\mathcal{H}} = ||f||^2_{\mathcal{H}} - ||Vf||^2_{\mathcal{A}} = 0 \; ,$$

also

$$f = UVf \; ,$$

d.h.

$$f(x) = \int_\alpha^\beta u(x,s)g(s)d\rho(s)$$

mit

$$g(s) = \int_a^b u(x,s)^*f(x)d\sigma(x) \; .$$

In diesem Fall gilt also $U^{-1} = V$. Insgesamt erhalten wir den

<u>Entwicklungssatz</u>. *Ist* $u(.,.)$ *eine vollständige orthogonale normierte Funktionenschar, so gibt es zu jedem* $f \in \mathcal{H}$ *genau ein* $g \in \mathcal{A}$ *mit*

$$f(x) = \int_\alpha^\beta u(x,s)g(s)d\rho(s), \quad f = Ug \; ;$$

es ist

$$g(s) = \int_a^b u(x,s)^*f(x)d\sigma(x), \quad g = Vf \; .$$

Im Spezialfall $(a,b) = (\alpha,\beta) = (-\infty,\infty)$, $\sigma(x) = x$ und $\rho(s) = s$ schreibt man mit Hilfe der Dirac'schen δ-Funktion zur Abkürzung

$$\int_{-\infty}^\infty u(x,s)^*u(x,s')dx = \delta(s - s')$$

für die Orthogonalitäts- und Normierungsrelation und

$$\int_{-\infty}^\infty u(x,s)^*u(x',s)ds = \delta(x - x')$$

für die Vollständigkeitsrelation.

Im Spezialfall der Funktionenfolge ist der Nachweis der Orthogonalität und der Normiertheit oft leicht, der Nachweis der Totalität (Vollständigkeit) aber schwieriger. Im Fall einer kontinuierlichen Funktionenschar verwischen sich diese Unterschiede. Betrachtet man zum Beispiel eine orthogonale normierte Funktionenschar

$$u(x,s), \quad x,s \in (-\infty,\infty), \quad \sigma(x) = x, \quad \rho(s) = s,$$

so folgt die Vollständigkeit allein aus der zusätzlichen Symmetrieeigenschaft $u(x,s) = u(s,x)$, da dann offenbar auch V isometrisch ist; aus $VU = I$ folgt dann $V = U^{-1}$. Insbesondere ist $e^{2\pi ixs}$ eine vollständige orthogonale normierte Funktionenschar (für $\mathcal{G} = \mathcal{L}_2(\mathbb{R})$, $\mathcal{R} = \mathcal{L}_2(\mathbb{R})$). Der Hauptsatz und der Entwicklungssatz besagen in diesem Fall soviel wie das von Plancherel aufgestellte Theorem über Fourierintegrale.

In § 14 benötigen wir eine etwas allgemeinere Formulierung der obigen Resultate. Sei $\rho: (\alpha,\beta) \to \mathbb{C}^{m \times m}$ eine m×m-Matrixwertige Funktion mit

a) ρ ist nichtfallend, d.h. die Matrix $\rho(t) - \rho(s)$ ist positiv semidefinit für $s \leq t$,

b) ρ ist rechtsstetig.

Sei $\mathcal{Y}(\alpha,\beta;\mathbb{C}^m)$ der Vektorraum der Treppenfunktionen $g: (\alpha,\beta) \to \mathbb{C}^m$ mit kompaktem Träger in (α,β). Für alle $f, g \in \mathcal{Y}(\alpha,\beta;\mathbb{C}^m)$ ist

$$S(f,g) = \int_\alpha^\beta \sum_{j,k=1}^m f_j(s)^* g_k(s) d\rho_{jk}(s)$$

$$= \int_\alpha^\beta (f(s)|d\rho(s)g(s))$$

als Riemann-Stieltjes-Integral definiert ($(.|.)$ ist das Skalarprodukt in $\mathbb{C}^m$, $f(s) = (f_1(s),\ldots,f_m(s))$, $g(s) = (g_1(s),\ldots,g_m(s))$). Offenbar ist $S(.,.)$ eine nichtnegative Sesquilinearform (vgl. I, § 5.1). Aus der Schwarzschen Ungleichung für S folgt, daß

$$\mathcal{N} = \{ f \in \mathcal{Y}(\alpha,\beta;\mathbb{C}^m): S(f,f) = 0\}$$

ein linearer Teilraum von $\mathcal{Y}(\alpha,\beta;\mathbb{C}^m)$ ist. Wir definieren

$$\mathcal{R}_0 = \mathcal{R}_0(\alpha,\beta;\rho) := \mathcal{Y}(\alpha,\beta;\mathbb{C}^m)/\mathcal{N}$$

(d.h. $\mathcal{R}_0$ entsteht durch Identifizieren der Elemente, deren Differenz in $\mathcal{N}$ liegt) und auf $\mathcal{R}_0$ das Skalarprodukt

$$\langle f | g \rangle = S(f,g) \; ,$$

wobei zu bemerken ist, daß wir in unserer Schreibweise nicht zwischen
$g \in \mathcal{Y}(\alpha,\beta;\mathbb{C}^m)$ und dem zugehörigen $g \in \mathcal{R}_0$ unterscheiden. Man kann $\mathcal{R}_0(\alpha,\beta;\rho)$
als dichten Teilraum eines Hilbertraumes $\mathcal{R} = \mathcal{L}_2(\alpha,\beta;\rho)$ auffassen, wobei
$\mathcal{L}_2(\alpha,\beta;\rho)$ völlig analog zum 1-dimensionalen Fall (m = 1) erklärt ist. Alle im
folgenden auftretenden Integrale bezüglich ρ, in denen Elemente aus $\mathcal{R}$ enthalten
sind, werden mit Hilfe geeigneter Folgen aus $\mathcal{R}_0$ definiert.

Wir können nun unsere frühere Definition verallgemeinern.

<u>Definition.</u> Sei $\mathcal{Y} = \mathcal{L}_2(a,b;\sigma)$ wie früher definiert, $\mathcal{R}$ wie soeben er-
klärt. Eine stetige Funktion u: $(a,b) \times (\alpha,\beta) \rightarrow \mathbb{C}^m$ heißt eine (den Räumen $\mathcal{Y}$ und
$\mathcal{R}$ zugeordnete, m-dimensionale) *orthogonale normierte Funktionenschar*, wenn für
beliebige kompakte Teilintervalle J, J_1, J_2 von (α,β) gilt

$$\int_J \sum_{k=1}^m u_k(.,s) d\rho_{jk}(s) \in \mathcal{Y} \qquad (j=1,\ldots,m) \; ,$$

$$\int_a^b \left\{ \int_{J_1} \sum_{k=1}^m u_k(x,s)^* d\rho_{jk}^*(s) \int_{J_2} \sum_{k=1}^m u_k(x,s) d\rho_{1k}(s) \right\} d\sigma(x)$$

$$= \int_{J_1 \cap J_2} d\rho_{j1}(s) \qquad (j,1=1,\ldots,m) \; .$$

Auf Grund dieser Definition können ohne zusätzliche Schwierigkeiten alle oben
bewiesenen Resultate wörtlich übertragen werden. Dabei sind nur Integrale der Form

$$\int_\alpha^\beta f(s)^* g(s) d\rho(s)$$

durch

$$\int_\alpha^\beta (f(s) | d\rho(s) g(s))$$

zu ersetzen.

Diese Resultate werden in § 14 für den Fall m = 2, $\sigma(x) = \int^x k(s) ds$ benutzt.

§ 14. Der Spektralsatz für Sturm-Liouville-Operatoren

Sei A ein wesentlich selbstadjungierter Sturm-Liouville-Operator

$$Au = \frac{1}{k}\{-(pu')' + qu\} \quad \text{in } \mathcal{L}_2(a,b;k),$$

wie er in § 12 betrachtet wurde (die Definitionsbereiche dieser Operatoren sind in § 3 bzw. § 4 erklärt).

Für ein $c \in (a,b)$ und alle $z \in \mathbb{C}$ sei $u_1(.,z)$, $u_2(.,z)$ das Fundamentalsystem von $-(pu')' + (q-zk)u = 0$ mit

$$u_1(c,z) = 1 \ , \quad p(c)u_1'(c,z) = 0 \ ,$$
$$u_2(c,z) = 0 \ , \quad p(c)u_2'(c,z) = 1 \ ;$$

für jedes $x \in (a,b)$ sind $u_1(x,.)$ und $u_2(x,.)$ ganze analytische Funktionen; diese sind reellwertig für reelle z (vgl. § 6, Satz 4).

Sei weiter $G(x,y,z)$ die *Greensche Funktion* von A (Integralkern der Resolvente, vgl. § 3 bzw. § 4). Wie in § 12 sei im folgenden

$$g_1 = g_{1,c} = G(c,.,i)^* \ ,$$
$$g_2 = g_{2,c} = p(c)G_x(c,.,i)^* \ .$$

Für j, $k = 1$, 2 definieren wir die Funktionen

$$\rho_{jk}(s) = \int\limits_0^s (1 + t^2) \, d\langle g_j | E(t)g_k\rangle \ . \ ^1$$

Sie werden für die folgenden drei Fassungen des Spektralsatzes wichtig sein. Zunächst wollen wir ein Verfahren zur expliziten Berechnung dieser Funktionen, deren genaue Kenntnis für die Anwendung des Spektralsatzes unerläßlich ist, kennen lernen (Formeln von Titchmarsh). Für die Beweise der verschiedenen Fassungen des Spektralsatzes werden jedoch nur die Aussagen des darauffolgenden Korollars benutzt.

Wir benötigen eine Darstellung der Greenschen Funktion mit Hilfe des Fundamentalsystems $u_1(x,z)$, $u_2(x,z)$. Sind $u_a(.,z)$ und $u_b(.,z)$ für $z \in \mathbb{C}\backslash\mathbb{R}$ die

---

[1] vgl. die Fußnote auf Seite 178.

194

für die Darstellung von $R_z = (A-z)^{-1}$ notwendigen Lösungen von $-(pu')' + (q-zk)u = 0$ mit $W(u_b,u_a) = 1$ (vgl. § 3, Satz 2, § 4, Satz 2 und 3), so gibt es Funktionen $m_{ij}: \mathbb{C}\backslash\mathbb{R} \to \mathbb{C}$ mit

$$u_a(x,z) = m_{11}(z)u_1(x,z) + m_{12}(z)u_2(x,z) ,$$

$$u_b(x,z) = m_{21}(z)u_1(x,z) + m_{22}(z)u_2(x,z) .$$

Wegen $W(u_b,u_a) = W(u_1,u_2) = 1$ gilt

$$\det(m_{ij}(z)) = -1 .$$

Damit gilt für die Greensche Funktion

$$G(x,y,z) = \begin{cases} \displaystyle\sum_{j,k=1}^{2} G_{jk}(z)u_j(x,z)u_k(y,z) & \text{für } x \leq y , \\[3mm] \displaystyle\sum_{j,k=1}^{2} G_{kj}(z)u_j(x,z)u_k(y,z) & \text{für } y \leq x , \end{cases}$$

mit

$$G_{jk}(z) = m_{1j}(z)m_{2k}(z) .$$

Es gilt

$$G_{12}(z) - G_{21}(z) = m_{11}(z)m_{22}(z) - m_{12}(z)m_{21}(z) = -1 .$$

Mit

$$M_{jk}(z) = \tfrac{1}{2}(G_{jk}(z) + G_{kj}(z))$$

folgt

$$(1) \quad \begin{cases} M_{jk}(z) = M_{kj}(z) , \\[2mm] G_{11}(z) = M_{11}(z), \; G_{22}(z) = M_{22}(z) , \\[2mm] G_{12}(z) = M_{12}(z) + \tfrac{1}{2}(G_{12}(z) - G_{21}(z)) = M_{12}(z) - \tfrac{1}{2} , \\[2mm] G_{21}(z) = M_{12}(z) + \tfrac{1}{2} . \end{cases}$$

Damit ergibt sich für alle x, y (a,b)

$$(2) \quad \begin{aligned} G(x,y,z) &= \sum_{j,k=1}^{2} M_{jk}(z)u_j(x,z)u_k(y,z) \\ &\quad + \tfrac{1}{2}\,\mathrm{sgn}(x-y)\,\{\,u_1(x,z)u_2(y,z) - u_2(x,z)u_1(y,z)\,\} ; \end{aligned}$$

hierbei ist sgn(x) = 1 für x ≥ O, sgn(x) = -1 für x < O. Zusammen mit der Gleichung $R_{z*} = (R_z)^*$ folgt hieraus außerdem

$$(3) \qquad G(x,y,z) = G(y,x,z) = G(x,y,z^*)^* = G(y,x,z^*)^* \ .$$

<u>Satz (Formeln von Titchmarsh)</u>. *Für* j, k = 1, 2 *gilt*

$$\rho_{jk}(s) = \lim_{\delta \to O+} \ \lim_{\varepsilon \to O+} \ \frac{1}{\pi} \int_{\delta}^{s+\delta} \operatorname{Im} M_{jk}(t + i\varepsilon)dt \ .$$

In diesen Formeln kann M_{jk} *durch* G_{jk} *ersetzt werden. Die Funktionen* M_{jk} *bzw.* G_{jk} *sind in* $\mathbb{C} \backslash \mathrm{IR}$ *holomorph.*

<u>Beweis</u>. Sei $g_1(z) = G(c,.,z)^*$, $g_2(z) = p(c)G_x(c,.,z)^*$. Aus der Resolventengleichung (vgl. II, § 8.6, Aufgabe 12)

$$G(x,y,z) - G(x,y,z^*) = (z - z^*) \int_a^b G(x,t,z)G(y,t,z^*)k(t)dt$$

$$(4)$$

$$= (z - z^*) \int_a^b G(x,t,z^*)G(y,t,z)k(t)dt$$

folgt dann (man beachte $G(x,t,z^*) = G(x,t,z)^*$, vgl. (3))

$$G(c,c,z) - G(c,c,z^*) = (z - z^*) \ \langle g_1(z)|g_1(z)\rangle \ .$$

Durch Differenzieren erhält man aus (4) für x ≠ y

$$p(x)G_x(x,y,z) - p(x)G_x(x,y,z^*)$$

$$(5) \qquad = (z - z^*) \int_a^b p(x)G_x(x,t,z)G(y,t,z^*)k(t)dt$$

$$= (z - z^*) \int_a^b p(x)G_x(x,t,z^*)G(y,t,z)k(t)dt \ .$$

Erneute Differentiation von (5) nach y ergibt für x ≠ y

$$p(x)p(y)G_{xy}(x,y,z) - p(x)p(y)G_{xy}(x,y,z^*)$$

$$(6)$$

$$= (z - z^*) \int_a^b p(x)G_x(x,t,z)p(y)G_y(y,t,z^*)k(t)dt \ .$$

196

Aus der Darstellung (2) von $G(x,y,z)$ folgt

$$G(c,c,z) = M_{11}(z)$$

und somit

$$M_{11}(z)^* = M_{11}(z^*) \ .$$

Außerdem folgt für $y \neq c$

$$p(c)G_x(c,y,z) = \sum_{k=1}^{2} M_{2k}(z)u_k(y,z) - \tfrac{1}{2} \operatorname{sgn}(c-y)u_1(y,z)$$

und durch Grenzübergang $y \to c+$

$$p(c)G_x(c,c+,z) = M_{21}(z) + \tfrac{1}{2} \ .$$

Hieraus folgt

$$M_{12}(z)^* = M_{21}(z)^* = M_{12}(z^*) = M_{21}(z^*) \ .$$

Analog ergibt sich für $y \neq c$

$$p(c)p(y)G_{xy}(c,y,z) = \sum_{k=1}^{2} M_{2k}(z)p(y)u_k'(y,z) - \tfrac{1}{2} \operatorname{sgn}(c-y)p(y)u_1'(y,z)$$

und für $y \to c+$

$$p(c)^2 G_{xy}(c,c+,z) = M_{22}(z) \ .$$

Hieraus folgt

$$M_{22}(z)^* = M_{22}(z^*) \ .$$

Wir haben also für alle $j, k = 1, 2$

$$M_{jk}(z)^* = M_{jk}(z^*) \ .$$

Einsetzen der hier gewonnenen Formeln in (4), (5) und (6) ergibt

$$(7) \qquad \operatorname{Im} M_{jk}(z) = \langle g_j(z) | g_k(z) \rangle \operatorname{Im} z \qquad (j,k = 1,2) \ .$$

Aus

$$G(x,y,z) - G(x,y,i) = (z - i) \int_a^b G(x,t,i)G(y,t,z)k(t)dt$$

$$= \{ (z^* + i) \int_a^b G(y,t,z^*)G(x,t,i)^*k(t)dt \}^*$$

und

$$p(x)G_x(x,y,z) - p(x)G_x(x,y,i) = (z - i) \int_a^b p(x)G_x(x,t,i)G(y,t,z)k(t)dt$$

$$= \{ (z^* + i) \int_a^b G(y,t,z^*)p(x)G_x(x,t,i)^*k(t)dt \}^*$$

folgt für $x = c$, $j = 1,2$

$$g_j(z) = g_j + (z^* + i)(A - z^*)^{-1}g_j$$

$$= \int_{-\infty}^{\infty} (1 + \frac{z^*+i}{t-z^*})dE(t)g_j$$

$$= \int_{-\infty}^{\infty} \frac{t+i}{t-z^*} dE(t)g_j \ .$$

Mit den Formeln (7) für $\mathrm{Im}\, M_{jk}$ folgt

$$\mathrm{Im}\, M_{jk}(z) = (\mathrm{Im}\, z) \int_{-\infty}^{\infty} \frac{t-i}{t-z} \frac{t+i}{t-z^*} d\langle g_j | E(t)g_k \rangle$$

$$= (\mathrm{Im}\, z) \int_{-\infty}^{\infty} |t - z|^{-2} d\rho_{jk}(t)$$

oder

$$\mathrm{Im}\, M_{jk}(s+i\varepsilon) = \int_{-\infty}^{\infty} \frac{\varepsilon}{|t-s|^2 + \varepsilon^2} d\rho_{jk}(t) \ .$$

Da die Funktionen ρ_{jk} rechtsstetig sind, folgen hieraus die Formeln von Titchmarsh; der Beweis dieser Aussage ist identisch mit dem Beweis von II, § 8.4, (26,d) (man beachte, daß dort die Voraussetzung $\mathrm{Im}\, F(s + i\varepsilon) \geq 0$ nicht benutzt wird).

Die übrigen Aussagen folgen aus den Formeln von Titchmarsh bzw. aus (1).

<u>Korollar</u>. *Die Matrix-Funktion*

$$s \mapsto \rho(s) = (\rho_{jk}(s))_{j,k=1,2}$$

ist hermitesch, reell (d.h. $\rho_{jk} = \rho_{kj}$*), rechtsstetig und nichtfallend (d.h. für* $s \geq t$ *ist die Matrix* $\rho(s) - \rho(t)$ *positiv semidefinit).*

<u>Beweis</u>. Nur die letzte Aussage ist noch zu beweisen (die anderen folgen aus den Formeln von Titchmarsh). Sei $(\xi_1,\xi_2) \in \mathbb{C}^2$; dann gilt

$$\sum_{j,k=1}^{2} (\rho_{jk}(s) - \rho_{jk}(t))\, \xi_j^* \xi_k = \int_t^s (1+\tau^2) d_\tau < \sum_{j=1}^{2} \xi_j g_j \,|\, E(\tau) \sum_{k=1}^{2} \xi_k g_k >$$

$$= \int_t^s (1+\tau^2) d_\tau \,||\, E(\tau) \sum_{j=1}^{2} \xi_j g_j \,||^2 \geq 0\ .$$

<u>Satz (Spektralsatz, 1.Fassung)</u>. *Durch*

$$v_j(x,t) = \int_0^t \sum_{k=1}^{2} u_k(x,s) d\rho_{jk}(s)\ , \qquad j = 1,2$$

mit den oben erklärten Funktionen ρ_{jk} *sind zwei Eigenscharen von A definiert,* $v_j(t) = v_j(.,t)$*. Für jedes* $f \in \mathcal{L}_2(a,b;k)$ *erfüllt die Eigenschar* $v(t) = E(t)f$ *für alle* t_1, t_2 *mit* $t_1 < t_2$ *die Gleichung*

$$v(x,t_2) - v(x,t_1) = \int_{t_1}^{t_2} \sum_{j=1}^{2} u_j(x,s) d_s <v_j(s)\,|\,f>\ .$$

<u>Bemerkung</u>. Da aus $f \perp v_j(t)$ für $j = 1,2$ und alle t folgt, daß $f = 0$ ist, nennt man die Eigenscharen v_1, v_2 *vollständig*.

<u>Beweis</u>. Sei $f \in \mathcal{L}_2(a,b;k)$, $v(t) = E(t)f$; dann ist v eine Eigenschar. Nach § 12, Satz 3 gilt also

$$v(x,\beta) - v(x,\alpha) = \int_\alpha^\beta \sum_{j=1}^{2} u_j(x,s) d\rho_j(s)$$

mit eindeutig bestimmten Funktionen ρ_j,

$$\rho_j(t) = v(c,t) = <g_j\,|\,(A-i)v(t)> = <g_j\,|\, \int_0^t (s-i)dE(s)f >> =$$

$$= \langle \int_0^t (s+i)dE(s)g_j \,|\, f\rangle$$

Sei nun

$$v_j(t) = \int_0^t (s+i)dE(s)g_j$$

$$= (A + i)(E(t) - E(0))g_j \qquad (j = 1,2) \ .$$

Dies sind offenbar Eigenscharen von A mit $v_j(0) = 0$. Wir beweisen im folgenden

$$v_j(t) = \int_0^t \sum_{k=1}^2 u_k(.,s)d\rho_{jk}(s) \qquad (j = 1,2) \ .$$

Daraus folgen dann alle Behauptungen des Satzes.

Nach § 12, Satz 3 gilt für die Eigenschar v_j

$$v_j(t) = \int_0^t \sum_{k=1}^2 u_k(.,s)d\sigma_{jk}(s)$$

mit (durch $\sigma_{jk}(0) = 0$) eindeutig bestimmten σ_{jk}

$$\sigma_{j1}(s) = v_j(c,s) - v_j(c,0) = v_j(c,s) \ ,$$
$$\sigma_{j2}(s) = p(c)v_j'(c,s) - p(c)v_j'(c,0) = p(c)v_j'(c,s) \ ,$$

also für $0 \leq s$

$$\begin{aligned}
\sigma_{jk}(s) &= \langle g_k \,|\, (A-i)v_j(s)\rangle \\
&= \langle g_k \,|\, (A-i)(A+i)(E(s)-E(0))g_j\rangle \\
&= \langle (A+i)(E(s)-E(0))g_k \,|\, (A+i)(E(s)-E(0))g_j\rangle \\
&= \int_0^s (1+t^2)d\langle g_k|E(t)g_j\rangle = \rho_{kj}(s) = \rho_{jk}(s) \ .
\end{aligned}$$

Entsprechend gilt für $s < 0$

$$\begin{aligned}
\sigma_{jk}(s) &= \langle g_k \,|\, (A-i)v_j(s)\rangle \\
&= - \ \langle g_k \,|\, (A-i)(A+i)(E(0)-E(s))g_j\rangle =
\end{aligned}$$

$$= - \langle (A+i)(E(0)-E(s))g_k \mid (A+i)(E(0)-E(s))g_j \rangle$$

$$= - \int_s^0 (1+t^2)d\langle g_k \mid E(t)g_j \rangle = \rho_{kj}(s) = \rho_{jk}(s) \ .$$

Also gilt die oben angegebene Darstellung von $v_j(t)$.

Satz (Spektralsatz, 2.Fassung). *Für die Spektralschar E von A (bzw. $\overline{A}$) gilt*

$$(E(\beta) - E(\alpha))f(x) = \int_a^b E(x,y,\alpha,\beta)f(y)k(y)dy$$

für alle $f \in \mathcal{L}_2(a,b;k)$, $[\alpha,\beta] \subset \mathrm{IR}$, $x \in (a,b)$, *mit*

$$E(x,y,\alpha,\beta) = \int_\alpha^\beta \sum_{j,k=1}^2 u_j(x,t)u_k(y,t)d\rho_{jk}(t) \ .$$

Es gilt

$$\int_a^b |E(x,y,\alpha,\beta)|^2 k(y)dy < \infty$$

für alle $x \in (a,b)$, $[\alpha,\beta] \subset \mathrm{IR}$.

Beweis. Für $x \in (a,b)$, $[\alpha,\beta] \subset \mathrm{IR}$ sei

$$E(x,.,\alpha,\beta) = \int_\alpha^\beta \sum_{j=1}^2 u_j(x,s)dv_j(s) \ ,$$

mit der oben definierten Eigenschar v_j. Da die Funktionen $u_j(.,.)$ stetig sind, ist $E(x,.,\alpha,\beta) \in \mathcal{L}_2(a,b;k)$ für alle $x \in (a,b)$, d.h. E erfüllt die letzte Behauptung. Andererseits gilt für das so definierte E nach Definition von v_j

$$E(x,y,\alpha,\beta) = \int_\alpha^\beta \sum_{j,k=1}^2 u_j(x,s)u_k(y,s)d\rho_{jk}(s) \ ,$$

und nach obigem Satz (da die u_j, ρ_{jk} und damit $E(.,.,.,.)$ reellwertig sind)

$$\int_a^b E(x,y,\alpha,\beta)f(y)k(y)dy = \langle E(x,.,\alpha,\beta) \mid f \rangle = \int_\alpha^\beta \sum_{j=1}^2 u_j(x,s)d_s\langle v_j(s) \mid f \rangle$$

$$= (E(\beta) - E(\alpha))f(x) \ ;$$

das ist die Behauptung des Satzes.

Um eine dritte Fassung des Spektralsatzes formulieren zu können, betrachten wir den mit

$$(\alpha,\beta) := (-\infty,\infty) \quad \text{und} \quad \rho(s) = (\rho_{jk}(s))_{j,k=1,2}$$

im Sinne von § 13 definierten Hilbertraum $\mathcal{L}_2(-\infty,\infty;\rho)$. Mit $u(.,.)$ bezeichnen wir die $\mathbb{C}^2$-wertige Funktion

$$u(x,t) = \begin{pmatrix} u_1(x,t) \\ u_2(x,t) \end{pmatrix}$$

mit dem oben definierten Fundamentalsystem u_1, u_2.

Die Funktionenschar $u(.,.)$ bildet eine orthogonale normierte Funktionenschar bezüglich $\mathcal{H} = \mathcal{L}_2(a,b;k)$ und $\mathcal{K} = \mathcal{L}_2(-\infty,\infty,\rho)$, denn für beliebige beschränkte Intervalle J, $J_1 = (\alpha_1,\beta_1]$ und $J_2 = (\alpha_2,\beta_2]$ in $(-\infty,\infty)$ gilt

$$\int_J \sum_{k=1}^{2} u_k(.,s)d\rho_{jk}(s) \in \mathcal{H} \qquad (j = 1,2)$$

(vgl. 1. Fassung des Spektralsatzes) und

$$\int_a^b \left\{ \left[\int_{J_1} \sum_{k=1}^{2} u_k(x,s)d\rho_{jk}(s) \right]^* \int_{J_2} \sum_{k=1}^{2} u_k(x,s)d\rho_{1k}(s) \right\} k(x)dx$$

$$= \langle v_j(\beta_1) - v_j(\alpha_1) | v_1(\beta_2) - v_1(\alpha_2) \rangle$$

$$= \langle \int_{J_1} (t+i)dE(t)g_j | \int_{J_2} (t+i)dE(t)g_1 \rangle$$

$$= \int_{J_1 \cap J_2} (1+t^2)d\langle g_j | E(t)g_1 \rangle = \int_{J_1 \cap J_2} d\rho_{j1}(t) .$$

Für f, $g \in \mathcal{H} = \mathcal{L}_2(a,b;k)$ mit kompaktem Träger in (a,b) und $-\infty < \alpha \leq \beta < \infty$ gilt

$$\int_\alpha^\beta \sum_{j,k=1}^{2} \int_a^b u_j(x,t)f(x)^*k(x)dx \int_a^b u_k(y,t)g(y)k(y)dy \, d\rho_{jk}(t) =$$

$$= \int_a^b f(x)^* \int_a^b E(x,y,\alpha,\beta)g(y)k(y)dy \; k(x)dx$$

$$= \langle f \mid (E(\beta) - E(\alpha))g \rangle \; .$$

Setzen wir

$$\mathcal{L} = \mathcal{L} \{ (E(\beta) - E(\alpha))f \colon f \in \mathcal{H} \quad \text{mit kompaktem Träger,}$$
$$-\infty < \alpha < \beta < \infty \}$$

($\mathcal{L}$ steht für lineare Hülle, vgl. I, § 5.2), so ist offenbar die lineare Abbildung

$$\Phi \colon \quad \mathcal{L} \rightarrow \mathcal{R} \; ,$$

$$\Phi \left(\sum_{l=1}^{n} (E(\beta_1) - E(\alpha_1))f_1 \right)(t) = \sum_{l=1}^{n} \xi_{(\alpha_1,\beta_1]}(t) \int_a^b u(x,t)f_1(x)k(x)dx$$

isometrisch. Da $\mathcal{L}$ in $\mathcal{H}$ dicht ist, läßt sich Φ eindeutig zu einer isometrischen Abbildung

$$\Phi \colon \quad \mathcal{H} \rightarrow \mathcal{R} \; ,$$

$$(\Phi f)(x) = \int_a^b u(x,t)f(x)k(x)dx = \left(\int_a^b u_j(x,t)f(x)k(x)dx \right)_{j=1,2}$$

fortsetzen, wobei die Integrale im Sinne von § 13 zu verstehen sind. Die Isometrie dieser Abbildung bedeutet aber gerade die Vollständigkeit der orthogonalen normierten Funktionenschar $u(.,.)$.

Die beiden letzten Formeln besagen, daß $\Phi(E(\beta) - E(\alpha)) \Phi^{-1}$ gleich dem Operator der Multiplikation mit $\xi_{(\alpha,\beta]}$ ist. Dies ist aber die Spektralschar des Operators M der Multiplikation mit der Variablen in $\mathcal{R}$ (vgl. II, § 8.6, Aufgabe 5),

$$\mathcal{D}(M) = \{ g \in \mathcal{R} \mid tg \in \mathcal{R} \} \; ,$$
$$Mg(t) = tg(t) \quad \text{für} \quad g \in \mathcal{D}(M) \; .$$

Damit haben wir den folgenden Satz bewiesen.

Entwicklungssatz (Spektralsatz, 3. Fassung). *Seien* $\mathcal{H} = \mathcal{L}_2(a,b;k)$, $\mathcal{R} = \mathcal{L}_2(-\infty,\infty;\rho)$ *wie oben erklärt. Dann wird durch*

$$(\Phi f)(t) = \underset{\substack{a_n \to a+ \\ b_n \to b-}}{\text{l.i.m.}} \; \left(\int_{a_n}^{b_n} u_j(x,t)f(x)k(x)dx \right)_{j=1,2}$$

ein isometrischer Isomorphismus von $\overset{\sim}{\mathcal{H}}$ *auf* $\mathcal{R}$ *definiert. Es gilt für alle*
$g \in \mathcal{R}$

$$(\Phi^{-1}g)(x) = \underset{\substack{\alpha_n \to -\infty \\ \beta_n \to \infty}}{\text{l.i.m.}} \int_{\alpha_n}^{\beta_n} \sum_{j,k=1}^{2} u_j(x,t)g_k(t)d\rho_{jk}(t) \; .$$

Weiter gilt $f \in \overset{\sim}{\mathcal{D}}(A)$ *genau dann, wenn* $M\Phi f$ *aus* $\mathcal{R}$ *ist; es gilt* $(\Phi Af)(t) = t(\Phi f)(t)$ *für* $f \in \overset{\sim}{\mathcal{D}}(A)$, *d.h.*

$$A = \Phi^{-1}M\Phi \; ,$$

wobei M *der Multiplikationsoperator in* $\mathcal{R}$ *ist.*

Damit ist der Entwicklungssatz für Sturm-Liouville-Operatoren in der gleichen Allgemeinheit bewiesen, wie sie von Plancherel für das Fouriersche Integraltheorem erreicht wurde. In dieser Allgemeinheit wurde der Satz erstmals von K.Kodaira [4] publiziert.

Es ist oft angenehm, wenn man nicht das bisher benutzte spezielle Fundamentalsystem benutzen muß. *Sei deshalb jetzt* Q *ein achsenparalleles symmetrisch zur reellen Achse liegendes offenes Rechteck in* $\mathbb{C}$, *und für jedes* $z \in Q$ *sei* $w_1(.,z)$, $w_2(.,z)$ *ein Fundamentalsystem von* $-(pu')' + (q-zk)u = 0$, *so daß für jedes* $x \in (a,b)$ *die Funktionen* $w_1(x,.)$ *und* $w_2(x,.)$ *in* Q *analytisch sind mit* $w_j(x,z)^* = w_j(x,z^*)$.

Dann gilt offenbar mit dem oben definierten Fundamentalsystem u_1, u_2

$$w_j(x,z) = w_j(c,z)u_1(x,z) + p(c)w_j'(c,z)u_2(x,z)$$

$$= \sum_{k=1}^{2} \beta_{jk}(z)u_k(x,z) \; .$$

Hierbei sind $\beta_{jk}(.)$ in Q analytische Funktionen mit

$$\det(\beta_{jk}(z)) = W(w_1(z),w_2(z)) = W(z) \neq 0 \; , \qquad z \in Q \; .$$

Es gibt also in Q analytische Funktionen $\alpha_{jk}(.)$ mit

$$u_j(x,z) = \sum_{k=1}^{2} \alpha_{jk}(z)w_k(x,z) \ .$$

Es sind $\alpha_{jk}(t)$ und $\beta_{jk}(t)$ reell für reelle t.

Die Greensche Funktion können wir jetzt für $z \in Q$, Im $z \neq 0$ schreiben in der Form

$$G(x,y,z) = \sum_{l,m=1}^{2} H_{lm}(z)w_l(x,z)w_m(y,z) \ , \qquad x \leq y$$

mit

$$H_{lm}(z) = \sum_{j,k=1}^{2} \alpha_{jl}(z)\alpha_{km}(z)G_{jk}(z) \ .$$

Sei t_0 eine reelle Zahl aus Q,

$$\tau_{lm}(t) = \int_{t_0}^{t} \sum_{j,k=1}^{2} \alpha_{jl}(s)\alpha_{km}(s)d\rho_{jk}(s)$$

$$= \lim_{\delta \to 0+} \lim_{\varepsilon \to 0+} \frac{1}{\pi} \int_{t_0+\delta}^{t+\delta} \text{Im } H_{lm}(s + i\varepsilon)ds \ .$$

Dann folgt für $[\alpha,\beta] \in Q$

$$E(x,y,\alpha,\beta)$$

$$= \int_{\alpha}^{\beta} \sum_{j,k,l,m=1}^{2} \alpha_{jl}(s)\alpha_{km}(s)w_l(x,s)w_m(y,s)d\rho_{jk}(s)$$

$$= \int_{\alpha}^{\beta} \sum_{l,m=1}^{2} w_l(x,s)w_m(y,s)d\tau_{lm}(s) \ .$$

Es folgt also, daß für $[\alpha,\beta] \in Q$ die Spektralprojektion $E(\beta) - E(\alpha)$ mit Hilfe dieses allgemeineren Fundamentalsystems w_1, w_2 formal genau so dargestellt wird wie mit dem speziellen Fundamentalsystem u_1, u_2. Man erhält wie oben eine isometrische Abbildung $\Phi_{\alpha,\beta}$ von $(E(\beta) - E(\alpha))\mathcal{H}$ auf $\mathscr{L}_2(\alpha,\beta;d\tau)$, wobei die Einschränkung von A auf $(E(\beta) - E(\alpha))\mathcal{H}$ in den Multiplikationsoperator in $\mathscr{L}_2(\alpha,\beta;\tau)$ übergeht. Für den Fall, daß $Q = \mathbb{C}$ gilt, erhält man die zweite und dritte Fassung des Spektralsatzes für das allgemeine Fundamentalsystem. Schließlich kann man zeigen, daß für reelle t_0 und t aus Q

$$\tilde{v}_j(x,t) = \int_{t_0}^{t} \sum_{k=1}^{2} w_k(x,s)d\tau_{jk}(s) \ , \qquad j = 1,2$$

Eigenscharen von A sind und daß für jedes $f \in \mathcal{H}$ und $v(t) = E(t)f$ gilt $(t,t_0 \in Q)$

$$v(t) - v(t_0) = \int_{t_0}^{t} \sum_{j=1}^{2} w_j(x,s)d_s\langle\tilde{v}_j(s)|f\rangle \ .$$

Man erhält also auch ein Analogon zur ersten Fassung des Spektralsatzes.

§ 15. Einfache Anwendungen des Spektralsatzes

Wir betrachten wieder den Operator

$$Au = \frac{1}{k}\{ -(pu')' + qu\}$$

mit einem Definitionsbereich, in dem A nach § 3 oder § 4 wesentlich selbstadjungiert ist.

1. $Au = -u''$ in $(-\infty,\infty)$

Zuerst untersuchen wir das einfachste singuläre Problem,

$$Au(x) = -u''(x) \qquad \text{für} \qquad x \in (-\infty,\infty) \ .$$

Nach § 2, Beispiel 2 liegt an beiden Endpunkten der Grenzpunktfall vor, d.h. A ist ohne Randbedingung wesentlich selbstadjungiert. Offenbar hat A keine Eigenwerte. Das Spektrum fällt also mit dem Streckenspektrum zusammen. Wir wollen zeigen, daß es genau gleich $[0,\infty)$ ist.

Für $z \in \mathbb{C}$ mit $\text{Im } z \neq 0$ sei $u_1(.,z)$, $u_2(.,z)$ das Fundamentalsystem von $u'' + zu = 0$ mit

$$u_1(0,z) = 1, \quad u_1'(0,z) = 0; \quad u_2(0,z) = 0, \quad u_2'(0,z) = 1 \ .$$

Erklärt man $\sqrt{z}$ so, daß $\text{Im } \sqrt{z} > 0$ bzw. $\sqrt{z} > 0$ für $z > 0$ gilt, so erhält man

$$u_1(x,z) = \cos \sqrt{z}\, x \ ,$$

$$u_2(x,z) = \frac{1}{\sqrt{z}} \sin \sqrt{z}\, x \ .$$

Die Greensche Funktion hat die Gestalt

$$G(x,y,z) = W(u_\infty, u_{-\infty})^{-1} u_{-\infty}(x,z) u_\infty(y,z) , \qquad x \leq y ,$$

wobei $u_{-\infty}$ und u_∞ solche Linearkombinationen von u_1, u_2 sein müssen, daß gilt

$$\int_{-\infty}^{0} |u_{-\infty}(x,z)|^2 dx < \infty , \qquad \int_{0}^{\infty} |u_\infty(x,z)|^2 dx < \infty .$$

Man kann

$$u_{-\infty}(x,z) = u_1(x,z) - i\sqrt{z}\, u_2(x,z) = e^{-i\sqrt{z}x} ,$$

$$u_\infty(y,z) = u_1(y,z) + i\sqrt{z}\, u_2(y,z) = e^{i\sqrt{z}y}$$

setzen und erhält wegen $W(u_\infty, u_{-\infty}) = -2i\sqrt{z}$

$$G(x,y,z) = \frac{i}{2\sqrt{z}}\, e^{i\sqrt{z}(y-x)} \qquad \text{für } x < y ,$$

bzw.

$$G(x,y,z) = \frac{i}{2\sqrt{z}}\, e^{i\sqrt{z}|x-y|} \qquad \text{für } x,y \in (-\infty, \infty) .$$

Also gilt

$$(G_{jk}(z)) = \frac{1}{2} \begin{pmatrix} \dfrac{i}{\sqrt{z}} & -1 \\[2ex] 1 & i\sqrt{z} \end{pmatrix} .$$

Es ist $\operatorname{Im} G_{12}(z) = \operatorname{Im} G_{21}(z) = 0$ für alle z mit $\operatorname{Im} z \neq 0$, also $\rho_{12}(s) = \rho_{21}(s) = 0$ für $s \in (-\infty, \infty)$. Weiter gilt für $t \geq 0$

$$\rho_{11}(t) = \lim_{\delta \to 0+} \lim_{\varepsilon \to 0+} \frac{1}{2\pi} \int_{\delta}^{t+\delta} \operatorname{Im} \frac{i}{(s + i\varepsilon)^{1/2}} ds$$

$$= \frac{1}{2\pi} \int_{0}^{t} s^{-1/2} ds = \frac{1}{\pi} t^{1/2} ,$$

$$\rho_{22}(t) = \lim_{\delta \to 0+} \lim_{\varepsilon \to 0+} \frac{1}{2\pi} \int_{\delta}^{t+\delta} \operatorname{Im}(i(s + i\varepsilon)^{1/2}) ds$$

$$= \frac{1}{2\pi} \int_{0}^{t} s^{1/2} ds = \frac{1}{3\pi} t^{3/2} .$$

Es gehört also das gesamte Intervall $[0,\infty)$ zum Streckenspektrum.

Für $t < 0$ gilt

$$\rho_{11}(t) = \lim_{\delta \to 0+} \lim_{\varepsilon \to 0+} \frac{1}{2\pi} \int_{\delta}^{t+\delta} \mathrm{Im}\, \frac{i}{(s + i\varepsilon)^{1/2}}\, ds = 0$$

und analog $\rho_{22}(t) = 0$. Es liegt also kein Punkt des Spektrums in $(-\infty,0)$.

Es ist nicht schwer, den Integralkern der Spektralschar zu berechnen; es ergibt sich für $t > 0$

$$E(x,y,0,t)$$

$$= \frac{1}{\pi} \int_0^t \cos(\sqrt{s}\,x)\,\cos(\sqrt{s}\,y)d\sqrt{s} + \frac{1}{3\pi} \int_0^t \sin(\sqrt{s}\,x)\,\sin(\sqrt{s}\,y)\,\frac{1}{s}\,d\sqrt{s^3}$$

$$= \frac{1}{2\pi} \int_0^t \frac{1}{\sqrt{s}} \left[\cos(\sqrt{s}\,x)\,\cos(\sqrt{s}\,y) + \sin(\sqrt{s}\,x)\,\sin(\sqrt{s}\,y) \right]\, ds$$

$$= \frac{1}{\pi} \int_0^{\sqrt{t}} \cos\left[s(x - y)\right]ds = \frac{1}{\pi}\, \frac{\sin\left[\sqrt{t}(x - y)\right]}{x - y}\ .$$

2. Grenzkreisfall bei a

Liegt bei a der Grenzkreisfall vor, so ist jedenfalls an diesem Rand eine Randbedingung erforderlich. Diese habe die Gestalt

$$c_1 \cos \alpha - c_2 \sin \alpha = 0\ ,$$

wobei c_1, c_2 die Anfangszahlen bei a in bezug auf ein reelles Fundamentalsystem ϕ_1, ϕ_2 von $-(pv')' + (q-\mu k)v = 0$ seien (für ein reelles μ). Mit $\psi_1(x,z)$, $\psi_2(x,z)$ bezeichnen wir das Fundamentalsystem mit den Anfangszahlen bei a (bezügl. ϕ_1, ϕ_2)

$$c_1(\psi_1(.,z)) = 1\ , \qquad c_2(\psi_1(.,z)) = 0\ ,$$

$$c_1(\psi_2(.,z)) = 0\ , \qquad c_2(\psi_2(.,z)) = 1$$

für alle z (es gilt dann offenbar $\psi_j(.,\mu) = \phi_j$, $j = 1,2$). Ein solches Fundamentalsystem existiert nach § 6, Satz 1, und für jedes $x \in (a,b)$ sind $\psi_j(x,.)$ ganze analytische Funktionen; sie sind reell für reelle z. Die letzten beiden Eigenschaften hat auch die Funktion

$$w_1(x,z) = \psi_1(x,z) \sin \alpha + \psi_2(x,z) \cos \alpha\ ;$$

sie genügt außerdem der Randbedingung bei a.

a) Wir nehmen zunächst an, daß auch bei b der Grenzkreisfall vorliegt, etwa mit der Randbedingung

$$d_1 \cos \beta - d_2 \sin \beta = 0 \; ,$$

wobei d_j die Anfangszahlen bei b bezüglich ϕ_j sind. Sei dann $\overset{\smallsmile}{\psi}_1$, $\overset{\smallsmile}{\psi}_2$ das Fundamentalsystem mit den Anfangszahlen bei b (bezügl. ϕ_1, ϕ_2)

$$d_1(\overset{\smallsmile}{\psi}_1(.,z)) = 1 \; , \qquad d_2(\overset{\smallsmile}{\psi}_1(.,z)) = 0 \; ,$$

$$d_1(\overset{\smallsmile}{\psi}_2(.,z)) = 0 \; , \qquad d_2(\overset{\smallsmile}{\psi}_2(.,z)) = 1$$

für alle $z \in \mathbb{C}$. Weiter sei

$$w_2(x,z) = \overset{\smallsmile}{\psi}_1(x,z) \sin \beta + \overset{\smallsmile}{\psi}_2(x,z) \cos \beta \; \; .$$

Für nichtreelle z läßt sich damit die Greensche Funktion schreiben in der Form

$$G(x,y,z) = \begin{cases} W(z)^{-1} \, w_1(x,z) \, w_2(y,z) \; , & x \leq y \; , \\[2ex] W(z)^{-1} \, w_2(x,z) \, w_1(y,z) \; , & x > y \end{cases}$$

mit $W(z) = W(w_2(.,z),w_1(.,z))$. Es gilt also mit der Bezeichnung von § 14

$$(H_{jk}(z)) = W(z)^{-1} \begin{pmatrix} 0 & 1 \\[1.5ex] 0 & 0 \end{pmatrix} \; .$$

Da $W(.)$ eine ganze Funktion ist mit $W(z)^* = W(z^*)$ und $W(z) = 0$ genau dann, wenn z Eigenwert von A ist, erhält man hieraus sofort, daß die am Schluß von § 14 definierten Funktionen τ_{jk} in jedem Intervall, das keinen Eigenwert von A enthält, konstant sind. Es ergibt sich also nur (was wir schon wußten, da A ein diskretes Spektrum hat, vgl. § 11), daß außer den Eigenwerten keine Punkte zum Spektrum gehören.

b) Wir nehmen jetzt an, daß bei b der Grenzpunktfall vorliegt. In diesem Fall setzen wir

$$w_2(x,z) = \psi_1(x,z) \cos \alpha - \psi_2(x,z) \sin \alpha \; ,$$

und zu jedem $z \in \mathbb{C}$ mit $\mathrm{Im}\, z \neq 0$ wählen wir ein Zahlenpaar $(a_1(z), a_2(z)) \neq (0,0)$ so, daß

$$a_1(z)w_1(.,z) + a_2(z)w_2(.,z) \in L_2(c,b;k)$$

gilt. Dann gilt für $x < y$

$$G(x,y,z) = \left[a_2(z)W(z)\right]^{-1} w_1(x,z)(a_1(z)w_1(y,z) + a_2(z)w_2(y,z))$$

mit $W(z) = W(w_2(.,z), w_1(.,z))$, also

$$(H_{jk}(z)) = W(z)^{-1} \begin{pmatrix} a_1(z)a_2(z)^{-1} & 1 \\ 0 & 0 \end{pmatrix} .$$

(Man beachte die nützliche Rechenkontrolle $H_{12}(z) - H_{21}(z) = W(z)^{-1}$.)

Sei nun $[\lambda_1, \lambda_2]$ ein Intervall, in dem kein Eigenwert von A enthalten ist. Dann ist $W(\lambda) \neq 0$ und reell für alle $\lambda \in [\lambda_1, \lambda_2]$, also für $\lambda_1 \leq t_1 \leq t_2 \leq \lambda_2$

$$\tau(t_2) - \tau(t_1) = \begin{pmatrix} \tau_{11}(t_2) - \tau_{11}(t_1) & 0 \\ 0 & 0 \end{pmatrix}$$

mit

$$\tau_{11}(t_2) - \tau_{11}(t_1) = \lim_{\varepsilon \to 0+} \int_{t_1}^{t_2} W(s)^{-1}\, \mathrm{Im}\, \frac{a_1(s+i\varepsilon)}{a_2(s+i\varepsilon)}\, ds \ ,$$

wobei τ die am Schluß von § 14 definierte Funktion ist. Man sieht, daß die dort definierte Eigenschar $\overset{\smile}{v}_2$ in $[\lambda_1, \lambda_2]$ konstant ist, d.h. $\overset{\smile}{v}_1$ mit

$$\overset{\smile}{v}_1(t) = \int_{t_0}^{t} w_1(x,s)\,d\tau_{11}(s) \qquad (t_0 \in (\lambda_1, \lambda_2))$$

ist bereits *vollständig in* $(\lambda_1, \lambda_2]$, d.h. die Menge $\{\overset{\smile}{v}_1(t_2) - \overset{\smile}{v}_1(t_1)\,|\, \lambda_1 \leq t_1 < t_2 \leq \lambda_2\}$ ist total in $(E(\lambda_2) - E(\lambda_1))\,\mathcal{H}$. Man sagt, das *Streckenspektrum ist höchstens einfach* (es kann natürlich auch leer sein).

3. Einfaches Streckenspektrum bei Grenzpunktfall an beiden Enden

Das oben geschilderte Phänomen des höchstens einfachen Streckenspektrums *kann* für ein Intervall $[\lambda_1,\lambda_2]$ (ohne Eigenwerte) auch auftreten, wenn an beiden Enden der Grenzpunktfall vorliegt. Es gilt nämlich dann der

Satz. Sei Q ein offenes achsenparalleles Rechteck in $\mathbb{C}$, *das symmetrisch zur reellen Achse liegt und das von Eigenwerten freie Intervall* $[\lambda_1,\lambda_2]$ *enthält. Für jedes* $z \in Q$ *sei* $w_1(.,z)$ *eine Lösung von* $-(pu')' + (q-zk)u = 0$ *mit den folgenden Eigenschaften:*

1. $w_1(x,.)$ *ist für jedes* $x \in (a,b)$ *analytisch in* Q, *und für kein* $z \in Q$ *ist* $w_1(.,z) = 0$,
2. *es gelte* $w_1(x,z)^* = w_1(x,z^*)$,
3. *für ein* $c \in (a,b)$ *und für alle* $z \in Q$ *gilt*

$$\int_a^c |w_1(x,z)|^2 k(x)dx < \infty .$$

Dann ist das Streckenspektrum in $[\lambda_1,\lambda_2]$ *höchstens einfach.*

Beweis. Es gibt für alle $z \in Q$ eine zweite Lösung $w_2(.,z)$ mit den Eigenschaften: $w_2(x,.)$ ist analytisch in Q, $w_2(x,z)^* = w_2(x,z^*)$ und $W(w_1(.,z),w_2(.,z)) \neq 0$ für alle $z \in Q$. (Man kann z.B. die Lösung $w_2(.,z)$ von $-(pu')' + (q-zk)u = 0$ wählen mit $w_2(c,z) = p(c)w_1'(c,z)$, $p(c)w_2'(c,z) = -w_1(c,z)$ für ein $c \in (a,b)$.) Bestimmt man nun für jedes $z \in Q$ mit Im $z \neq 0$ ein Zahlenpaar $(a_1(z),a_2(z)) \neq (0,0)$ so, daß

$$\int_c^b |a_1(z)w_1(x,z) + a_2(z)w_2(x,z)|^2 k(x)dx < \infty$$

gilt, so gilt für die Greensche Funktion

$$G(x,y,z) = \left[a_2(z)W(z)\right]^{-1} w_1(x,z)(a_1(z)w_1(y,z) + a_2(z)w_2(y,z)), \quad x < y$$

mit $W(z) = W(w_2(.,z),w_1(.,z))$. Also ist wieder $\tau_{jk}(t)$ in $[\lambda_1,\lambda_2]$ konstant, außer für $j = k = 1$; d.h. das Streckenspektrum in $[\lambda_1,\lambda_2]$ ist (höchstens) einfach.

Anders als beim Grenzkreisfall bei a kann es jetzt vorkommen, daß ein Intervall $[\lambda_1,\lambda_2]$ höchstens einfaches Streckenspektrum hat, während das für ein zweites Intervall $[\lambda_1',\lambda_2']$ nicht gilt. Dies zeigt das folgende

Beispiel: $Au(x) = -u''(x) + q(x)u(x)$, $-\infty < x < \infty$ mit

$$q(x) = \begin{cases} q & \text{für} \quad x \leq 0, \\ 0 & \text{für} \quad x > 0, \end{cases} \quad q > 0 .$$

Hier ist das Streckenspektrum in jedem Intervall $[\lambda_1,\lambda_2]$ mit $0 < \lambda_1 < \lambda_2 < q$ einfach. Es ist "nullfach" (d.h. es liegt dort kein Streckenspektrum vor, vgl. Abschnitt 4), falls $\lambda_2 < 0$ und "zweifach", falls $\lambda_1 > q$.

Um die erste Behauptung einzusehen, benutzen wir das folgende Fundamentalsystem von $-u'' + (q(.) - zk)u = 0$:

$$w_1(c,z) = \begin{cases} \exp[-i\sqrt{z-q}\,x] \,, & x \le 0 \,, \\[2ex] \cos(\sqrt{z}\,x) - i\sqrt{z-q}\,\dfrac{\sin(\sqrt{z}\,x)}{\sqrt{z}} \,, & x > 0 \,, \end{cases}$$

$$w_2(x,z) = \begin{cases} \exp[i\sqrt{z-q}\,x] \,, & x \le 0 \,, \\[2ex] \cos(\sqrt{z}\,x) + i\sqrt{z-q}\,\dfrac{\sin(\sqrt{z}\,x)}{\sqrt{z}} \,, & x > 0 \,. \end{cases}$$

Dabei sei $\mathrm{Im}\,\sqrt{w} > 0$ bzw. $\sqrt{w} \ge 0$ für $w \ge 0$. Offenbar gilt

$$\int_{-\infty}^{0} |w_1(x,z)|^2 dx < \infty$$

für alle z mit $\mathrm{Re}\,z < q$. Man überzeugt sich leicht davon, daß auch die übrigen Forderungen an w_1, w_2 erfüllt sind, wenn für Q das Gebiet $\{z \in \mathbb{C} \mid 0 < \mathrm{Re}\,z < q\}$ genommen wird. Unser Satz liefert also, daß in $(0,q)$ das Streckenspektrum höchstens einfach ist.

Mit

$$a_1(z) = -\frac{1}{2} + \frac{1}{2}\frac{\sqrt{z-q}}{\sqrt{z}} \,, \qquad a_2(z) = \frac{1}{2} + \frac{1}{2}\frac{\sqrt{z-q}}{\sqrt{z}}$$

gilt für $x > 0$

$$a_1(z)w_1(x,z) + a_2(z)w_2(x,z) = \frac{\sqrt{z-q}}{\sqrt{z}}\,e^{i\sqrt{z}\,x} \,,$$

also für $\mathrm{Im}\,z \ne 0$

$$a_1(z)w_1(.,z) + a_2(z)w_2(.,z) \in L_2(0,\infty) \,.$$

Wegen $W(z) = W(w_2(.,z),w_1(.,z)) = -2i\sqrt{z-q}$ folgt also für $0 < t < q$

$$\rho_{11}(t) = \frac{1}{\pi} \lim_{\varepsilon \to 0+} \int_0^t \mathrm{Im} \frac{a_1(s+i\varepsilon)}{W(s+i\varepsilon)a_2(s+i\varepsilon)} \, ds$$

$$= \frac{1}{\pi} \int_0^t \frac{\sqrt{s}}{q} \, ds = \frac{2}{3\pi q} t^{3/2} \, ,$$

$$\rho_{12}(t) = \rho_{21}(t) = \rho_{22}(t) = 0 \, .$$

Das Streckenspektrum enthält also das Intervall $[0,q]$ und ist dort einfach. ($w_1(x,s)$ ist eine für das Spektralintervall $(0,q)$ vollständige orthogonale normierte Funktionenschar:

$$\int_{-\infty}^{\infty} \left\{ \int_{J_1} w_1(x,s) ds^{3/2} \int_{J_2} w_1(x,s) ds^{3/2} \right\} dx = \frac{3}{2} q\pi \int_{J_1 \cap J_2} ds^{3/2} \, ,$$

wobei die Intervalle J_1, J_2 in $[0,q]$ enthalten sein müssen.)

Die zweite Behauptung, daß in $(-\infty,0)$ kein Spektrum vorliegt, folgt einfach aus der Tatsache, daß $A \geq 0$ gilt (vgl. auch weiter unten).

Es bleibt der Teil des Spektrums in (q,∞) zu untersuchen. Dafür sei das folgende Fundamentalsystem gewählt:

$$u_1(x,z) = \begin{cases} \cos(\sqrt{z-q}\, x) & \text{für } x \leq 0 \, , \\[2ex] \cos(\sqrt{z}\, x) & \text{für } x > 0 \, , \end{cases}$$

$$u_2(x,z) = \begin{cases} \dfrac{1}{\sqrt{z-q}} \sin(\sqrt{z-q}\, x) & \text{für } x \leq 0 \, , \\[2ex] \dfrac{1}{\sqrt{z}} \sin(\sqrt{z}\, x) & \text{für } x > 0 \, . \end{cases}$$

Es gilt $W(u_1(.,z),u_2(.,z)) = 1$ für alle z; $u_j(x,.)$ sind offenbar ganze analytische Funktionen, und es gilt $u_j(x,z)^* = u_j(x,z^*)$. Für die bei $-\infty$ bzw. $+\infty$ quadratintegrierbaren Funktionen können wir wählen (Im $z > 0$)

$$u_{-\infty}(x,z) = u_1(x,z) - i\sqrt{z-q}\, u_2(x,z)$$

(denn es gilt dann $u_{-\infty}(x,z) = \exp[-i\sqrt{z-q}\, x]$ für $x < 0$),

$$u_{\infty}(x,z) = u_1(x,z) + i\sqrt{z}\, u_2(x,z)$$

(denn es gilt dann $u_\infty(x,z) = \exp(i\sqrt{z}\,x)$ für $x > 0$). Es gilt

$$W(u_\infty, u_{-\infty}) = -i(\sqrt{z} + \sqrt{z-q}) \ .$$

Daraus ergibt sich

$$(G_{jk}(z)) = (\sqrt{z} + \sqrt{z-q})^{-1} \begin{pmatrix} i & -\sqrt{z} \\ & \\ \sqrt{z-q} & i\sqrt{z}\sqrt{z-q} \end{pmatrix} \ .$$

Mit den Formeln von Titchmarsh sieht man sofort, daß die Funktionen ρ_{jk} stetig differenzierbar sind mit

$$\frac{d}{ds} \rho_{jk}(s) = \frac{1}{\pi} \lim_{\varepsilon \to 0+} \operatorname{Im} G_{jk}(s+i\varepsilon) \ .$$

Also gilt

$$\frac{d}{ds} \rho_{jk}(s) = 0 \quad \text{für } s < 0 \ ,$$

d.h. die ρ_{jk} sind konstant in $(-\infty, 0]$. Dies liefert erneut die Aussage, daß in $(-\infty, 0)$ keine Punkte des Spektrums liegen. Für $0 < s < q$ gilt

$$\left(\frac{d}{ds} \rho_{jk}(s) \right) = \frac{1}{q\pi} \begin{pmatrix} \sqrt{s} & \sqrt{s}\sqrt{q-s} \\ & \\ \sqrt{s}\sqrt{q-s} & \sqrt{s}(q-s) \end{pmatrix} \ .$$

Der Rang dieser Matrix ist 1. Hierin spiegelt sich die oben bewiesene Tatsache wider, daß das Spektrum in $(0,q)$ einfach ist.

Für $q < s$ gilt

$$\frac{d}{ds} \rho_{jk}(s) = \frac{1}{q\pi} \begin{pmatrix} \sqrt{s}-\sqrt{s-q} & 0 \\ & \\ 0 & \sqrt{s}\sqrt{s-q}\,(\sqrt{s}-\sqrt{s-q}) \end{pmatrix} \ .$$

Diese Matrix hat den Rang 2. Man sagt deshalb, daß das Spektrum in (q,∞) zweifach ist.

4. Intervalle ohne Streckenspektrum bei Grenzpunktfall an beiden Enden

Wenn in einem Intervall (λ_1, λ_2) das Streckenspektrum leer ist, sagen wir auch, das Streckenspektrum habe in diesem Intervall die Vielfachheit Null. Es gilt das

Kriterium. Für ein Intervall $[\lambda_1, \lambda_2]$ (ohne Eigenwerte) ist das Streckenspektrum leer, wenn es ein offenes Rechteck Q in $\mathbb{C}$ gibt, das $[\lambda_1, \lambda_2]$ enthält und symmetrisch zur reellen Achse liegt, so daß es für alle $z \in Q$ ein Fundamentalsystem $w_1(.,z)$, $w_2(.,z)$ gibt, für das die Funktionen $w_j(x,.)$ in Q analytisch sind mit $w_j(x,z)^* = w_j(x,z^*)$, und für das gilt

$$\int_a^c |w_1(x,z)|^2 k(x)dx < \infty \; , \qquad \int_c^b |w_2(c,z)|^2 k(x)dx < \infty \; .$$

Der <u>Beweis</u> folgt unmittelbar aus der Tatsache, daß die Greensche Funktion die Form

$$G(x,y,z) = W(z)^{-1} w_1(x,z) w_2(x,z) \; , \qquad x < z$$

hat, mit $W(z) = W(w_2(.,z), w_1(.,z))$. Es gilt nämlich

$$(G_{jk}(z)) = \frac{1}{W(z)} \begin{pmatrix} 0 & 1 \\ 0 & 0 \end{pmatrix} \; , \quad z \in Q \; ,$$

und somit ist ρ_{jk} konstant in (λ_1, λ_2).

§ 16. Das Streckenspektrum bei der Wellengleichung des Keplerproblems

Es handelt sich hier um das Eigenwertproblem

$$-u'' + \{ 1(1 + 1)r^{-2} - 2Z(r_0 r)^{-1} \}u = zu$$

in $\mathscr{L}_2(0,\infty)$ $(1 = 0,1,2,\ldots)$, dessen Punktspektrum wir bereits in § 9 untersucht haben.

Nach § 7, Satz 1 (vgl. auch § 9) gibt es ein Fundamentalsystem der Form

$$v_1(r,z) = r^{-1} \sum_{n=0}^{\infty} c_n r^n + c v_2(r,z) \log r \; ,$$

$$v_2(r,z) = r^{l+1} \sum_{n=0}^{\infty} d_n r^n$$

mit $c_0 = d_0 = 1$, $c_{2l+1} = 0$. Für $l = 0$ liegt bei 0 der Grenzkreisfall vor; nach § 4 brauchen wir deshalb zur Erzeugung eines wesentlich selbstadjungierten Operators eine Randbedingung der Form

$$a_1 \cos \alpha - a_2 \sin \alpha = 0 \; , \quad \alpha \in [0,\pi) \; ,$$

wobei a_1, a_2 die Anfangszahlen bei 0 bezüglich $v_1(.,z)$, $v_2(.,z)$ sind (man beachte, daß diese nach § 8, Satz 2 von z unabhängig sind).

1. Das negative Streckenspektrum ist leer

Aus § 9 wissen wir, daß sich das Punktspektrum nur bei 0 häufen kann. Um zu zeigen, daß das Streckenspektrum in $(-\infty,0)$ leer ist, genügt es also zu zeigen, daß das Streckenspektrum in jedem Intervall $[\lambda_1,\lambda_2]$ mit $\lambda_1 < \lambda_2 < 0$, das keine Eigenwerte enthält, leer ist.

Die Funktionen $v_j(r,z)$ sind bei festem r ganze Funktionen von z (vgl. § 8, Satz 2, Teil 3). Wir definieren

$$w_1(r,z) = \begin{cases} v_2(r,z) & \text{falls } l = 1,2,\ldots \; , \\ v_1(r,z) \sin \alpha + v_2(r,z) \cos \alpha & \text{falls } l = 0 \; . \end{cases}$$

Für $w_2(r,z)$ wählen wir die in § 9, (10) angegebene Lösung (dort mit u_3 bezeichnet)

$$w_2(r,z) = W_{\kappa,1+\frac{1}{2}}(2\omega r)$$

$$= \exp(-\omega r)[2\omega r]^{\kappa} \{1 + 0(r^{-1})\} \; , \quad r \to \infty \; ;$$

hier ist $\omega = \sqrt{-z}$, $\kappa = Z(\omega r_0)^{-1}$ und $\sqrt{\eta}$ ist in der längs $(-\infty,0]$ aufgeschnittenen komplexen Ebene stetig mit $\sqrt{\eta} > 0$ für $\eta > 0$.

Bei festem r ist $w_2(r,z)$ holomorph in $\{z \in \mathbb{C} \mid \mathrm{Re}\, z < 0\}$ und reell für reelle z; es gilt offensichtlich

$$\int_c^{\infty} |w_2(r,z)|^2 dr < \infty \; , \quad 0 < c < \infty \; .$$

Außerdem gilt in jedem Fall

$$\int_0^c |w_1(r,z)|^2 dr < \infty \ , \ 0 < c < \infty \ ,$$

und im Falle $l = 0$ erfüllt $w_1(.,z)$ (nach Konstruktion) die Randbedingung bei 0.

Ist Q ein Rechteck in $\mathbb{C}$, das keinen Eigenwert enthält, so sind also für alle $z \in Q$ die Lösungen $w_1(.,z)$ und $w_2(.,z)$ linear unabhängig; sie bilden also ein Fundamentalsystem. Die Voraussetzungen des Kriteriums in § 15.4 sind also erfüllt, wobei für Q jeder Streifen $\{ z \in \mathbb{C} | \ \alpha < \text{Re } z < \beta \}$ gewählt werden kann, der keinen Eigenwert enthält. *Das Streckenspektrum ist also leer in jedem Intervall* $[\lambda_1,\lambda_2] \subset$ $(-\infty,0)$, *das keinen Eigenwert enthält.*

2. Das Streckenspektrum in $(0,\infty)$

Nach § 9 gibt es in $(0,\infty)$ keine Eigenwerte. Das Streckenspektrum in $(0,\infty)$ ist in jedem Fall höchstens einfach: für $l = 0$ liegt bei 0 der Grenzkreisfall vor, so daß dies aus § 15.2 folgt. Für $l = 1,2,\ldots$ folgt dies aus § 15.3, da $w_1(r,z) = v_2(r,z)$ bei festem r eine ganze Funktion ist, reell für reelle z und

$$\int_0^c |w_1(r,z)|^2 dr < \infty \ .$$

Es gibt also <u>ein</u> Eigenpaket (zu $(0,\infty)$), das zusammen mit den Eigenfunktionen (zu den negativen Eigenwerten) vollständig ist. Um dieses explizit zu berechnen, müssen wir (vgl. § 15.3) eine von $w_1(r,z)$ linear unabhängige Lösung $w_2(r,z)$ wählen. Man könnte hierfür $w_2(r,z) = v_1(r,z)$ setzen. Es ergibt sich dann das Problem, die Whittaker'sche Funktion als Linearkombination von v_1 und v_2 darzustellen. Dies führen wir in Teil b) für den Fall $l = 0$ und $\alpha \in (0,\pi)$ durch. Für $l = 1,2,\ldots$ sowie für $l = 0$ und $\alpha = 0$ (das sind die Fälle, die in der Physik im allgemeinen betrachtet werden) ist es einfacher, für w_2 eine Linearkombination von Whittaker'schen Funktionen zu wählen, wie wir dies im folgenden Teil a) durchführen.

a) Die Fälle $l = 1,2,\ldots$ und $l = 0$ mit $\alpha = 0$

In allen diesen Fällen gilt nach Definition

$$w_1(r,z) = v_2(r,z) \ ,$$

und nach § 9, (6) gilt somit

$$w_1(r,z) = r^{l+1} \exp(-\omega r)F(l+1-\kappa,2l+2,2\omega r) \ .$$

Hierbei ist F die Kummer'sche Funktion, $\omega = i\sqrt{z}$, $\kappa = Z(\omega r_0)^{-1}$ und $\sqrt{z}$ in $\mathbb{C}\backslash(-\infty,0]$

stetig mit $\sqrt{z} > 0$ für $z > 0$. Für die explizite Darstellung der Resolvente benötigen wir eine Darstellung von w_1 mit Hilfe von Whittaker'schen Funktionen.

Mit der obigen Festlegung von $\sqrt{z}$, ω und κ sei

$$u_1(r,z) = W_{\kappa,\, 1+\frac{1}{2}}(2\omega r) \ ,$$

$$u_2(r,z) = W_{-\kappa,\, 1+\frac{1}{2}}(2e^{-i\pi}\omega r) \ .$$

(Zum Vergleich mit den Formeln aus § 9 beachte man, daß wegen der Festlegung des Vorzeichens von ω für Im $z > 0$ gilt $u_{1,\S16} = u_{4,\S9}$, $u_{2,\S16} = u_{3,\S9}$.)

Für festes r sind $u_j(r,.)$ holomorph in $\{\, z \in \mathbb{C} \mid \text{Re } z > 0\}$ und bilden ein Fundamentalsystem der betrachteten Differentialgleichung; es gilt (vgl. § 9, (11))

$$u_1(r,z) = \exp(-\omega r)\left[2\omega r\right]^{\kappa} \{\, 1 + 0(r^{-1})\} \ ,$$

$$u_2(r,z) = \exp(\omega r)\left[2e^{-i\pi}\omega r\right]^{-\kappa} \{\, 1 + 0(r^{-1})\}$$

und (vgl. [6], S. 299-300)

$$W(u_1(.,z),u_2(.,z)) = 2\omega \exp(i\pi\kappa) \ .$$

Also ist $u_2 \in \mathscr{L}_2(c,\infty)$ für $0 < c < \infty$ und Im $z > 0$.

Mit diesem Fundamentalsystem erhalten wir nach [6], S. 304

$$w_1(r,z) = (2\omega)^{-(1+1)}e^{-i\pi\kappa}\Gamma(21+2) \times \left\{ \frac{(-1)^{1+1}}{\Gamma(1+1+\kappa)}\, u_1(r,z) \right.$$

$$\left. + \frac{1}{\Gamma(1+1-\kappa)}\, u_2(r,z) \right\} \ ,$$

also

$$w_1(r,z) = c_1(z)u_1(r,z) + c_2(z)u_2(r,z)$$

mit

$$c_1(z) = (-2\omega)^{-(1+1)}e^{-i\pi\kappa}\, \frac{\Gamma(21+2)}{\Gamma(1+1+\kappa)} \ ,$$

$$c_2(z) = (2\omega)^{-(1+1)}e^{-i\pi\kappa}\, \frac{\Gamma(21+2)}{\Gamma(1+1-\kappa)} \ .$$

Wir definieren nun ein neues Fundamentalsystem $y_1(.,z)$, $y_2(.,z)$ durch

$$y_1 = \tfrac{1}{2}(u_1 + u_2) , \qquad y_2 = \tfrac{1}{2i}(u_1 - u_2) .$$

Mit Hilfe von § 9, (14) sieht man, daß $y_j(r,z)$ reell ist für reelle z; daraus folgt

$$y_j(r,z)^* = y_j(r,z^*) .$$

Es gilt

$$w_1 = (c_1 + c_2)y_1 + i(c_1 - c_2)y_2 .$$

Setzen wir außerdem

$$w_2(r,z) = y_2(r,z) ,$$

so bilden w_1, w_2 ein Fundamentalsystem, das für $\{ z \in \mathbb{C} \mid \operatorname{Re} z > 0\}$ die am Schluß von § 14 geforderten Eigenschaften hat.

Wegen

$$u_2 = y_1 - iy_2 = y_1 - iw_2 = (c_1 + c_2)^{-1}w_1 - 2ic_1(c_1 + c_2)^{-1}w_2$$

hat die Resolvente für $z \in \{ z \in \mathbb{C} \mid \operatorname{Re} z > 0, \operatorname{Im} z > 0\}$ und $r < t$ die Gestalt

$$
\begin{aligned}
G(r,t,z) &= W(u_2,w_1)^{-1}w_1(r,z)u_2(t,z) \\
&= c_1(z)^{-1}W(u_2,u_1)^{-1}w_1(r,z)u_2(t,z) \\
&= w_1(r,z) \left\{ -e^{-i\pi\kappa} \left[(c_1(z) + c_2(z))c_1(z)2\omega\right]^{-1}w_1(t,z) \right. \\
&\qquad\qquad \left. + a(z)w_2(t,z) \right\} ,
\end{aligned}
$$

wobei es (wie wir aus § 15.3 wissen) auf den Koeffizienten $a(z)$ nicht ankommt.

Für die diesem Fundamentalsystem w_1, w_2 zugeordneten Funktionen ρ_{jk} liefern nun die Formeln von Titchmarsh

$$\rho_{12}, \ \rho_{21}, \ \rho_{22} \quad \text{konstant in } (0,\infty) ,$$

$$\rho_{11}'(s) = \tfrac{1}{\pi} \operatorname{Im} \left\{ -\exp\left(\frac{-\pi \, z}{r_0\sqrt{s}} \right)\left[(c_1(s) + c_2(s))c_1(s)2i\sqrt{s}\right]^{-1} \right\}$$

für $s > 0$. Mit

$$c(s) = (-2i\sqrt{s})^{-(1+1)} \exp\left(-\pi \frac{Z}{r_0\sqrt{s}}\right) \frac{\Gamma(21+2)}{\Gamma(1+1+Z(i\sqrt{s}\,r_0)^{-1})}$$

gilt

$$c_1(s) = c(s) \quad \text{und} \quad c_2(s) = c(s)^* \, ,$$

also

$$\rho_{11}'(s) = \frac{1}{\pi} \exp\left(-\frac{\pi Z}{r_0\sqrt{s}}\right)\left[4\sqrt{s}\,|c(s)|^2 \operatorname{Re} c(s)\right]^{-1} \operatorname{Re} c(s)$$

$$= \frac{1}{4\pi\sqrt{s}} \exp\left(-\frac{\pi Z}{r_0\sqrt{s}}\right) \,|c(s)|^{-2}$$

$$= \frac{1}{2\pi} (2\sqrt{s})^{21+1} \exp\left(\frac{\pi Z}{r_0\sqrt{s}}\right)\left|\frac{\Gamma(1+1+Z(ir_0\sqrt{s})^{-1})}{\Gamma(21+2)}\right|^2 \, .$$

Es ist also $\rho_{11}'(s) > 0$ für alle $s > 0$, so daß *das Streckenspektrum das gesamte Intervall* $(0,\infty)$ *ausfüllt.*

<u>b) Der Fall $1 = 0$ mit $\alpha \in (0,\pi)$</u>

Wir setzen wieder

$$w_1(r,z) = v_1(r,z) \sin\alpha + v_2(r,z) \cos\alpha \quad .$$

Die Resolvente hat dann für $z \in \{ z \in \mathbb{C}\mid \operatorname{Im} z > 0,\ \operatorname{Re} z > 0\}$ und $r < t$ die Gestalt

$$G(r,t,z) = W(u_2,w_1)^{-1} w_1(r,z) u_2(t,z)$$

mit der bereits oben benutzten Funktion u_2, die im Fall $1 = 0$ definiert wird durch

$$u_2(r,z) = W_{-\kappa,\frac{1}{2}}(-2\omega r) \quad .$$

Aus § 9, (14) erhält man also (beachte $\kappa\Gamma(\kappa) = \Gamma(1+\kappa)$)

$$u_2(r,z) = [\Gamma(1+\kappa)]^{-1} e^{\omega r} - [\Gamma(\kappa)]^{-1} e^{\omega r} \times$$

$$\times \{2\omega r \left[\log(-2\omega r) + \psi(1+\kappa) - \psi(1) - \psi(2)\right] + O(r^2|\log r|)\}$$

$$= [\Gamma(1+\kappa)]^{-1} \{ 1 - \frac{2Z}{r_0} r \log r + c(z)r + O(r^2|\log r|)\}$$

für $r \to 0$, mit

$$c(z) = \omega - \frac{2\,Z}{r_0} \left[\log(-2\omega) + \psi(1+\kappa) - \psi(1) - \psi(2)\right]$$

$$= \omega - \frac{2\,Z}{r_0} \left[\log(-2\omega) + \psi(1+\kappa) - 1+2C\right] \ .$$

(Die Funktion ψ und die Konstante C wurden bereits in § 9 erklärt.) Daraus erhalten wir auf Grund der speziellen Form von v_1 und v_2

$$u_2(r,z) = a_1(z)v_1(r,z) + a_2(z)v_2(r,z)$$

mit den Koeffizienten

$$a_1(z) \doteq \left[\Gamma(1+\kappa)\right]^{-1} \ ,$$

$$a_2(z) = \left[\Gamma(1+\kappa)\right]^{-1}c(z)$$

$$= \left[\Gamma(1+\kappa)\right]^{-1} \left\{ i\sqrt{z} - \frac{2\,Z}{r_0} \left[-i\,\frac{\pi}{2} + \log 2\sqrt{z} -1 + 2C + \psi(1+\kappa)\right]\right\} \ .$$

Weiter gilt

$$W(u_2,w_1) = W(v_1,v_2)(a_1 \cos \alpha - a_2 \sin \alpha)$$

$$= a_1 \cos \alpha - a_2 \sin \alpha \ .$$

Mit $w_2(r,z) = v_2(r,z)$ erhalten wir also für die Resolvente ($r < t$, Im $z > 0$, Re $z > 0$)

$$G(r,t;z) = \left[a_1 \cos \alpha - a_2 \sin \alpha\right]^{-1}w_1(r,z) \ \times$$

$$\times \left[\frac{a_1(z)}{\sin \alpha} w_1(t,z) + (a_2(z) - a_1(z) \cot \alpha)w_2(r,z)\right] \ ;$$

dabei ist zu beachten, daß der in Teil a) behandelte Fall $\alpha = 0$ hier explizit ausgeschlossen ist.

Die Funktionen $w_1(r,z)$ und $w_2(r,z)$ besitzen die für die Anwendung des Spektralsatzes benötigten Eigenschaften. In der Matrixfunktion (ρ_{jk}) sind wieder ρ_{12}, ρ_{21} und ρ_{22} konstant in $(0,\infty)$, und es gilt für $s > 0$

$$\rho_{11}'(s) = \frac{1}{\pi \sin \alpha} \ \mathrm{Im} \ \frac{a_1(s)}{a_1(s) \cos \alpha - a_2(s) \sin \alpha} \ .$$

Setzen wir

$$b(s) = \frac{a_2(s)}{a_1(s)} = i\sqrt{s} - \frac{2\,Z}{r_0}\left[-i\,\frac{\pi}{2} + \log 2\sqrt{s} - 1 + 2\,C + \psi(1+\kappa)\right] ,$$

so finden wir

$$\rho'_{11}(s) = \frac{1}{\pi \sin \alpha}\ |\cos \alpha - b(s)\sin \alpha|^{-2}\ \operatorname{Im}(\cos \alpha - b(s)^*\sin \alpha)$$

$$= \frac{1}{\pi}\ |\cos \alpha - b(s)\sin \alpha|^{-2}\ \operatorname{Im} b(s) .$$

Nach [6], S. 14 und 15 gilt für reelle t

$$\operatorname{Im} \psi(1+it) = \operatorname{Im}\left(\frac{1}{1t} + \psi(it)\right)$$

$$= -\frac{1}{t} + \frac{1}{2t} + \frac{\pi}{2}\coth(\pi t) = -\frac{1}{2t} + \frac{\pi}{2}\coth(\pi t) ,$$

also für $s > 0$

$$\rho'_{11}(s) = |\cos \alpha - b(s)\sin \alpha|^{-2}\ \frac{Z}{r_0}\left(1 + \coth \frac{\pi Z}{r_0 \sqrt{s}}\right)$$

$$= |\cos \alpha - b(s)\sin \alpha|^{-2}\ \frac{2Z}{r_0}\left(1 - \exp\left[-\frac{2\pi Z}{r_0 \sqrt{s}}\right]\right)^{-1} .$$

Offenbar füllt auch in diesem Fall das Streckenspektrum das gesamte Intervall $(0,\infty)$ *aus.*

§ 17. Aufgaben

1. Man beweise die folgenden Grenzpunkt-Grenzkreisfallkriterien für die Differentialgleichung $-(pu')' + qu = zku$ in (a,b); dabei seien stets die Voraussetzungen aus § 1 erfüllt.

a) $b = \infty$, $k(x) = 1$, $q(x) = 0$: Grenzpunktfall bei ∞.

b) Sei $k(x)^{-1}q(x) \geq \gamma > -\infty$ und mit $c \in (a,b)$, $g(x) = \int_c^x p(s)^{-1}ds$ sei $g \notin \mathcal{L}_2(c,b;k)$. Dann liegt bei b der Grenzpunktfall vor. Spezialfall: $b = \infty$, $k(x) = 1$, $q(x) \geq \gamma > -\infty$.

c) $a = 0$, $p(x) = x^\alpha$ ($\alpha \in \mathbb{R}$), $k(x) = 1$, $q(x) = 0$: Grenzkreisfall bei 0 für $\alpha < \frac{3}{2}$, Grenzpunktfall bei 0 für $\alpha \geq \frac{3}{2}$.

d) $a = 0$, $p(x) = k(x) = 1$, $q(x) \geq c + \frac{3}{4}\,x^{-2}$: Grenzpunktfall bei 0. Anleitung: Man vergleiche die Lösungen von $-u'' + (q-c)u = 0$ mit denen von $-u'' + \frac{3}{4}\,x^{-2}u = 0$.

e) $a = -\infty$, $b = \infty$, $p(x) = k(x) = 1$, $q(x) \geq c - d|x|^2$: Grenzpunktfall bei $\pm\,\infty$. Anleitung: Man zeige nach dem Vorbild von I, § 5.3, (29), daß der im Sinne von § 1 definierte Operator symmetrisch ist und verwende § 4, Satz 1, Teil 3.

f) Ist bei zwei Gleichungen $k_1 = k_2 = k$, $p_1 = p_2 = p$ und ist $k(x)^{-1}(q_2(x) - q_1(x))$ beschränkt, so haben beide Gleichungen das gleiche Grenzkreis-Grenzpunktverhalten.

2. Für die Differentialgleichung $-u'' + qu = zu$ in $[0,1]$ mit stetigem reellwertigem q sei A wie in § 1 erklärt.

a) Für $\theta \in \mathbb{C}$ mit $|\theta| = 1$ ist der Operator B_θ mit $D(B_\theta) = \{\,u$ aus $D(A)\,|\ u(0) = \theta\,u(1)$, $u'(0) = \theta\,u'(1)\}$, $B_\theta u = Au$ wesentlich selbstadjungiert (gekoppelte Randbedingungen).

b) Man berechne die Eigenwerte und Eigenelemente von B_θ für den Spezialfall $q = 0$.

3. Sei A ein selbstadjungierter Operator im Hilbertraum $\mathcal{H}$, E die Spektralschar von A. Man sagt, A *hat in* (α,β) *die Vielfachheit* m, wenn es m Elemente $f_1,\dots,f_m$ aus $\mathcal{H}$ gibt so, daß die Menge $\{\,(E(\lambda_2) - E(\lambda_1))f_j \,|\ \alpha \leq \lambda_1 < \lambda_2 < \beta,\ j = 1,\dots,m\}$ in $(E(\beta-) - E(\alpha))\mathcal{H}$ total ist, während für beliebige $m-1$ Elemente die entsprechende Menge nicht total ist. A *hat die Vielfachheit* m, wenn A in $(-\infty,\infty)$ die Vielfachheit m hat.

a) Hat A einen Eigenwert der Vielfachheit m, so ist die Vielfachheit von A mindestens m.

b) A hat in (α,β) genau dann die Vielfachheit m, wenn es m Eigenscharen $u_1,\dots,u_m$ gibt, so daß $\{\,u_j(\lambda_2) - u_j(\lambda_1) \,|\ \alpha \leq \lambda_1 < \lambda_2 < \beta,\ j = 1,\dots,m\}$ in $(E(\beta-) - E(\alpha))\mathcal{H}$ total ist, während dies mit weniger Eigenscharen nicht möglich ist.

c) Für die Operatoren A_1, A_2 in $\mathcal{L}_2(\mathbb{R})$ mit $D(A_1) = D(A_2) = \{\,f \in \mathcal{L}_2(\mathbb{R})\,|\ xf \in \mathcal{L}_2(\mathbb{R})\}$, $A_1 f(x) = xf(x)$, $A_2 f(x) = |x|f(x)$ gilt: A_1 hat das Spektrum $(-\infty,\infty)$ und die Vielfachheit 1; A_2 hat das Spektrum $(0,\infty)$ und die Vielfachheit 2.

d) Sei A ein wesentlich selbstadjungierter Sturm-Liouville-Operator mit Grenzkreisfall an mindestens einem Ende ($\mathcal{S}(A)$ nach § 4). Dann hat $\bar{A}$ die Vielfachheit 1.

e) Die Aussage von d) gilt i.a. nicht für gekoppelte Randbedingungen. Anleitung: Man betrachte B_1 und B_{-1} aus Aufgabe 2,b.

f) Der in § 15.1 betrachtete Operator hat die Vielfachheit 2.

g) Der in § 15.3 betrachtete Operator hat in $(0,q)$ die Vielfachheit 1 und in (q,∞) die Vielfachheit 2.

h) Die Operatoren des Keplerproblems (§ 16) haben die Vielfachheit 1.

4. Man zeige, daß die Hermiteschen Polynome bzw. die Hermiteschen Funktionen

(vgl. § 11) in $\mathcal{L}_2(\mathbb{R}, e^{-x^2/2})$ bzw. in $\mathcal{L}_2(\mathbb{R})$ Orthonormalbasen bilden. Anleitung: Man benutze § 11 für die Orthogonalität und I, § 5.4, Aufgabe 4,b für die Totalität.

Literatur zu Kapitel III: F. Rellich [10],
          E.C. Titchmarsh [14].

Literaturhinweise

[1] Bauer,H.: Wahrscheinlichkeitstheorie und Grundzüge der Maßtheorie. Berlin 1968.

[2] Courant,R., Hilbert,D.: Methoden der Mathematischen Physik. Berlin - Heidelberg - New York 1968.

[3] Hewitt,E., Stromberg,K.: Real and abstract Analysis. Berlin - Heidelberg - New York 1969.

[4] Kodaira,K.: Eigenvalue problem for ordinary differential equations of the second order and Heisenberg's theory of S-matrices. Amer.J.Math. $\underline{71}$, 921-945(1949).

[5] Magnus,W., Oberhettinger,F.: Formeln und Sätze für die speziellen Funktionen der Mathematischen Physik. Berlin - Göttingen - Heidelberg 1948.

[6] Magnus,W., Oberhettinger,F., Soni,R.P.: Formulas and theorems for the special functions of Mathematical Physics. Berlin - Heidelberg - New York 1968.

[7] Neumann,J.von: Mathematische Grundlagen der Quantenmechanik. Berlin - Heidelberg - New York 1968.

[8] Rellich,F.: Darstellung der Eigenwerte von $\Delta u + \lambda u = 0$ durch ein Randintegral. Math.Z. $\underline{46}$, 635-636 (1940).

[9] Rellich,F.: Der Eindeutigkeitssatz für die Lösungen der quantenmechanischen Vertauschungsrelationen. Nachrichten der Akademie der Wissenschaften in Göttingen, Math.-Phys. Klasse, 107-115 (1946).

[10] Rellich,F.: Spectral theory of a second order ordinary differential operator. New York University, Institute of Mathematical Sciences (Lecture Notes) 1950.

[11] Riesz,F., Sz.-Nagy,B.: Vorlesungen über Funktionalanalysis. Berlin 1973.

[12] Stone,M.: Linear transformations in Hilbert space. New York 1932

[13] Sz.-Nagy,B.: Spektraldarstellung linearer Transformationen des Hilbertschen Raumes. Berlin - Heidelberg - New York 1967.

[14] Titchmarsh,E.C.: Eigenfunction expansions associated with second-order differential equations, Part I. Oxford 1962.

[15] Weyl,H.: Über gewöhnliche Differentialgleichungen mit Singularitäten und die zugehörigen Entwicklungen willkürlicher Funktionen. Math.Ann. $\underline{68}$, 220-269 (1909).

Namen- und Sachverzeichnis

Hochschultext/Universitext

In diese Sammlung werden preiswerte Lehrbücher aufgenommen, die, was Anordnung und Präsentation des Stoffes betrifft, nach didaktischen Gesichtspunkten aufgebaut und in erster Linie für Studenten mittlerer Semester geeignet sind. Die einzelnen Bände – es sind entweder Ausarbeitungen von aktuellen Vorlesungen oder Übersetzungen bekannter fremdsprachiger Bücher – geben jeweils eine solide Einführung in ein nicht nur für Spezialisten interessantes Fachgebiet.

Hochschultext/Universitext

W. Leutzbach, Einführung in die Theorie des Verkehrsflusses. 1972. DM 22,-
H. Liebig, Logischer Entwurf digitaler Systeme. Beispiele und Übungen. 1974. DM 24,-
H. D. Lüke, Signalübertragung. Einführung in die Theorie der Nachrichtenübertragungstechnik.
1975. DM 29,80
H. Lüneburg, Einführung in die Algebra. 1973. DM 24,-
S. MacLane, Kategorien. 1972. DM 38,-
Meereskunde der Ostsee, 1974. DM 39,80
E. Neher, Elektronische Meßtechnik in der Physiologie. 1974. DM 16,80
G. Owen, Spieltheorie. 1972. DM 36,-
J. C. Oxtoby, Maß und Kategorie. 1971. DM 24,-
H. Petermann, Einführung in die Strömungsmaschinen. 1974. DM 24,-
G. Preuss, Allgemeine Topologie. 2. Auflage. 1975. DM 38,-
B. v. Querenburg, Mengentheoretische Topologie. Korrigierter Nachdruck der 1. Auflage.
1976. DM 16,80
R. Richter/U. Schlieper/W. Friedmann, Makroökonomik. 2. Auflage. 1975. DM 38,-
W. Rupprecht, Netzwerksynthese. 1972. DM 45,-
E. Seibold, Der Meeresboden. 1974. DM 29,80
D. Seitzer, Arbeitsspeicher für Digitalrechner. 1975. DM 29,-
P. v. Sengbusch, Einführung in die Allgemeine Biologie. 1974. DM 29,80
H. Späth, Elektrische Maschinen. 1973. DM 24,-
K. Stange, Kontrollkarten für meßbare Merkmale. 1975. DM 24,-
H.-J. Thomas, Thermische Kraftanlagen. 1975. DM 58,-
R. Uhrig, Elastostatik und Elastokinetik in Matrizenschreibweise. 1973. DM 31,-
R. Unbehauen, Elektrische Netzwerke. 1972. DM 43,-
H. Werner, Praktische Mathematik I. 2. Auflage. 1975. DM 19,80
H. Werner/R. Schaback, Praktische Mathematik II. 1972. DM 22,-
H. Wolf, Lineare Systeme und Netzwerke. 1971. DM 20,-
H. Wolf, Nachrichtenübertragung. 1974. DM 32,-

Preisänderungen vorbehalten